U0312496

现代数字信号处理

关键技术研究

王洪雁　裴腾达　著

中国水利水电出版社
www.waterpub.com.cn
·北京·

内 容 提 要

数字信号处理是一门应用十分广泛的基础学科，随着数字信号处理学科理论和方法的发展，其覆盖领域越来越广。

本书在现代数字信号处理概述的基础之上，系统地讨论了离散时间信号与系统、变换方法、数字滤波器的结构与分析、平稳随机信号处理及信号模型、功率谱估计和信号频率估计方法，并对数字信号处理的DSP实现方法进行了详尽的阐述。

本书结构合理，条理清晰，内容丰富新颖，可供从事数字信号处理方面的科研技术人员参考使用。

图书在版编目(CIP)数据

现代数字信号处理关键技术研究 / 王洪雁，裴腾达著．—北京：中国水利水电出版社，2017.7（2022.9重印）

ISBN 978-7-5170-5700-0

Ⅰ．①现…　Ⅱ．①王…　②裴…　Ⅲ．①数字信号处理—研究　Ⅳ．①TN911.72

中国版本图书馆CIP数据核字(2017)第185376号

书　　名	现代数字信号处理关键技术研究 XIANDAI SHUZI XINHAO CHULI GUANJIAN JISHU YANJIU
作　　者	王洪雁　裴腾达　著
出版发行	中国水利水电出版社 （北京市海淀区玉渊潭南路1号D座 100038） 网址：www. waterpub. com. cn E-mail：sales@waterpub. com. cn 电话：(010)68367658（营销中心）
经　　售	北京科水图书销售中心（零售） 电话：(010)88383994、63202643、68545874 全国各地新华书店和相关出版物销售网点
排　　版	北京亚吉飞数码科技有限公司
印　　刷	天津光之彩印刷有限公司
规　　格	170mm×240mm　16开本　15.25印张　273千字
版　　次	2018年1月第1版　2022年9月第2次印刷
印　　数	2001—3001册
定　　价	65.00元

前　言

数字信号处理是一门应用十分广泛的基础学科，随着数字信号处理学科理论和方法的发展，其覆盖领域越来越广，涉及专业越来越多，包括通信工程、电子科学与技术、测控技术与仪器、计算机科学与技术、电子信息科学与技术、电子信息工程、自动化等，已然成为一门重要的学科与技术。

很多人认为数字信号处理主要是研究有关数字滤波技术、离散变换快速算法和谱分析方法的一门学科。但事实上，数字信号处理的问题已无处不在。数字信号处理是研究用数字方法对信号进行分析变换、滤波、检测、调制、解调以及快速算法的一门技术学科。该技术学科已经渗透到所有现代自然科学和社会科学领域，并依靠它独特的优势发挥着重大作用。

作者依据现代信号与信息处理技术的发展和行业需求，对本书进行了精心编排。本书在写作上力求言简意赅，遵循由浅入深的学习过程，系统地讨论数字信号处理的基本原理、基本分析方法、基本算法以及基本实现方法，以期能够更好地为数字信号处理的未来发展尽一份微薄之力。

本书的指导思想新颖，内容创新，能适应当代科技发展的需求，简单来说，本书主要体现了以下几点：

①注重基础，重视概念与性质的分析。本书详细讨论了信号的抽取、插值，信号的多相表示，抽取、插值的实现等基本问题。围绕根本问题进行深入剖析，强调滤波器的性质以及其设计与实现方法，用最基本的方法逐步深入解决问题。

②联合分析。本书在时间和频率问题上，用时频联合分析的主要思想对信号进行剖析，力图将描述信号的两个最重要的物理量结合在一起进行分析和处理。运用大量实例，采用归纳总结的方法，帮助读者强化记忆。

③接触前沿。在数字信号方面，世界前沿知识更新较快，为了能够与时俱进，本书在知识体系方面适当地介绍有关方面的前沿知识，使读者在接受基础知识的同时接触到前沿知识，为以后的深入学习打下基础。

本书分 8 章，不仅详尽阐述了离散时间信号与离散时间系统，而且对时域离散信号的变换方法也进行了深入分析与研究。书中将平稳随机信号处理与信号模型巧妙地融合在一起进行深入分析，这是本书的一大特色。体现了用信号模型解决随机信号问题，是随机信号问题处理的一大重要方法。另外，本书还将功率谱估计和信号频率估计结合到一起进行研究，其内容包含自相关函数估计、经典功率谱估计和现代功率谱估计等，大大方便了相关问题的解决。

本书试图将线性预测与自适应滤波的原理融入到其相关应用中进行阐述，多用总结对比的方案帮助读者理解记忆，即运用对比分析和总结的方法，使读者能够迅速进入理解和掌握的阶段，从而获得更多有关现代数字信号处理技术的能力，这也是本书最大的亮点。

此外，为了加深读者对基本理论和方法的理解，并进一步开阔眼界，本书在内容上进行了大胆的创新，以数字信号处理基本知识、基本理论为主线，由浅入深、推导严谨。对相关专业的工程技术人员来说，实乃一本有益的参考书。

现代数字信号处理涉及面广，本书在撰写过程中参考并引用了大量前辈学者的研究成果和论述，在此作者向这些学者表达诚挚的敬意和谢意。

由于时间仓促，作者水平有限，本书难免存在错误、疏漏之处，恳请广大读者批评指正，不吝赐教。

作　者

2017 年 4 月

目 录

第1章　现代数字信号处理概论

数字信号处理(Digital Signal Processing)是一门新兴学科,它研究用数字方式进行信号处理,即利用数字计算机或专用数字处理设备对信号进行分析、变换、综合、滤波、估计与识别等处理。

1.1　数字信号处理的主要内容与特点

1.1.1　为什么要处理数字信号

计算机是基于二进制设计的,它只能处理"0"和"1"组成的代码,这些代码是离散的,而日常生活中人们所感知的信号大多是模拟的。因此,利用计算机处理模拟信号时,必须先把它转换为离散的数字信号,然后才能输入计算机进行处理。输出时再把经过 DSP 处理的数字信号转换为模拟信号。

1.1.2　数字信号处理的内容

数字信号处理涉及的内容非常广泛。数字信号处理的内容如图 1-1 所示。

数字信号处理的内容
- 离散线性时不变系统理论：时域、频域、各种变换域
- 频谱分析：FFT谱分析方法及统计分析方法
- 数字滤波器设计及滤波过程的实现(包括有限字长效应)
- 时频-信号分析：短时傅氏变换、小波变换、Wigner Distribution
- 多维信号处理
- 非线性信号处理
- 随机信号处理
- 模式识别人工神经网络
- 信号处理单片机(DSP)及各种专用芯片(ASIC)，信号处理系统实现

图 1-1　数字信号处理的内容

1.1.3 数字信号处理的学科概貌

数字信号处理的学科概貌如图 1-2 所示。其中,离散时间线性时(移)不变系统理论和离散傅里叶变换是数字信号处理领域的理论基础。而数字滤波和频谱分析是数字信号处理理论的两个主要学科分支。

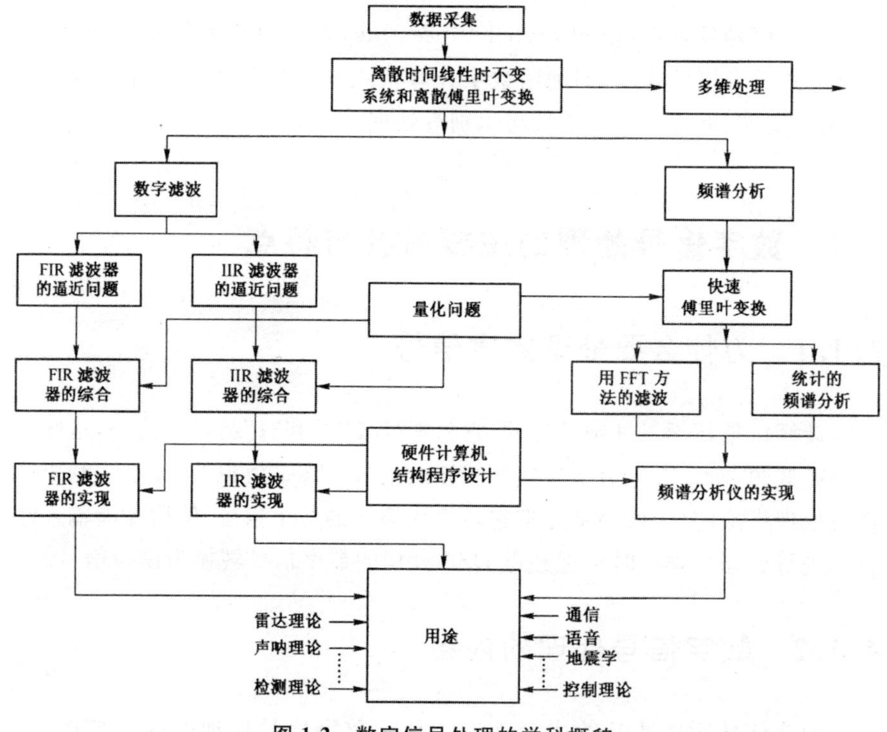

图 1-2 数字信号处理的学科概貌

1.1.4 数字信号处理的特点

与模拟信号处理系统相比,数字信号处理系统具有以下优点。

(1)精度高。

(2)灵活性强。

(3)可靠性好。

(4)容易大规模集成。

(5)时分复用。

(6)多维处理。

1.2　数字信号处理的一般实现方法

所谓数字信号处理的实现，是指将信号处理的理论应用于某一具体的任务中。随着任务的不同，数字信号处理实现的途径也不相同。数字信号处理的实现可以是软件程序，也可以是硬件器件，具体来说分成三种。

1.2.1　纯软件实现

通过编写软件程序在通用计算机上实现。该方法的优点是功能灵活，开发周期短；但缺点是处理速度慢。随着计算机的高速发展，一些以前不能用纯软件来实时实现的处理现在可以实时处理了，例如，VCD/DVD 的解码播放。我们对实时处理的定义是：系统必须在有限的时间内对外部的输入信号或外部需要的输出信号完成指定的处理，即信号处理的速度必须大于或等于信号更新的速度，另外从信号输入到处理完成之间的延迟必须足够小。DVD 的实时解码要求能达到连贯地观看节目的需要。一般来说，软件实现只适用于算法的仿真研究、教学实验和一些对处理速度要求较低的场合。

1.2.2　专用硬件实现

采用由加法器、乘法器和延迟器构成的数字电路来实现某种专用的处理功能。例如，快速傅里叶变换芯片、数字滤波器芯片和调制解调器等。这里提到的芯片称为专用 DSP 芯片(Digital Signal Processors，DSP)，具有某种特定功能的软件算法被固化在芯片内，用户无须编程，只需给出输入数据，经过简单的芯片组合，就能在输出端得到结果。专用硬件实现的优点是处理速度快，缺点是功能固定不灵活，开发周期长，适用于要求高速实时处理的场合。

1.2.3　软硬件结合实现

采用通用单片机、通用可编程 DSP 或 FPGA 等可编程逻辑器件，加以软件编程来实现。

其中的通用 DSP 已成为通信、计算机、消费类电子产品等领域的基础器件。通用 DSP 具有专为信号处理设计的硬件和指令，相比起通用计算机和单片机来，它在数字信号处理领域有自己的专长。下面介绍通用 DSP 的最主要的优点。首先它采用哈佛结构或改进的哈佛结构，能提高数据吞吐率。图 1-3 给出了通用计算机的冯·诺依曼结构和 DSP 的哈佛结构。图 1-3(a)将数据和指令存储在同一个存储器中，统一编址，只有一套总线，取指令和存取数据不能同时进行。图 1-3(b)中的数据存储器和指令存储器是分开的，有两套独立的总线，可以同时存取操作数和取指令。除此之外，各种改进的哈佛结构还允许同时存取两个操作数和取指令。其次，针对数字信号处理中经常遇到的乘法累加运算，通用 DSP 配备了硬件乘法器和累加器，有专门的乘加指令，而不是像通用计算机和单片机那样采用加法器实现乘法运算。另外，针对 DSP 运算的特点，DSP 还有循环寻址和倒位序寻址等各种寻址方式。所以采用通用 DSP 的软硬件结合实现数字信号处理具有处理速度快的优点，再加上可通过改写软件程序来改变系统功能或更新换代，所以又具有功能灵活的优点。众所周知，通用 DSP 有 TI(Texas Instruments)公司的 TMSXX 系列和 ADI(Analog Devices, Inc.)的 ADSPXX 系列等。

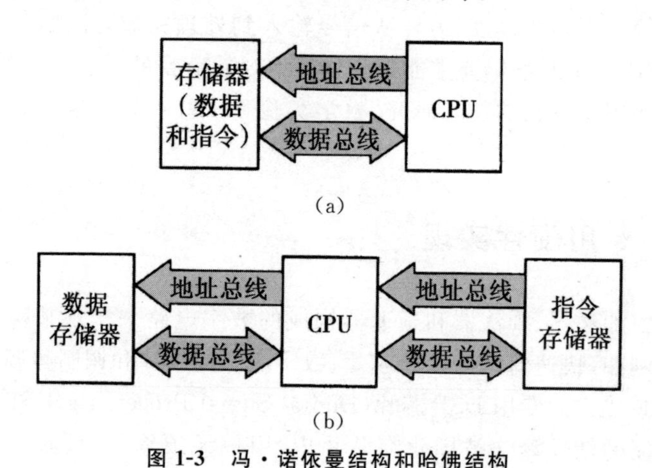

图 1-3 冯·诺依曼结构和哈佛结构

(a)冯·诺依曼结构；(b)哈佛结构

1.3 数字信号处理的应用领域

1.3.1 心电图信号

心电图信号是心脏活动情况的最直观反映。一个典型的心电图信号由一系列不相同的"波组"构成,如图1-4所示。通常一个心动周期包括P波、P-R间期、QRS波群、S-T段、T波、U波。Q-T间期各波及波段,代表着心房、心室各阶段的活动情况。心电图波形的每个部分为医生分析病人的心脏情况提供各种不同类型的信息。实际测量中,往往产生较强的工频干扰信号(图1-5),这给医生的诊断带来一定困难。对心电图信号进行数据处理,就是要滤除干扰信号,提取心音信号特征参数,给医生诊断提供方便。

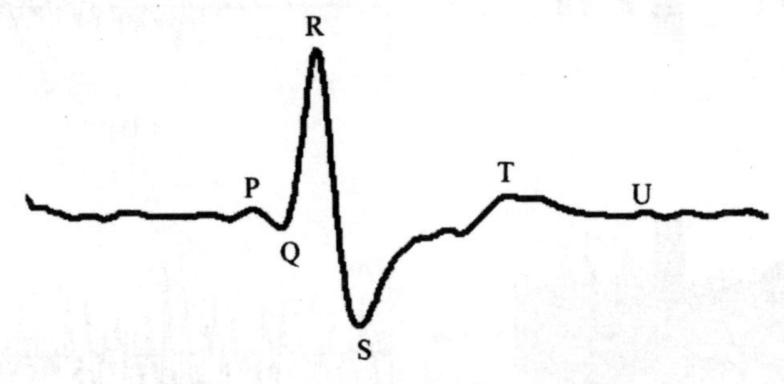

图1-4 纯净心电信号的一个波组

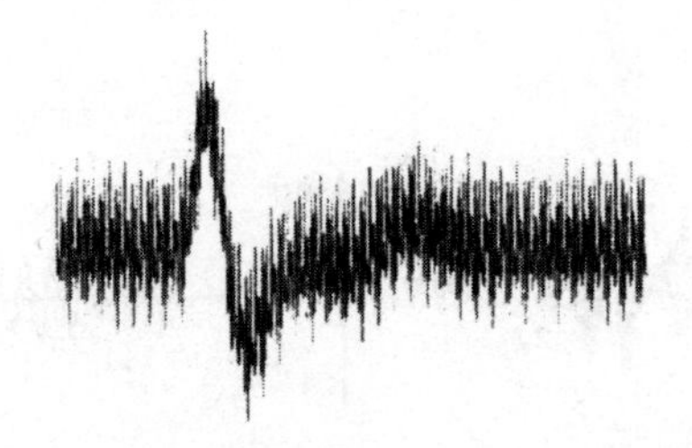

图1-5 某测量仪器获取的一个心电波组

1.3.2 语音信号

语音信号是一种有声的物理波形,它包括的信息有讲话的内容和讲话者,可以是孤立的单字,也可以是连续的词语。语音信号处理的目的是得到一些语音参数以便高效地传输或存储,或达到某种用途,如去除噪音,人工合成出语音,辨识出讲话者,识别出讲话内容等。语音信号处理是数字信号处理技术的一个典型应用。

如图1-6(a)所示为某无线电台发出的一句呼叫语音信号时间波形,信号持续时间大约2.3s。图1-6(b)为同型号接收电台接收到的语音输出波形。由于信道及系统本身的干扰,接收信号中混杂着一种持续不断的啸叫干扰声,严重地影响了接收语音质量。图1-6 (c)是对图1-6 (b)进行增强后的信号,明显消除了干扰声,显著地改善了接收语音质量。对应原始语音

A 附近 40ms 语音片段,原始语音、带噪语音和增强语音的扩展波形分别如图 1-6 (d)、(e)、(f)所示。

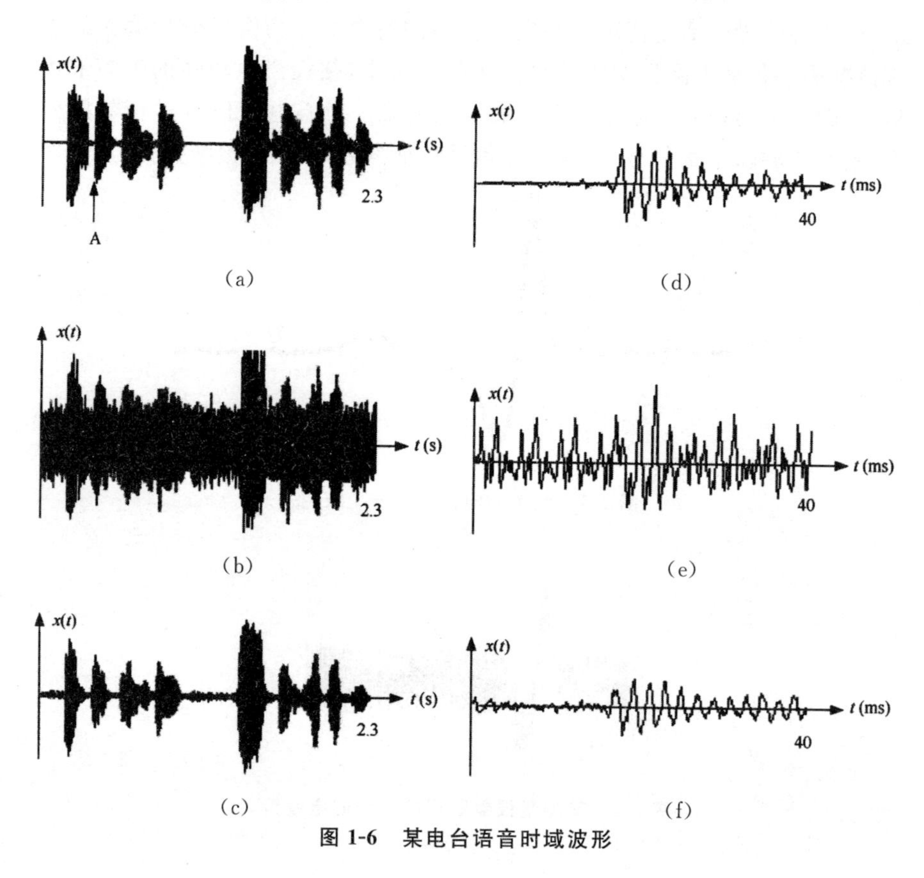

图 1-6 某电台语音时域波形

1.3.3 图像信号

图像处理科学对人类具有重要意义,是人们从客观世界获取信息的重要来源,是人类视觉延伸的重要手段。一幅图像是一个二维信号,它在任何点的强度是两个空间变量的函数。常见的例子有静态图像、雷达和声呐图像、医学图像等。图像处理过程实际上就是二维数字信号处理过程,主要包括图像增强、恢复、重建、分割、目标检测与识别以及编码等。作为一类信号处理技术,数字图像处理技术发展迅速,目前已成为工程学、计算机科学、信息科学、物理、生物学、医学等领域研究的对象,并在各个领域的应用取得了巨大的成功和显著的经济效益。

1.3.4 振动信号

机械振动信号的分析与处理技术已应用于汽车、飞机、船只、机械设备、房屋建筑、水坝设计等方面的研究和生产中。模态分析法，是数字信号处理在振动工程中应用的主要体现，例如，建筑结构的抗震性能分析就是利用模态分析法对结构进行动态优化设计。

1.4 数字信号处理器

1.4.1 数字信号处理系统的基本组成

通常，数字信号处理系统由A/D转换器、数字信号处理器、D/A转换器三大部分组成，如图1-7所示。图1-8给出了图1-7中各有关信号的波形。整个系统的工作过程如下。

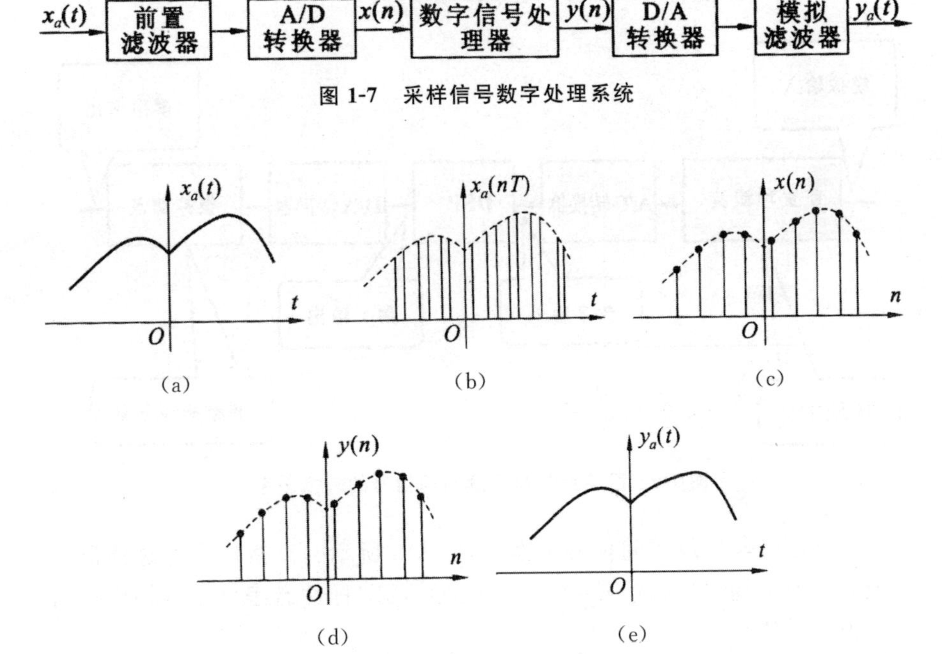

图1-7 采样信号数字处理系统

图1-8 采样信号数字处理系统的信号波形

(1)为了避免采样出现频谱混叠现象,输入信号 $x_a(t)$ 先经过前置滤波器,将模拟信号 $x_a(t)$ 中的高于某一频率(折叠频率,等于采样频率的一半)的分量滤除。

(2)在 A/D 转换器中每隔 T 秒对 $x_a(t)$ [图 1-8(a)]进行一次采样,得到离散时间信号 $x_a(nT)$,如图 1-8(b)所示。然后在 A/D 转换器的保持电路中对采样信号进行量化,得到数字信号 $x(n)$,如图 1-8(c)所示。

(3)数字信号序列 $x(n)$ 通过数字信号处理系统的核心部分,即数字信号处理器,按照预定的要求进行加工处理,得到输出数字信号 $y(n)$,如图 1-8(d)所示。

(4) $y(n)$ 通过 D/A 转换器,将数字信号序列反过来转换为成模拟信号,得到的模拟信号通过一个模拟滤波器,滤除不需要的高频分量,将信号平滑成所需的模拟输出信号 $y_a(t)$,如图 1-8(e)所示。

1.4.2 数字信号处理技术

1.4.2.1 模拟信号与数字信号的关系

数字信号与连续时间信号的转换关系如图 1-9 所示。

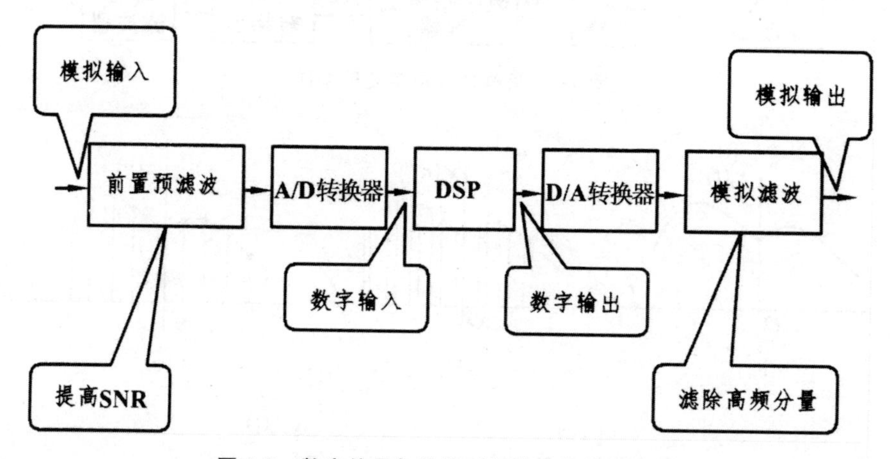

图 1-9 数字信号与连续时间信号的转换关系

数字信号与连续时间信号关系如图 1-10 所示。离散信号经过插值可以无失真地重构出模拟信号;用一个等间隔的取样冲激串函数可将模拟信号变为离散信号。

间隔时间 T 抽样示意图,如图 1-11 所示。抽样信号 $\hat{x}_a(t)$ 可以定义为用 T 为周期的冲激串函数 $p(t)$ 乘以 $x_a(t)$,其中

$$p(t)=\sum_{n=-\infty}^{\infty}\delta(t-nT)$$

$$\hat{x}_a(t)=\sum_{n=-\infty}^{\infty}x_a(t)\delta(t-nT)=\sum_{n=-\infty}^{\infty}x_a(nT)\delta(t-nT)$$

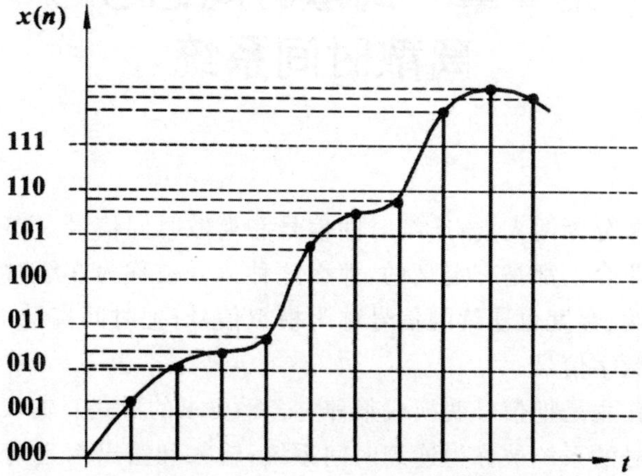

图 1-10　数字信号与连续时间信号的关系

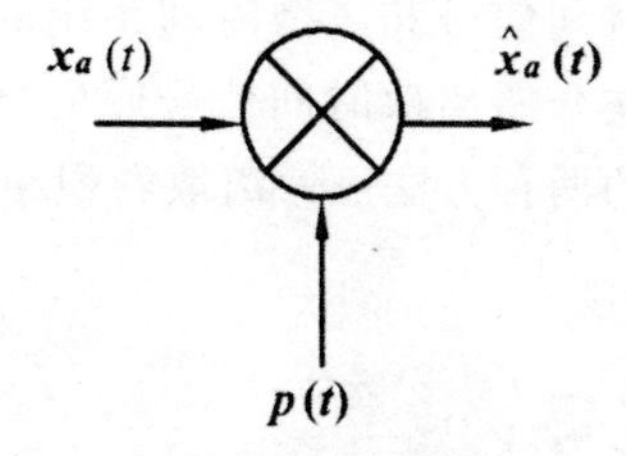

图 1-11　抽样示意图

1.4.2.2　A/D 变换的指标

经抽样后得到的是离散时间信号，若要得到数字信号，尚需进行量化编码。量化编码的性能由量化误差决定，信号处理的精度主要由信号的动态范围、信号的波形特点、量化位数和抽样频率决定。

第2章　离散时间信号与离散时间系统

信号通常分为两大类:连续时间信号和离散时间信号。如果信号在整个连续时间集合上都是有定义的,那么这种信号被称为连续时间信号。通常把时间连续、幅度也连续的信号称为模拟信号;把时间离散、幅度也离散的信号称为数字信号。

系统的作用是把信号变换成某种更合乎要求的形式。输入和输出都是连续时间信号的系统被称为连续时间系统;输入和输出都是离散时间信号的系统被称为离散时间系统;输入和输出都是模拟信号的系统被称为模拟系统;输入和输出都是数字信号的系统被称为数字系统。

本章主要讨论离散时间信号和离散时间系统的基本概念,重点研究线性时不变离散系统。首先介绍离散时间信号序列,然后分析线性时不变系统的特点及描述该系统的两种方法——离散卷积和常系数差分方程。

2.1　离散时间信号

在自然界中,大多数信号为连续信号,即信号的自变量为连续值,其函数值也是连续的,例如,$x_a = \sin(t)$ 表示一个正弦信号,它也是一个连续信号,如果对这个信号取样,每隔 T 时间间隔取一个点,这时,可表示成:

$$\begin{aligned} x_a(t) &= x_a(nT)\big|_{t=nT} = \sin(nT)\big|_{T=0.2} \\ &= \{0, 0.1987, 0.3894, 0.5646, 0.7174, 0.8415, \cdots\} \end{aligned} \qquad T = 0.2$$

上述信号,我们称为时域离散信号,即函数自变量为离散的信号。

假设将 $x_a(nT)\big|_{T=0.2}$ 的值用四位二进制数表示,便得到相应的数字信号,即

$$x(n) = x_a(nT)\big|_{T=0.2} = \{0.0000, 0.0100, 0.0110, 0.0111, 0.1000, \cdots\}$$

2.1.1　序列的表示

通常，序列有以下几种表示方法。

1)数学表达式表示

例如，$x(n)=\begin{cases}3, n=0,1,2,3\\-5, n=4,5,6,7\end{cases}$，$x(n)=A\cos(\omega_0 n+\varphi)$

2)图形表示

用 $x(n)\sim n$ 坐标系中的竖直点画线图形表示。图形表示方法的优点是直观、清晰，更容易理解。图 2-1 表示了一个具体的离散时间信号。

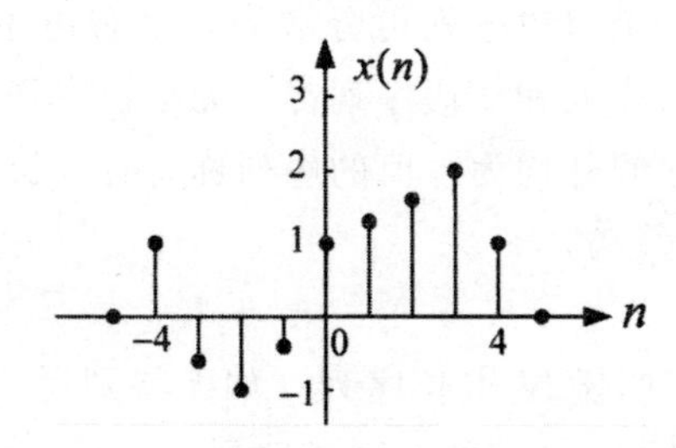

图 2-1　离散时间信号的图形表示

3)集合表示

用集合 $\{x(n),-\infty<n<\infty\}$，表示序列，其中集合的元素 $x(n)$ 表示序列在序号为 n 时的取值。例如：

$$\{x(n)\}=\{\cdots,x(-1),\underset{\uparrow}{x(0)},x(1),x(2),\cdots\}$$

或 $\{x(n)\}=\{\cdots,x(-1),x(0),x(1),x(2),\cdots;n=\cdots,-1,0,1,2,\cdots\}$。箭头标示序号为 0 的元素点位置。当集合标明具体取值范围时，集合元素对应的序号已经明了，不再用箭头在下面表示；第一个样本对应的时间序号 $n=0$ 时，箭头也可省略。

4)列表表示

例如：

n	…	5	6	7	8	9	10	11	12	13	14	15	…
$x(n)$	…	3.0	0.8	3.2	6.7	0	0	4.5	2.1	3.4	9.1	5.6	…

5)矩阵表示

序列可表示成矩阵(或向量)形式；对于二维序列(如图像灰度)，可表示成二维矩阵形式，如：

$$x(m,n)=\begin{bmatrix}x(1,1) & x(1,2) & x(1,3)\\ x(2,1) & x(2,2) & x(2,3)\\ x(3,1) & x(3,2) & x(3,3)\end{bmatrix}$$

注意：序列的所有表示形式中，自变量只能取整数。对于非整数 n 和 m，序列无定义，并非意味着序列在非整数位置处取值为零。

序列定义在 $-\infty<n<+\infty$ 整个时间区间，可以是无限长序列，也可以是有限长序列。对取正或负整数的 n_1 和 n_2，可以作如下约定：在 $n<n_1$ 区间，序列取值为零的序列称为右边序列；在 $n>n_1$ 区间，序列取值为零的序列称为左边序列；在 $-\infty<n<+\infty$ 整个时间区间，有非零值的序列称为双边序列。显然，一个双边序列可分解为一个右边序列和一个左边序列之和。右边序列、左边序列和双边序列都是无限长序列。在 $n_1\leqslant n\leqslant n_2$ 区间内有非零值，在该区间外均为零值的序列称为有限长序列，该有限长序列的长度为

$$N=n_2-n_1+1$$

这个长度为 N 的序列叫做 N 点长序列。如无特别说明，本书所说 N 点长序列均指 $0\leqslant n\leqslant N-1$ 区间的有限长序列。

2.1.2 常用的典型序列

2.1.2.1 单位取样序列 $\delta(n)$

$$\delta(n)=\begin{cases}1, n=0\\ 0, n\neq 0\end{cases}\tag{2-1-1}$$

在所有的离散序列中，单位取样序列是最简单的，也是应用最多的，与模拟信号中的单位冲激函数 $\delta(t)$ 相类似，不同的是 $\delta(t)$ 在 $t=0$ 时，取值无穷大。单位取样序列和单位冲激函数如图 2-2 所示。

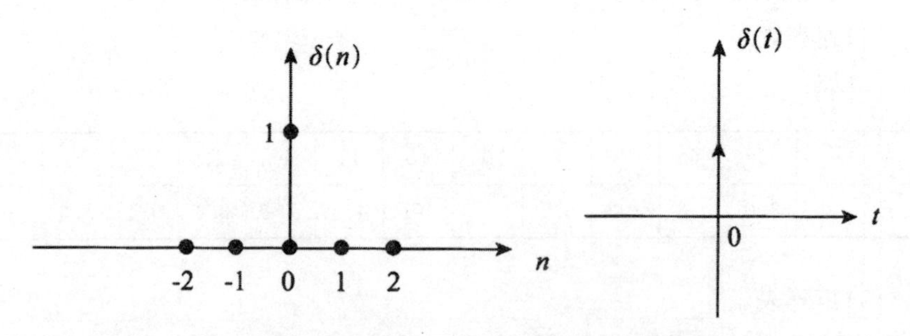

图 2-2 单位取样序列和单位冲激函数

利用单位取样序列，任意序列 $x(n)$ 可以表示成 $\delta(t)$ 及其移位加权和。

$$x(n)=\sum_{m=-\infty}^{\infty}x(m)\cdot\delta(n-m) \tag{2-1-2}$$

如图 2-3 所示的序列 $x(n)$ 可表示为

$$x(n)=x(-3)\delta(n+3)+x(1)\delta(n-1)+x(2)\delta(n-2)+x(5)\delta(n-5)$$

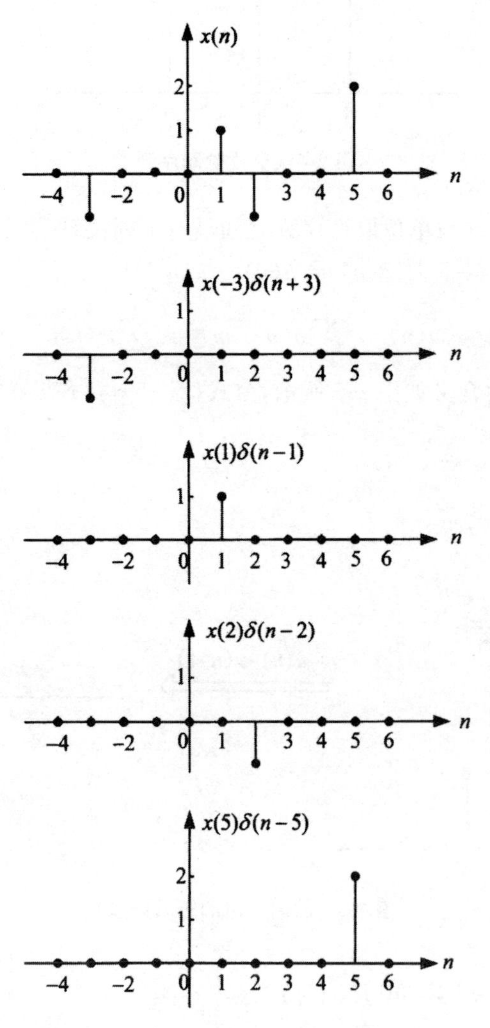

图 2-3　任意序列用 $\delta(n)$ 移位加权和表示

2.1.2.2　单位阶跃序列 $u(n)$

$$u(n)=\begin{cases}1,n\geqslant 0\\0,n<0\end{cases} \tag{2-1-3}$$

单位阶跃序列如图 2-4 所示。

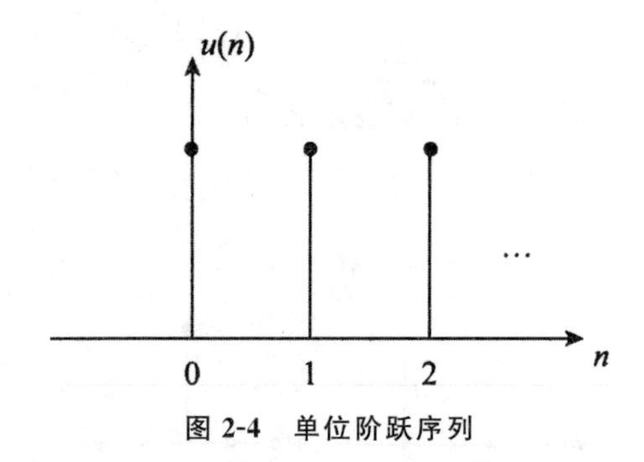

图 2-4　单位阶跃序列

单位阶跃序列与单位取样序列之间具有下列关系：

$$\delta(n) = u(n) - u(n-1) \tag{2-1-4}$$

$$u(n) = \sum_{m=0}^{\infty}\delta(n-m) = \sum_{k=-\infty}^{n}\delta(k) \tag{2-1-5}$$

式(2-1-4)的含义如图 2-5 所示，公式(2-1-5)可由 $\delta(n)$ 向右移动 1 位、2 位……之和表示。

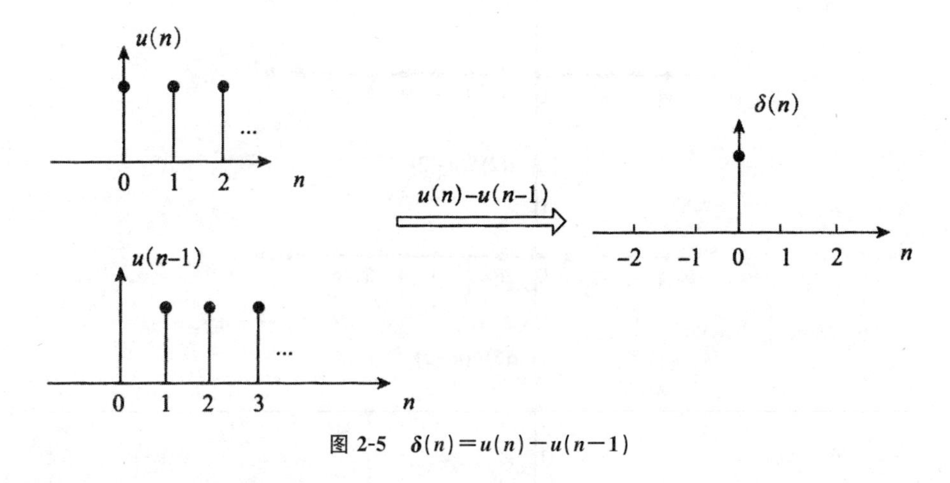

图 2-5　$\delta(n)=u(n)-u(n-1)$

2.1.2.3　矩形序列 $R_N(n)$

$$R_N(n) = \begin{cases} 1, 0 \leqslant n \leqslant N-1 \\ 0, \text{其他} \end{cases} \tag{2-1-6}$$

式中，N 称为矩形序列的长度，当 $N = 3$ 时，$R_N(n)$ 的波形如图 2-6 所示，矩形序列也可用单位取样序列或单位阶跃序列表示。

$$R_N(n) = u(n) - u(n-N) \tag{2-1-7}$$

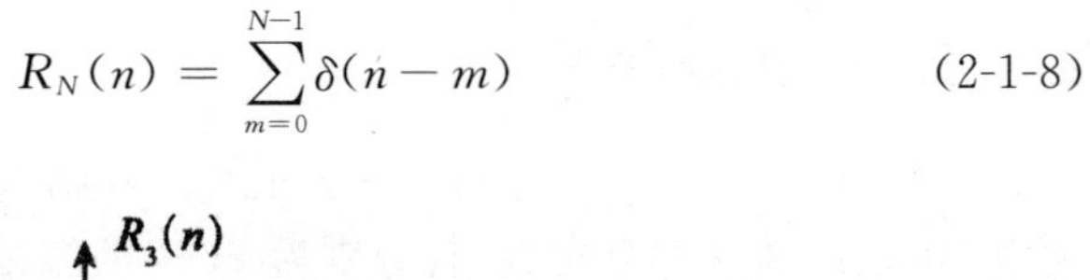

$$R_N(n)=\sum_{m=0}^{N-1}\delta(n-m) \tag{2-1-8}$$

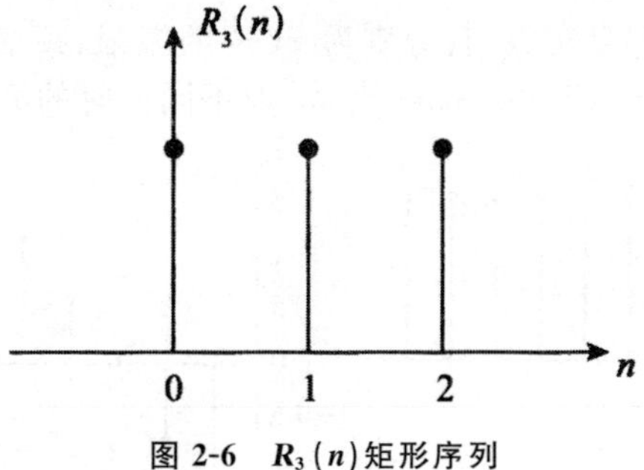

图 2-6　$R_3(n)$矩形序列

2.1.2.4　实指数序列

$$x(n)=a^n,\ -\infty<n<\infty,\ a\text{ 为实数} \tag{2-1-9}$$

根据参数 a 的取值不同,实指数序列可分为四种情况,如图 2-7 所示。图 2-7 (a)和图 2-7 (b),对应 $|a|<1$,随 n 增大,$x(n)$ 模值递减;图 2-7 (c)和图 2-7 (d),对应 $|a|>1$,随着 n 增大,$x(n)$ 模值递增;图 2-7 (a)和图 2-7 (c)都是 $a>0$ 的情况,此时 $x(n)$ 恒为正;而图 2-7 (b)和图 2-7 (d)是 $a<0$ 的情况,这时 $x(n)$ 取值呈正负交替变化。

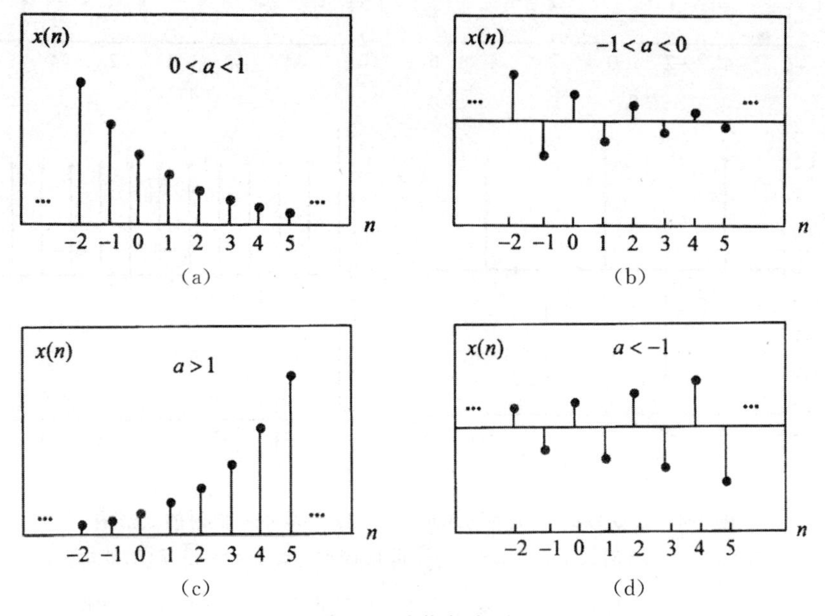

图 2-7　实指数序列

2.1.2.5 正弦序列

$$x(n) = A\sin(\omega_0 + \varphi) \tag{2-1-10}$$

式中，A，ω_0 和 φ 都是实数，且分别为 $x(n)$ 的振幅、频率和相位。图 2-8 表示正弦序列 $x(n) = 1.5\cos(\omega_0 n)$ 当 ω_0 取不同值时的波形图。

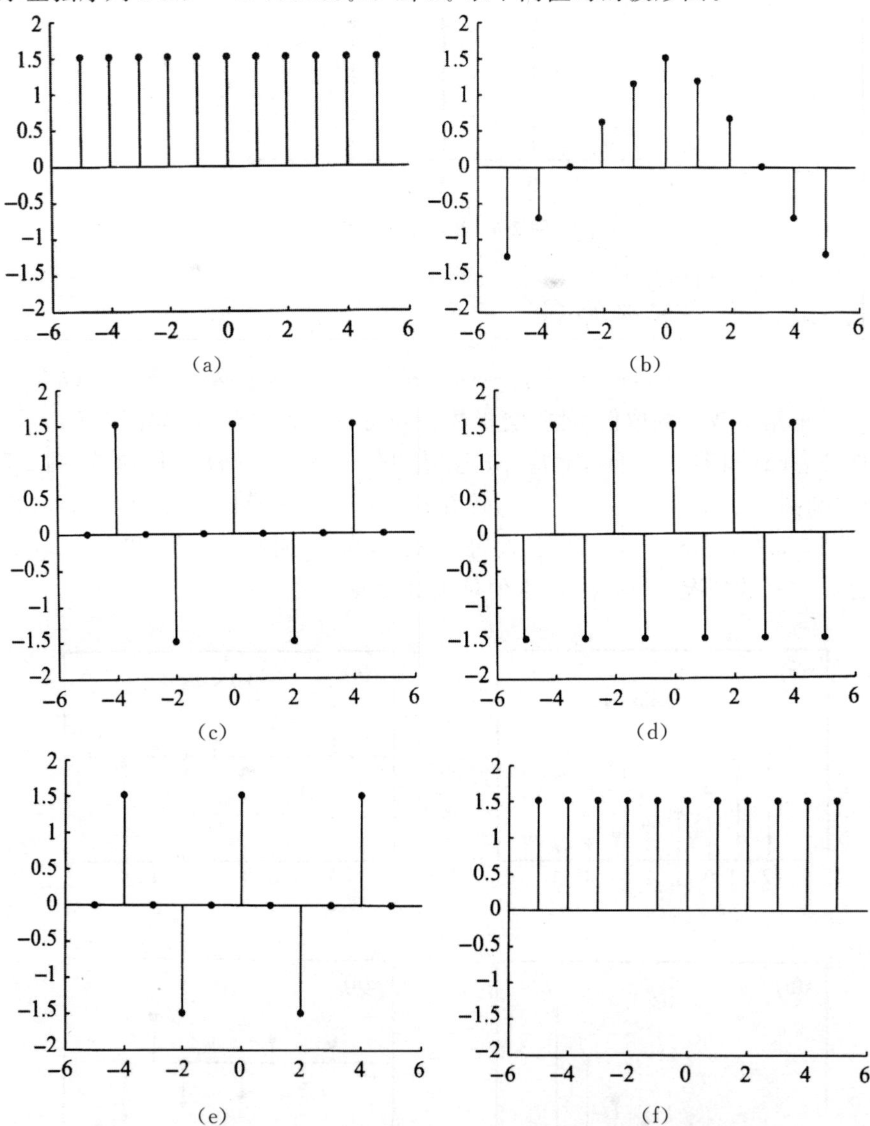

图 2-8 正弦序列 $x(n)=1.5\cos(\omega_0 n)$ 当 ω_0 取不同值时的波形图

(a) $\omega_0 = 0$ 时的波形；(b) $\omega_0 = \frac{\pi}{6}$ 时的波形；(c) $\omega_0 = \frac{\pi}{2}$ 时的波形；

(d) $\omega_0 = \pi$ 时的波形；(e) $\omega_0 = \frac{3\pi}{2}$ 时的波形；(f) $\omega_0 = 2\pi$ 时的波形

由图 2-8 可知，ω_0 从 0 到 π，$x(n)$ 的波形振动越来越快，在 $\omega_0=\pi$ 处，振动最快，然后 ω_0 从 π 到 2π 时的波形振动越来越慢，在 $\omega_0=2\pi$ 处的波形与 $\omega_0=0$ 处的波形一样。因此，在一个周期 $[0,2\pi]$ 内，我们称 $\omega_0=0$ 附近是低频，$\omega_0=\pi$ 附近是高频。

2.1.2.6　复指数序列

$$x(n)=e^{(\sigma+j\omega)n},-\infty<n<\infty \tag{2-1-11}$$

式中，若令 $a=e^{\sigma}$，$x(n)=a^n\cdot e^{j\omega n}=x_1(n)\cdot x_2(n)$，即 $x(n)$ 是实指数序列与复正弦序列 $e^{j\omega n}$ 的乘积。

由于
$$e^{j\omega n}=\cos(\omega n)+j\sin(\omega n)$$
所以
$$x(n)=a^n\cos\omega n+ja^n\sin\omega n=\mathrm{Re}[x(n)]+j\mathrm{Im}[x(n)]$$
$x(n)$ 的实部和虚部都是以 a^n 为包络的正弦序列。当 $a=0.9$，$\omega=0.5$ 时，复指数序列 $x(n)=a^n\cdot e^{j\omega n}$ 的实部和虚部如图 2-9 所示。

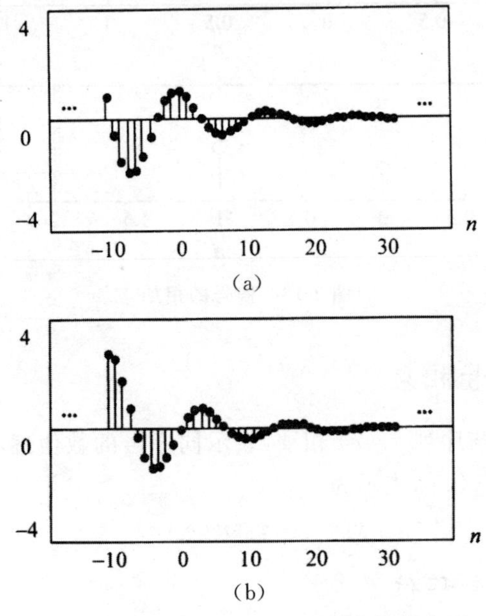

图 2-9　当 $a=0.9,\omega=0.5$ 时的复指数序列

(a)实部；(b)虚部

2.1.3　序列的基本运算

2.1.3.1　序列相加

序列 $x_1(n)$ 与序列 $x_2(n)$ 之和，是指长度相同的两个序列同序号的数

值逐项相加而构成一个新的序列 $y(n)$,表示为

$$y(n)=x_1(n)+x_2(n)$$

例如:有这样两个序列 $x_1(n)=\{1,2,3,4\mid n=0,1,2,3\}$, $x_2(n)=\{1,2,3,4\mid n=-1,0,1,2\}$,它们长度相等,但是位置不一致(即行的值不一致),因此,必须对它们进行延长,如图 2-10 所示。

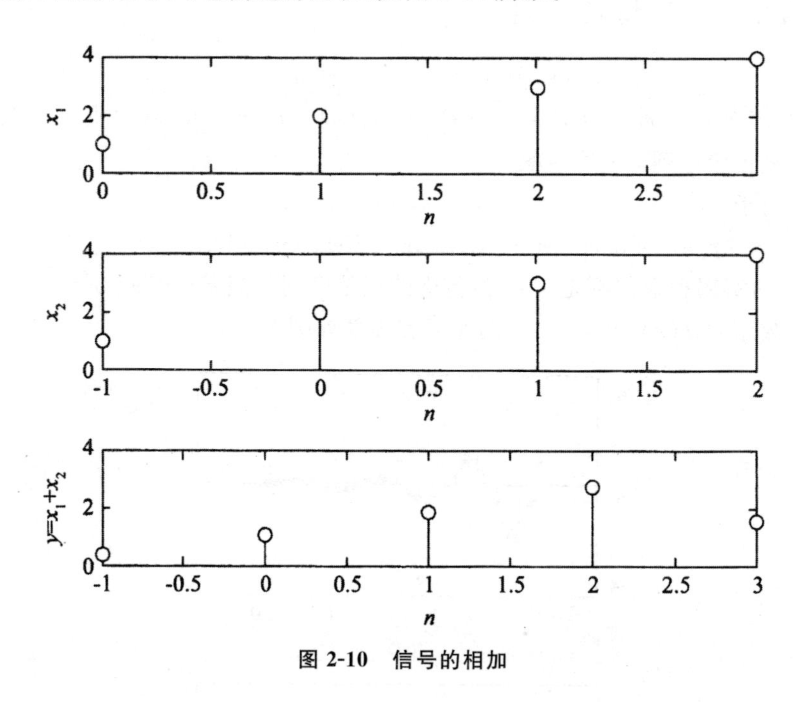

图 2-10 信号的相加

2.1.3.2 信号相乘

序列 $x_1(n)$ 与序列 $x_2(n)$ 相乘,表示同序号的数值逐项对应相乘而构成一个新的序列 $y(n)$,表示为

$$y(n)=x_1(n)x_2(n)$$

2.1.3.3 信号移位

对于 $y(n)=x(n-k)$,式中 k 为整数,当 $k>0$ 时,表示将 $x(n)$ 向右平移 k 个单位;当 $k<0$ 时,表示将 $x(n)$ 向左平移 k 个单位。例如:$x(n)=\{1,2,3,4\mid n=0,1,2,3\}$, $y(n)=x(n+2)$,则 $y(n)=\{1,2,3,4\mid n=-2,-1,0,1\}$,如图 2-11 所示。

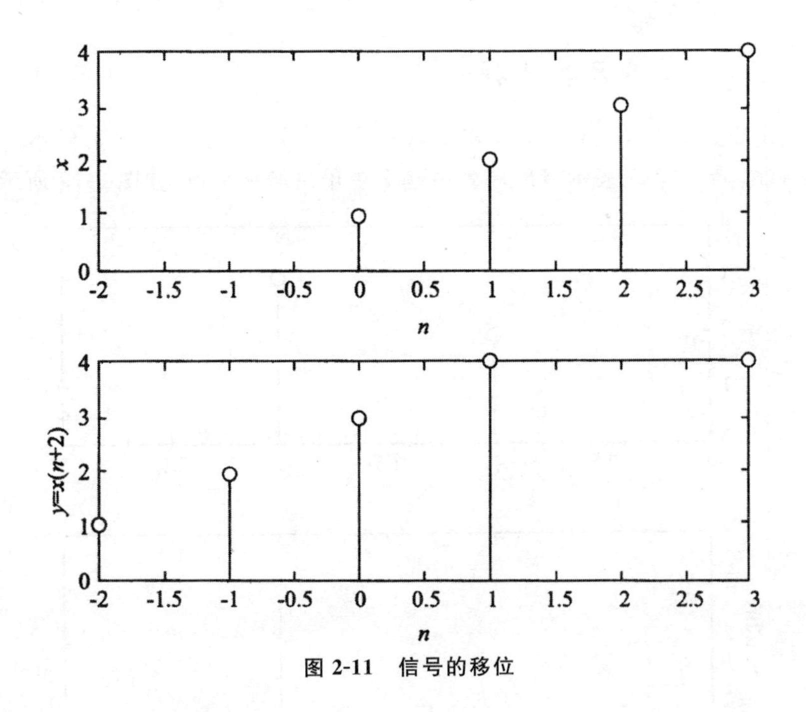

图 2-11　信号的移位

2.1.3.4　信号反转

用式 $y(n)=x(-n)$ 表示信号反转，即将原信号以 y 轴为对称轴镜像。例如：求上述 $x(n)$ 序列的反转，如图 2-12 所示。

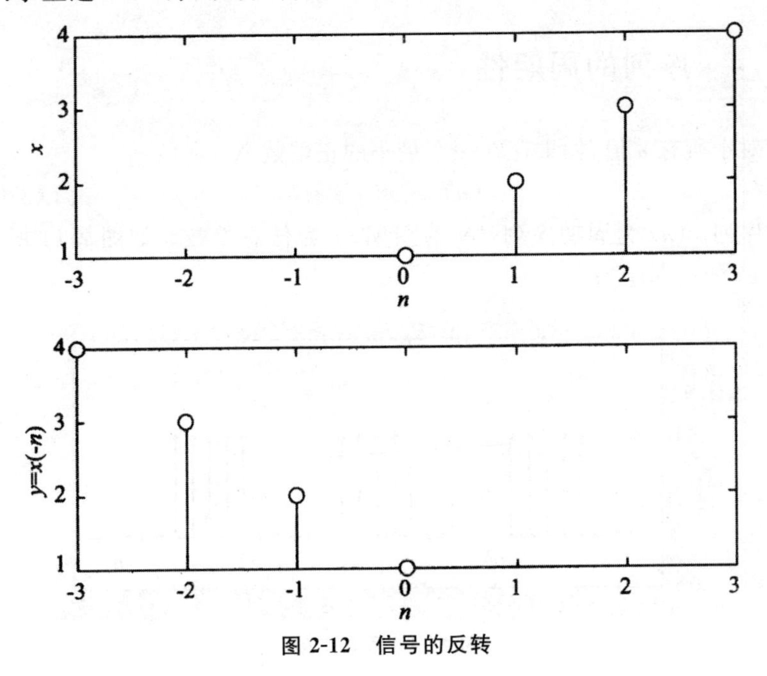

图 2-12　信号的反转

2.1.3.5 信号尺度变换

用式 $y(n)=x(mn)$（m 取整数），表示每隔 m 单位取一个样本。例如：$y(n)=x(2n)$ 表示将原序列每隔 2 个单位取一个点，如图 2-13 所示。

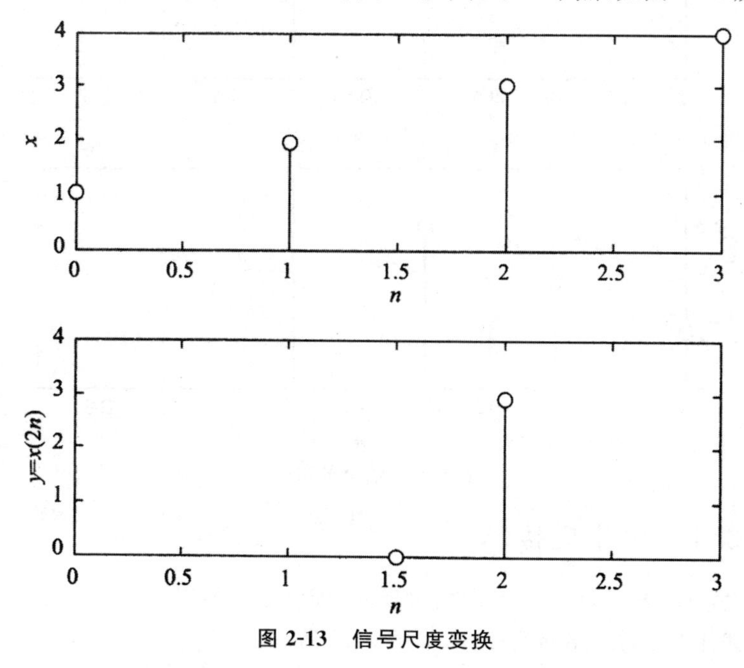

图 2-13 信号尺度变换

2.1.4 序列的周期性

对于所有 n 值，如果存在一个最小的正整数 N，满足

$$x(n)=x(n+rN) \tag{2-1-12}$$

则称序列 $x(n)$ 为周期序列，N 为周期，r 为任意整数。如图 2-14 所示为 $N=10$ 的周期序列。

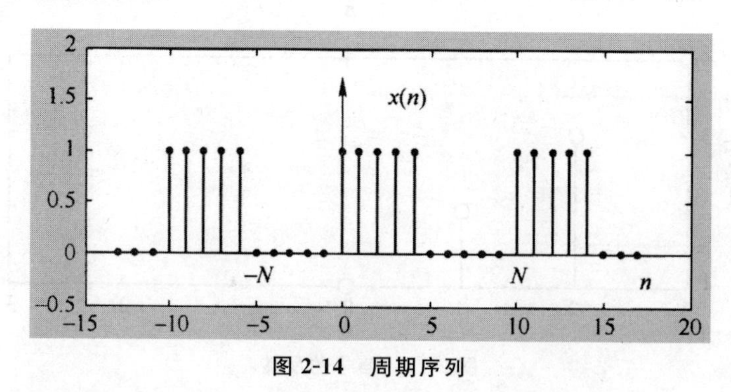

图 2-14 周期序列

2.1.4.1　有限长序列的周期延拓

把一个周期序列截取一个或几个周期，得到的是一个跃度有限的序列。反之，把一个有限长序列进行周期延拓，就能得到一个周期序列。

对于 N 点长序列 $x(n)$，$0 \leqslant n \leqslant N-1$，以 L 为周期的周期延拓序列定义为

$$x_L(n) = \sum_{r=-\infty}^{\infty} x(n+rL) = x((n))_L \tag{2-1-13}$$

式中，$((n))_L$ 表示 n 对 L 求余运算，即如果 $n = ML + n_1$，$0 \leqslant n_1 \leqslant L-1$，$M$ 为整数，则 $x((n))_L = x(n_1)$。显然序列置 $x_L(n)$ 的周期是 L。

一个 $N = 11$ 点长序列 $x(n)$，如图 2-15(a)所示。当延拓周期 L 分别取大于、等于和小于序列长度时，周期延拓序列 $x_L(n)$ 分别如图 2-15(b)、(c)、(d)所示。

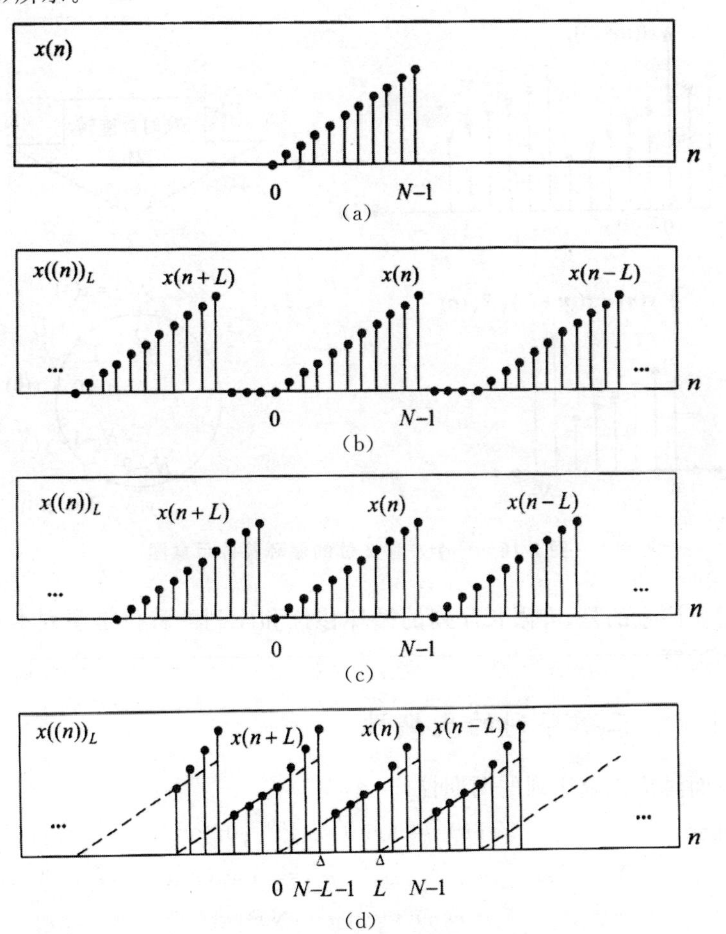

图 2-15　有限长序列及其周期延拓序列

(a)原图；(b) $L > N$；(c) $L = N$；(d) $L < N$

2.1.4.2 有限长序列的循环移位

如图 2-16 所示为一个左移 2 位的循环移位示意图。有限长序列 $x(n)$ $(0 \leqslant n \leqslant N-1)$ 的循环移位序列定义为

$$y(n) = x((n+m))_N \cdot R_N(n) \tag{2-1-14}$$

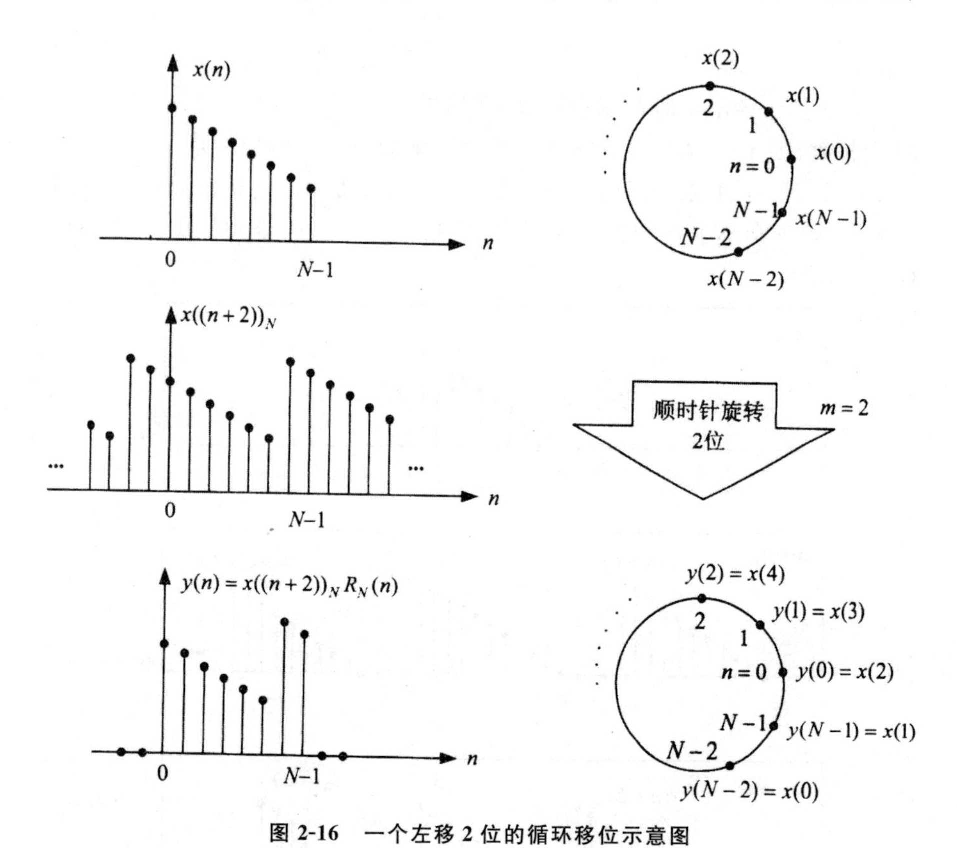

图 2-16　一个左移 2 位的循环移位示意图

需要注意的是，有限长序列的循环移位和序列的移位是序列本身两种不同的运算。

2.1.4.3 正弦序列的周期性

下面讨论正弦序列的周期性。

由于
$$x(n) = A\sin(n\omega_0 + \varphi)$$

则
$$x(n+N) = A\sin[(n+N)\omega_0 + \varphi] = A\sin(n\omega_0 + N\omega_0 + \varphi)$$

若使
$$x(n) = x(n+N)$$

则有
$$N\omega_0 = 2\pi k$$

$$N = \frac{2\pi k}{\omega_0}$$

式中，N 为正整数，k 为任意整数。

下面分几种情况进行讨论。

(1)当 $\frac{2\pi}{\omega_0}$ 为整数，则 $k=1$ 时，$N=\frac{2\pi}{\omega_0}$ 为最小正整数，即正弦序列是周期序列，其周期为 $\frac{2\pi}{\omega_0}$ 。

(2)当 $\frac{2\pi}{\omega_0}$ 不是整数而是一有理数时(有理数可表示成分数)，即

$$\frac{2\pi}{\omega_0} = \frac{Q}{P}$$

式中，Q 、P 为互质的整数。要使 $N=\frac{2\pi}{\omega_0}k=\frac{Q}{P}k$ 为最小正整数，只有取 $k=P$ ，此时 $N=Q$ 为最小正整数，即正弦序列是周期序列，其周期为 Q ，大于 $\frac{2\pi}{\omega_0}$ 。

(3)当 $\frac{2\pi}{\omega_0}$ 为无理数时，则无论后取什么整数，均不能使 N 为整数。此时正弦序列不是周期序列。这和连续信号的情况是不一样的。因为复指数序列 $e^{j\omega_0 n}=\cos(\omega_0 n)+j\sin(\omega_0 n)$ ，所以其周期性的判别与正弦序列相同。

无论正弦序列或复指数序列是否为周期序列，参数 ω_0 均称为它们的数字域频率，有时也简称为频率。

2.1.5　序列的对称性

2.1.5.1　序列的共轭对称性

设 $x(n)$ 为一复数序列，$x^*(-n)$ 称为 $x(n)$ 的反转共轭序列。

若序列 $x(n)$ 与其反转共轭序列相等，即满足 $x(n)=x^*(-n)$ ，称该序列为共轭对称序列，用 $x_e(n)$ 表示。如 $x(n)=e^{j\omega n}=x^*(-n)$ 为一共轭对称序列。当 $x(n)$ 为实序列时，$x(n)=x(-n)$ 成立，称为偶序列，如图 2-17(a)所示，偶序列关于纵轴对称。

若序列 $x(n)$ 满足 $x(n)=-x^*(-n)$ ，称为共轭反对称序列，用 $x_o(n)$ 表示。如 $x(n)=\sin(\omega n)+j\cos(\omega n)$ 为一共轭反对称序列。当 $x(n)$ 为实序列时，$x(n)=-x(-n)$ 成立，称为奇序列。奇序列关于原点对称，如图 2-17(b)所示。

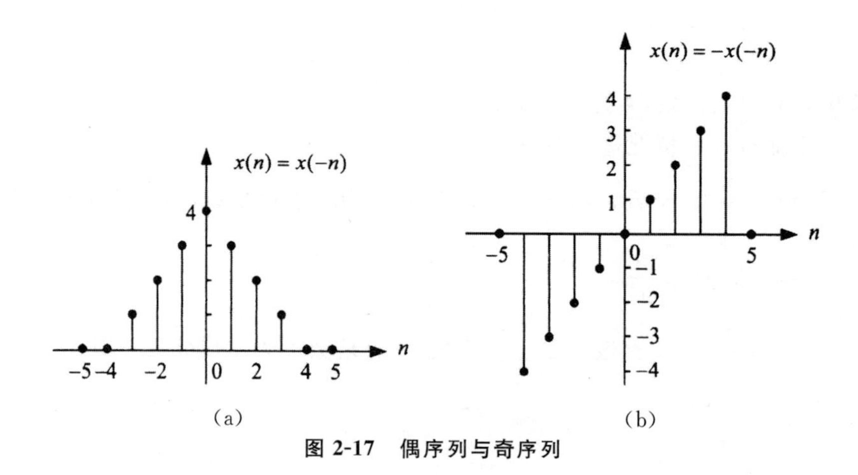

(a) (b)

图 2-17 偶序列与奇序列

可以证明任意序列 $x(n)$ 都可以表示为一个共轭对称序列和一个共轭反对称序列之和：

$$x(n)=x_e(n)+x_o(n) \tag{2-1-15}$$

式中，

$$x_e(n)=\frac{1}{2}[x(n)+x^*(-n)] \tag{2-1-16}$$

$$x_o(n)=\frac{1}{2}[x(n)-x^*(-n)] \tag{2-1-17}$$

$x_e(n)$、$x_o(n)$ 分别称作 $x(n)$ 的共轭对称分量（共轭对称部分）和共轭反对称分量（共轭反对称部分）。当 $x(n)$ 为实序列时，$x_e(n)=\frac{1}{2}[x(n)+x(-n)]$，$x_o(n)=\frac{1}{2}[x(n)-x(-n)]$，分别称作 $x(n)$ 的偶分量和奇分量。

2.1.5.2 有限长序列的共轭对称性

以上描述的序列的共轭对称性是关于 $n=0$ 的对称性，适用于任意长度的序列。对于定义在区间 $0\leqslant n\leqslant N-1$ 上的有限长序列 $x(n)$，定义一种关于区间 $1\leqslant n\leqslant N-1$ 的中心对称性，我们把这种对称性称之为有限长序列的共轭对称性，以区别于序列的共轭对称性。

1)循环共轭对称序列

若序列满足 $x^*(N-n)=x(n)$，则称为循环共轭对称序列，用 $x_{ep}(n)$ 表示

$$x_{ep}(n)=x_{ep}^*(N-n),0\leqslant n\leqslant N-1 \tag{2-1-18}$$

这里补充定义：$x_{ep}^*(n)=x_{ep}(0)$。

循环共轭对称序列可以看作按逆时针方向均匀排列在圆周上的序列 $x(n)$，与从同一位置起始按顺时针方向排列在圆周上的 $x^*(n)$ 序列相等，故又称其为圆周共轭对称序列，如图 2-18 所示。序列 $x(n)=\cos(\pi n/6)+\mathrm{j}\sin(\pi n/6)(0\leqslant n\leqslant N-1)$ 即为一循环共轭对称序列。

2)循环共轭反对称序列

若 $x^*(N-n)=-x(n)$，则称为循环共轭反对称序列，用 $x_{op}(n)$ 表示

$$x_{op}(n)=-x_{op}^*(N-n),0\leqslant n\leqslant N-1 \qquad (2\text{-}1\text{-}19)$$

这里补充定义：$x_{op}^*(n)=-x_{op}(0)$ 。

$x_{op}(n)$ 可以看作逆时针方向均匀排列在圆周上的序列 $x(n)$，与从同一位置起始按顺时针方向排列在圆周上的 $-x^*(n)$ 序列相等，又称其为圆周共轭反对称序列，如图 2-19 所示。序列 $x(n)=\sin(\pi n/6)+\mathrm{j}\cos(\pi n/6)(0\leqslant n\leqslant 11)$ 即为一循环共轭反对称序列。

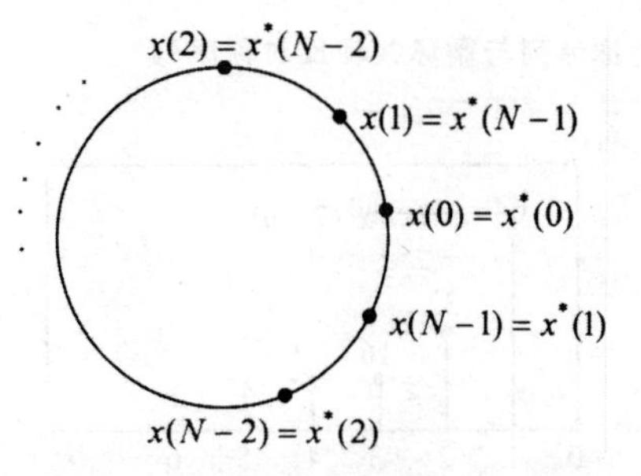

图 2-18　循环共轭对称序列示意图

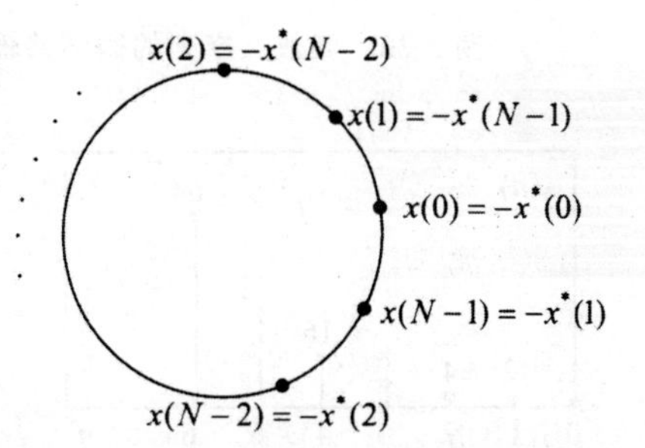

图 2-19　循环共轭反对称序列示意图

对于实序列，$x_{ep}(n)$ 关于序列中心点偶对称，$x_{op}(n)$ 关于序列中心点奇对称。当 N 为偶数时，中心点是序列的一个数值点，$N=8$ 的情况如图 2-20(c)、(d)所示，中心点为 $n=4$ 。当 N 为奇数时，中心点不是序列的数值点，$N=7$ 的情况如图 2-21(c)、(d)所示。

3)有限长序列的对称分解

容易证明，任意 N 点长序列 $x(n)$ 可以表示为一个循环共轭对称序列和一个循环共轭反对称序列之和：

$$x(n)=x_{ep}(n)+x_{op}(n),0\leqslant n\leqslant N-1 \qquad (2\text{-}1\text{-}20)$$

其中，

$$x_{ep}(n)=\frac{1}{2}[x(n)+x^*(N-n)],0\leqslant n\leqslant N-1 \qquad (2\text{-}1\text{-}21)$$

$$x_{op}(n)=\frac{1}{2}[x(n)-x^*(N-n)],0\leqslant n\leqslant N-1 \qquad (2\text{-}1\text{-}22)$$

例如，序列 $x(n)=2^n,0\leqslant n\leqslant 7$ 可分解为如图 2-20(c)、(d)所示的

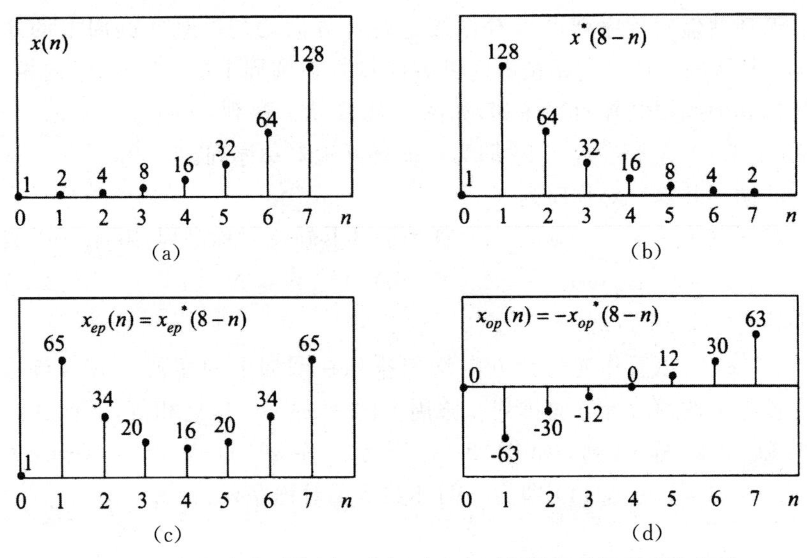

图 2-20 偶数点序列的循环共轭对称序列与循环共轭反对称序列

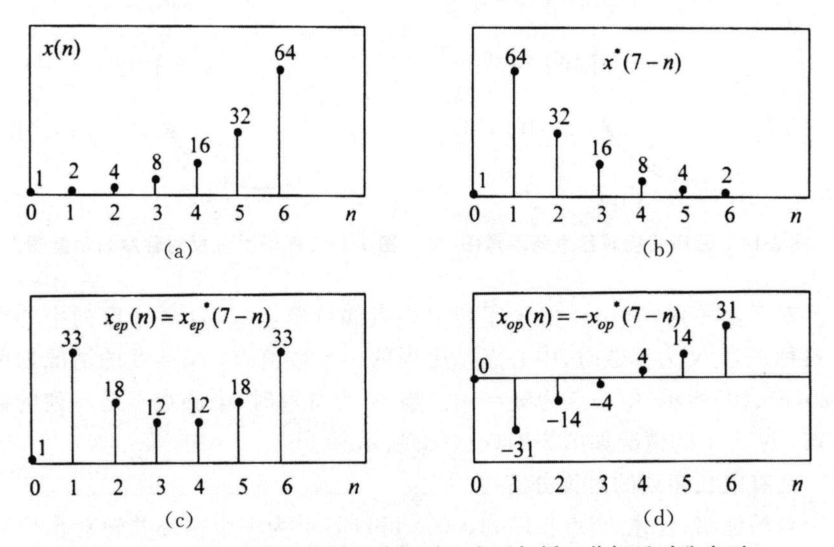

图 2-21 奇数点序列的循环共轭对称序列与循环共轭反对称序列

$x_{ep}(n)$ 和 $x_{op}(n)$，如果序列为 $x(n) = 2^n, 0 \leqslant n \leqslant 6$，分解结果如图 2-21(c)、(d)所示。

2.1.5.3 有限长序列的几何对称性

对于有限长序列 $x(n)(0 \leqslant n \leqslant N-1)$，除上述关于对称区间 $1 \leqslant n \leqslant N-1$ 的循环共轭对称序列和循环共轭反对称序列的定义外，另一类关于

区间 $0 \leqslant n \leqslant N-1$ 的对称性，称为几何对称性。

若序列满足

$$x(n) = x^{*}(N-1-n) \tag{2-1-23}$$

称为几何对称序列，当 $x(n)$ 为实数时称为偶对称序列。

若序列满足

$$x(n) = -x^{*}(N-1-n) \tag{2-1-24}$$

称为几何反对称序列，当 $x(n)$ 为实数时称为奇对称序列。

与 $x_{ep}(n)$ 和 $x_{op}(n)$ 不同的是，几何对称序列和反对称序列在 N 为偶数时，中心点不是序列的一个数值点，N 为奇数时，中心点是序列的一个数值点。当 $N=8$ 和 $N=7$ 时，实序列的几何对称性，如图 2-22 所示，图中虚线为对称中心。

任意一个序列在本质上都可以进行对称性分解，在信号变换处理中，序列的对称性经常被用来降低运算复杂度。

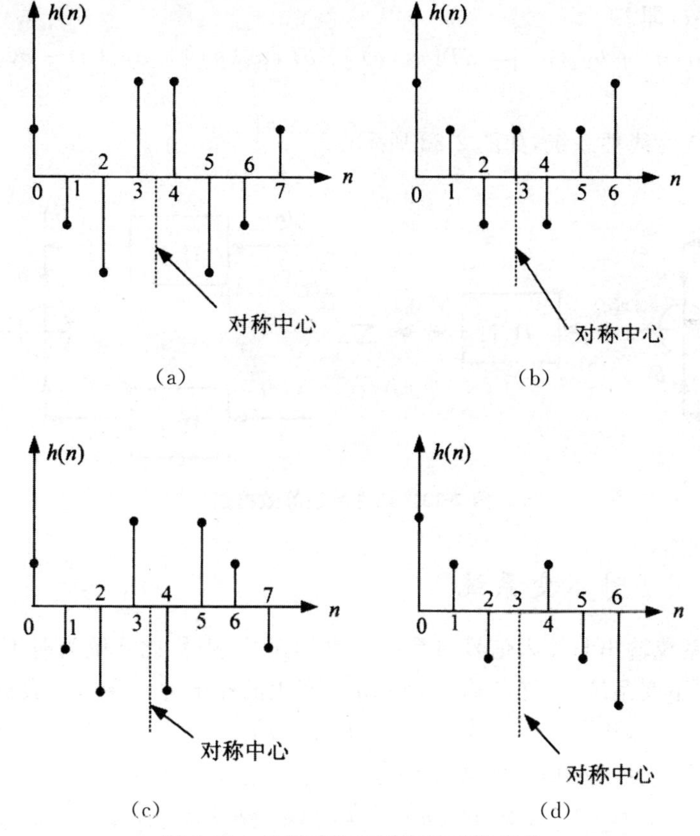

图 2-22　几何对称序列与反对称序列

(a)偶对称，$N=8$；(b)偶对称，$N=7$；(c)奇对称，$N=8$；(d)奇对称，$N=7$

2.2 离散时间系统

2.2.1 线性时不变离散时间系统

2.2.1.1 线性系统

若系统满足均匀性和叠加性，则称此系统为线性系统。对于给定系统 $T[\ ]$，如果单独输入 $x_1(n)$ 或 $x_2(n)$ 时，输出分别为 $y_1(n)$、$y_2(n)$，即

$$y_1(n) = T[x_1(n)]$$
$$y_2(n) = T[x_2(n)]$$

那么当输入为 $ax_1(n)+bx_2(n)$ 时，输出为 $ay_1(n)+by_2(n)$，式中，a、b 为任意常数，即

$$T[ay_1(n)+by_2(n)] = aT[x_1(n)] + bT[x_2(n)] = ay_1(n)+by_2(n) \tag{2-2-1}$$

则该系统为线性系统，如图 2-23 所示。

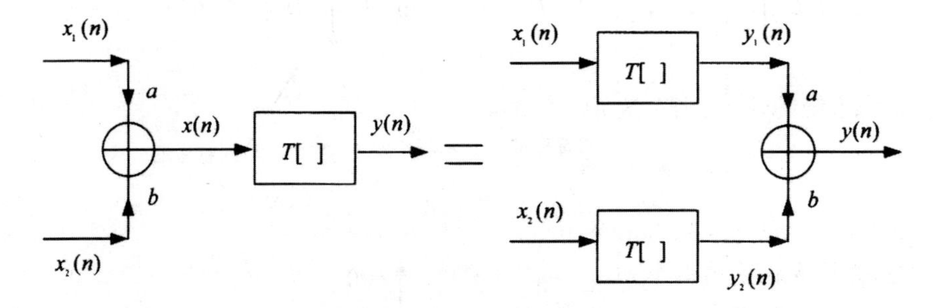

图 2-23 线性系统等效框图

2.2.1.2 时不变系统

若系统输出与输入信号与系统的时刻无关，则称此系统为时不变系统（或称移不变系统）。即若输入为 $x(n)$，产生的输出为 $y(n)$，可表示为

$$y(n) = T[x(n)]$$

当输入为 $x(n-n_0)$ 时，系统输出为

$$y(n-n_0) = T[x(n-n_0)] \tag{2-2-2}$$

式中，n_0 为任意整数，则该系统特性不随时间改变，为时不变系统，如图 2-24所示。

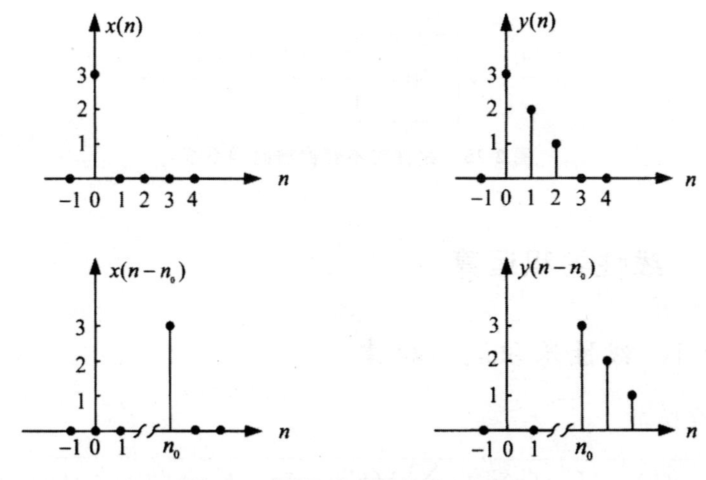

图 2-24　时不变系统的输入、输出

2.2.1.3　线性时不变系统的输入、输出关系

对时不变系统，当输入依次为 $\cdots\delta(n+1),\delta(n),\delta(n-1),\cdots,\delta(n-m),\cdots$ 时，系统的输出依次为 $\cdots h(n+1),h(n),h(n-1),\cdots,h(n-m),\cdots$ 。

将任意序列

$$x(n)=\sum_{m=-\infty}^{\infty}x(m)\cdot\delta(n-m)$$

作为系统的输入，则系统的输出

$$y(n)=T[x(n)]=T\Big[\sum_{m=-\infty}^{\infty}x(m)\cdot\delta(n-m)\Big]$$

此时将 $\delta(n-m)$ 视为系统的输入序列，$x(m)$ 为 $\delta(n-m)$ 序列的加权系数，系统的输入由多个 $\delta(n)$ 的移位加权和构成，则当系统是线性系统时，满足叠加原理，必有

$$T\Big[\sum_{m=-\infty}^{\infty}x(m)\cdot\delta(n-m)\Big]=\sum_{m=-\infty}^{\infty}x(m)\cdot T[\delta(n-m)] \tag{2-2-3}$$

若系统为时不变系统，$T[\delta(n-m)]=h(n-m)$ 成立。因此，系统输出

$$y(n)=\sum_{m=-\infty}^{\infty}x(m)\cdot h(n-m) \tag{2-2-4}$$

式(2-2-4)表示线性时不变系统的输出等于输入序列与单位取样响应的线性卷积运算，也叫离散卷积运算，记为

$$y(n)=x(n)*h(n) \tag{2-2-5}$$

由上式可以看出，给定 $h(n)$ 可以计算出任意输入时系统的所有输出值。所以一个线性时不变系统可以完全由其单位取样响应来表征，如图 2-25 所示。

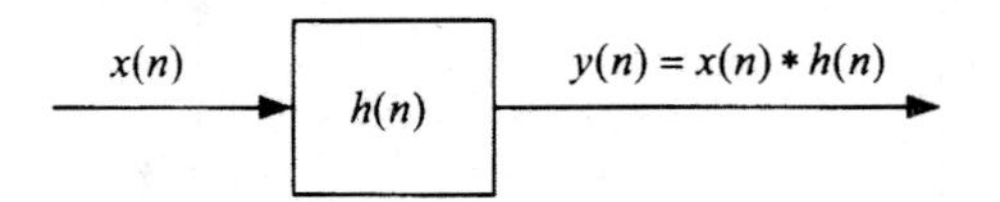

图 2-25　线性时不变离散时间系统

2.2.2　线性卷积运算

2.2.2.1　线性卷积运算规律

1)交换律

$$y(n)=T[x(n)]=\sum_{k=-\infty}^{\infty}h(k)\cdot x(n-k)=h(n)*x(n) \quad (2\text{-}2\text{-}6)$$

交换特性如图 2-26 所示。

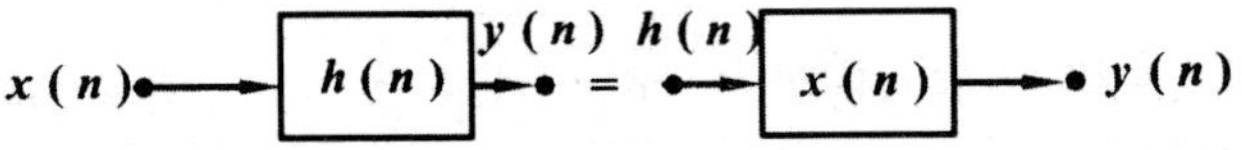

图 2-26　卷积和的交换特性

2)结合律

$$\begin{aligned} y(n) &= [x(n)*h_1(n)]*h_2(n)=[x(n)*h_2(n)]*h_1(n) \\ &= x(n)*[h_1(n)*h_2(n)] \end{aligned} \quad (2\text{-}2\text{-}7)$$

3 个具有相同响应的线性非移变系统如图 2-27 所示。

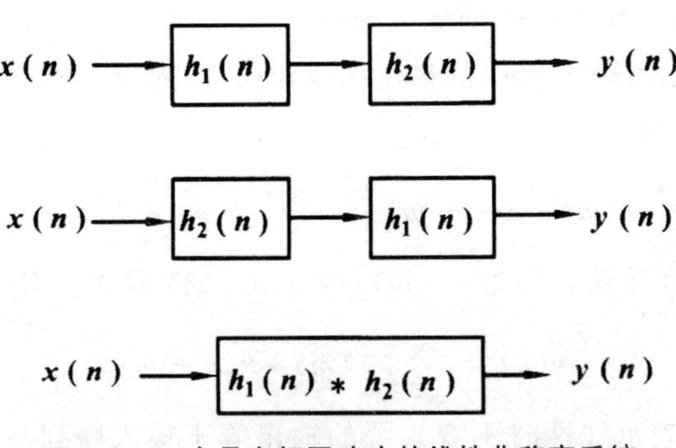

图 2-27　3 个具有相同响应的线性非移变系统

3)分配律

$$y(n)=x(n)*[h_1(n)+h_2(n)]=x(n)*h_1(n)+x(n)*h_2(n) \quad (2\text{-}2\text{-}8)$$

线性非移变系统的并联组合及其等效系统如图 2-28 所示。

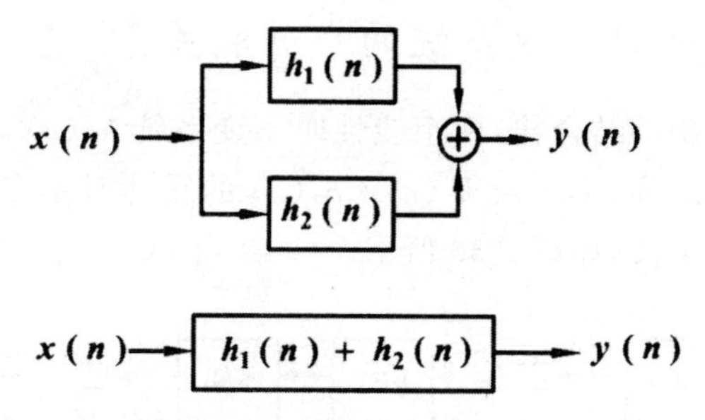

图 2-28　线性非移变系统的并联组合及其等效系统

2.2.2.2　离散卷积的计算步骤

计算两个离散序列卷积的步骤如下：

(1)折叠。在自变量坐标轴 k 上画出 $x(k)$ 和 $h(k)$，将 $h(k)$ 以纵坐标为对称轴折叠成 $h(-k)$。

(2)移位。将 $h(-k)$ 移位 n，得 $h(n-k)$。当 n 为正数时，右移 n；当 n 为负数时，左移 n。

(3)相乘。将 $h(n-k)$ 和 $x(k)$ 的对应取样值相乘。

(4)相加。把所有的乘积累加起来，即得 $y(n)$。

$x(n)$和 $h(n)$的卷积和图解如图 2-29 所示。

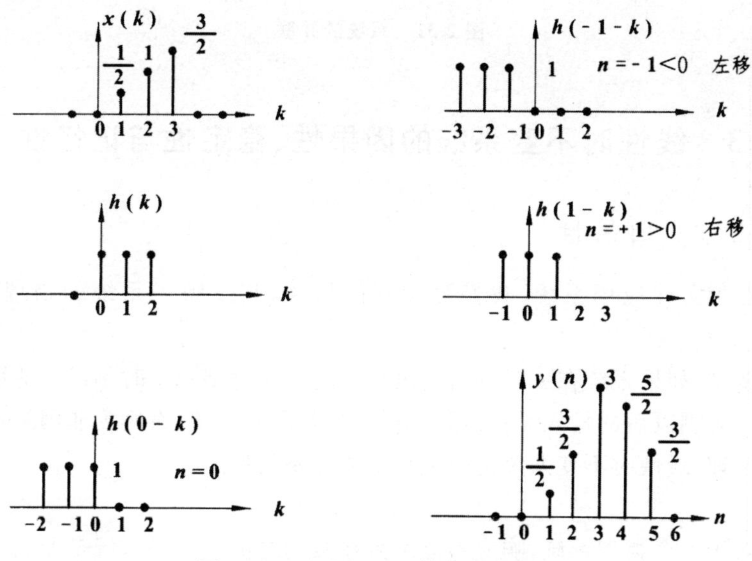

图 2-29　$x(n)$和 $h(n)$的卷积和图解

需要注意的是，计算线性卷积时，一般要分几个区间分别加以考虑。

2.2.2.3 线性时不变系统的串并联关系

根据序列卷积的结合律，两个线性时不变系统 $h_1(n)$ 、$h_2(n)$ 级联，等效为单位取样响应为 $h(n) = h_1(n) * h_2(n)$ 的线性时不变系统，且系统的级联与级联次序无关，如图 2-30 所示。

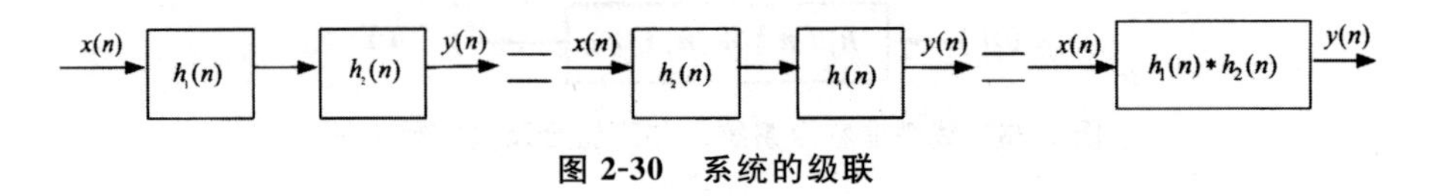

图 2-30 系统的级联

根据序列卷积的分配律，两个线性时不变系统 $h_1(n)$ 、$h_2(n)$ 并联，可以等效为单位取样响应为 $h(n) = h_1(n) + h_2(n)$ 的线性时不变系统，如图 2-31 所示。

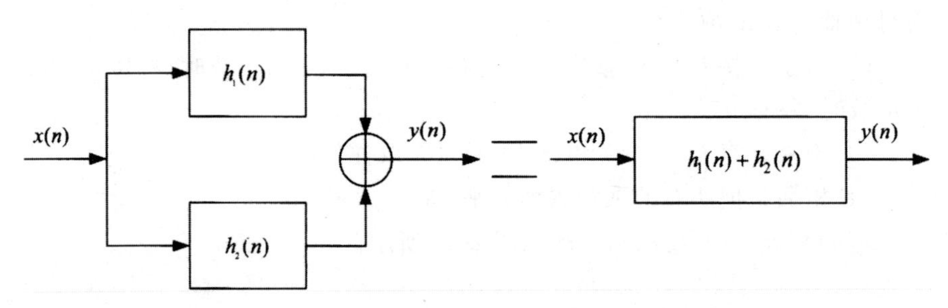

图 2-31 系统的并联

2.2.3 线性时不变系统的因果性、稳定性与记忆性

2.2.3.1 因果性

对于实际应用系统，我们强调其因果性，它反映了系统的物理可实现性。

定义：如果系统在 n 时刻的输出只取决于 n 时刻和 n 时刻以前的输入，而与 n 时刻以后的输入无关，那么，该系统是因果系统，否则为非因果系统。

定理：线性时不变系统为因果系统的充要条件是

$$h(n) = h(n) \cdot u(n) \tag{2-2-9}$$

对于一个物理系统，响应不能发生在激励之前。因果系统是非超前的，称为物理可实现的系统。否则，就不是物理可实现的系统。

例如，$y(n)=\sum_{m=0}^{2}b(m)x(n-m)$，$b(0)$、$b(1)$、$b(2)$ 为常数，

$$y(n)=nx(n)$$

以及 M 点滑动平均滤波器 $y(n)=\frac{1}{M}\sum_{m=0}^{M-1}x(n-m)$ 等都是因果系统。而系统 $y(n)=x(n+1)$，$y(n)=x(-n)$，$y(n)=\sum_{m=-1}^{1}b(m)x(n-m)$，$b(-1)$、$b(0)$、$b(1)$ 为常数，都是非因果系统。

2.2.3.2　稳定性

若对任意有界输入信号，系统的输出也是有界信号，则称该系统是稳定系统。设 $x(n)$ 是系统的输入，若 $x(n)$ 有界，即对任意的 n 都有

$$|x(n)|\leqslant M_x<\infty \tag{2-2-10}$$

若此时系统的输出 $y(n)$ 也有界，即

$$|y(n)|\leqslant M_y<\infty \tag{2-2-11}$$

则系统是稳定系统。上述稳定性定义称为 BIBO(Bounded Input Bounded Output)稳定。

若对任意有界输入信号，系统的输入是无界信号，则称该系统是非稳定系统。

2.2.3.3　记忆性

如果系统在 n 时刻的输出不仅和 n 时刻的输入有关，还和 n 时刻以前的输入有关，则该系统为记忆系统，记忆系统又称为动态系统。例如，系统 $y(n)=[x(n)+x(n-1)]/2$，其输出不仅和当前时刻的输入有关，还和以前的输入有关，因而系统是记忆系统。

如果系统在 n 时刻的输出只与 n 时刻的输入有关，而与 n 以外时刻的输入无关，则该系统为无记忆系统，无记忆系统又称为静态系统。例如，系统 $y(n)=x^2(n)$，其输出只和当前时刻的输入有关，因而系统是无记忆系统。

2.3　线性常系数差分方程及其求解

假设一个递推系统的输入、输出方程为

$$y(n)=ay(n-1)+x(n) \tag{2-3-1}$$

其中，a 为常数，初始条件 $y(-1)$ 非 0，现在求解 $n \geqslant 0$ 时 $y(n)$ 的值。推导如下：

$$\begin{aligned}
y(0) &= ay(-1) + x(0) \\
y(1) &= ay(0) + x(1) = a^2 y(-1) + ax(0) + x(1) \\
y(2) &= ay(1) + x(2) = a^3 y(-1) + a^2 x(0) + ax(1) + x(2) \\
&\vdots \\
y(n) &= ay(n-1) + x(n) \\
&= a^{n+1} y(-1) + a^n x(0) + a^{n-1} x(1) + \cdots + ax(n-1) + x(n) \\
&= a^{n+1} y(-1) + \sum_{k=0}^{n} a^k x(n-k) \qquad n \geqslant 0
\end{aligned} \tag{2-3-2}$$

式(2-3-2)给出的系统输出包括两部分：第一项，我们称作零输入响应，即对所有的 n，输入信号均为 0 时的输出；第二项，称为零状态响应，即当 $y(-1) = 0$ 时的输出，或者解释为系统的初始状态为零时的输出。

由上述可归纳出线性常系数差分方程的一般形式

$$y(n) = -\sum_{k=1}^{N} a^k y(n-k) + \sum_{k=0}^{M} b_k x(n-k) \tag{2-3-3}$$

或

$$\sum_{k=0}^{N} a^k y(n-k) = \sum_{k=0}^{M} b_k x(n-k) \qquad a_0 = 1 \tag{2-3-4}$$

线性常系数差分方程的求解方法可归纳出下面三种。

1)经典解法

该种方法的特点是首先求出齐次解及特解，然后再由边界条件求解待定系数，最后求出全解。由于该种方法比较麻烦，工程上很少采用。

2)递推解法

该种办法较为简单。且适合用计算机求解，但只能得到数值解。对于阶次比较高的线性常系数差分方程不易得到封闭解。

3)变换域解法

该种方法的特点是将差分方程变换 z 域进行求解，求解方法较为简明。也可以不直接求解差分方程，而是先由差分方程求出系统的单位脉冲响应，再与已知的输入序列进行卷积运算，进而得到系统的输出序列。但是，如果系统的单位脉冲响应不能预先知道，仍要通过求解系统的差分方程得到系统的零状态响应。

差分方程的最大用途是它直接描述了系统结构。

无反馈型(有限冲激响应)和有反馈型(无限冲激响应)，如图 2-32 所示。

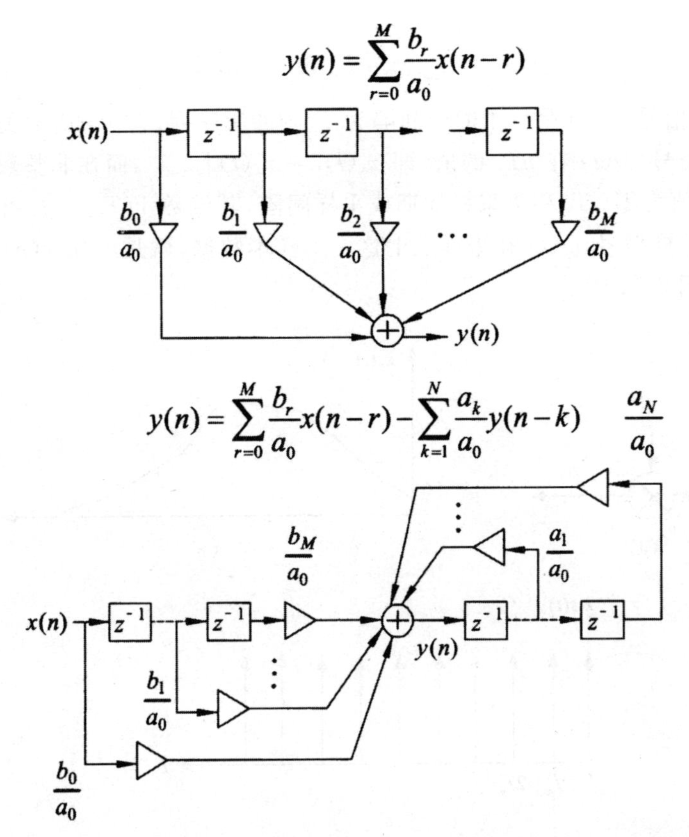

图 2-32　无反馈型(有限冲激响应)系统和有反馈型(无限冲激响应)系统

2.4　模拟信号数字处理方法及相关转换

2.4.1　信号采样

模拟信号的采样可以看作是模拟信号通过一个采样开关来完成的。理想采样时,采样开关每隔 T_ss 闭合一次,闭合持续时间趋于零,得到的采样信号 $x_s(t)$ 和数学上可表述为 $x_a(t)$ 与周期为 T_s 的单位冲激序列 $s(t)=\sum_{n=-\infty}^{\infty}\delta(t-nT_s)$ 的相乘运算,即

$$x_s(t)=x_a(t)\cdot s(t)=x_a(t)\cdot\sum_{n=-\infty}^{\infty}\delta(t-nT_s) \qquad (2\text{-}4\text{-}1)$$

通过冲激函数 $\delta(t)$ 的"筛选性",$x_s(t)$ 可表示为

$$x_s(t) = \sum_{n=-\infty}^{\infty} x_a(nT_s)\delta(t - nT_s) \tag{2-4-2}$$

可见,采样信号 $x_s(t)$ 是一个时间间隔为 T_s 的冲激序列,它在 nT_s 时的幅度等于模拟信号 $x_a(t)$ 在 nT_s 的值,即 $x_s(t) = x_a(t)\big|_{t=nT_s}$,而在非整数倍的 T_s 时刻取值为零。T_s 称为采样周期或采样间隔,其倒数 $1/T_s = f_s$ 称为采样频率。采样信号 $x_s(t)$ 在采样点上这一串样本数据,就是序列 $x(n)$ 。理想采样如图 2-33 所示。

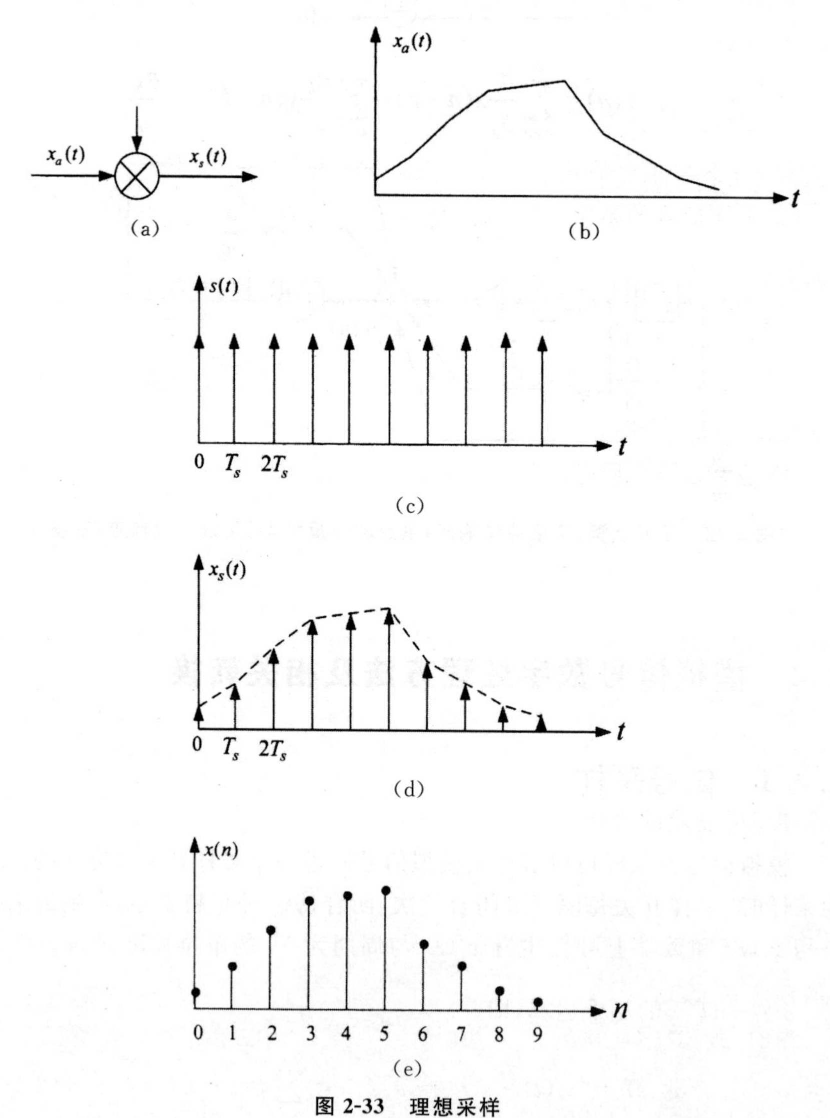

图 2-33 理想采样

(a)采样模型;(b)模拟信号;(c)单位冲激序列;(d)采样信号;(e)离散时间信号

周期为 T_s 的单位冲激序列 $s(t)$ 的傅里叶变换 $S(\mathrm{j}\Omega)$ 是一个以 Ω_s 为周期的单位冲激信号，

$$S(\mathrm{j}\Omega)=\frac{2\pi}{T_s}\sum_{k=-\infty}^{\infty}\delta(\Omega-k\Omega_s) \tag{2-4-3}$$

这里，$\Omega_s=\frac{2\pi}{T_s}=2\pi f_s$ 。因为 $x_s(t)=x_a(t)\cdot s(t)$ ，如果 $x_a(t)$ 的傅里叶变换为 $X_a(\mathrm{j}\Omega)$ ，根据傅里叶变换的频域卷积性质，采样信号 $x_s(t)$ 的傅里叶变换 $X_s(\mathrm{j}\Omega)$ 表示为

$$X_s(\mathrm{j}\Omega)=\frac{1}{2\pi}X_a(\mathrm{j}\Omega)*S(\mathrm{j}\Omega)=\frac{1}{T_s}\sum_{k=-\infty}^{\infty}X_a(\mathrm{j}\Omega-\mathrm{j}k\Omega_s)$$

上式描述了采样信号的频谱与原模拟信号频谱之间的关系：

(1)采样信号的频谱 $X_s(\mathrm{j}\Omega)$ 是模拟信号频谱 $X_a(\mathrm{j}\Omega)$ 的周期延拓，延拓周期为 $\Omega_s=\frac{2\pi}{T_s}$ 。

(2) $X_s(\mathrm{j}\Omega)$ 的幅度是 $X_a(\mathrm{j}\Omega)$ 幅度的 $1/T_s=f_s$ 倍。

如图 2-34(a)所示的是一个带限信号 $x_a(t)$ 的傅里叶变换 $X_a(\mathrm{j}\Omega)$ ，Ω_m 为最高截止频率。图 2-34(b)为冲激序列 $s(t)$ 的傅里叶变换 $S(\mathrm{j}\Omega)$ ，图 2-34(c)则是由频域卷积得到采样信号 $x_s(t)$ 的频谱 $X_s(\mathrm{j}\Omega)$ 。

将 $\Omega=2\pi f$ 代入式(2-4-3)，得到 $X_s(\mathrm{j}f)$ 的表示式为

$$X_s(\mathrm{j}f)=\frac{1}{T_s}\sum_{k=-\infty}^{\infty}X_s[\mathrm{j}2\pi(f-kf_s)] \tag{2-4-4}$$

如图 2-34(d)所示。

因为 $\delta(t)$ 与 1 是一对傅里叶变换，$\delta(t-nT_s)$ 的傅里叶变换是 $\mathrm{e}^{-\mathrm{j}n\Omega T_s}$ 。

$$x_s(t)=\sum_{n=-\infty}^{\infty}x_a(nT_s)\delta(t-nT_s)$$

根据傅里叶变换的线性性质，$X_s(\mathrm{j}\Omega)$ 又可表示为

$$X_s(\mathrm{j}\Omega)=\sum_{n=-\infty}^{\infty}x_a(nT_s)\mathrm{e}^{-\mathrm{j}n\Omega T_s} \tag{2-4-5}$$

图 2-35 表示了模拟信号 $X_a(\mathrm{j}\Omega)$ 在两种不同采样频率下得到的采样信号的频谱 $X_s(\mathrm{j}\Omega)$ ，图 2-35 (a)、(b)分别为 $\Omega_s>2\Omega_m$ 和 $\Omega_s<2\Omega_m$ 的情况。

当 $\Omega_s>2\Omega_m$ (正确采样)时，$X_a(\mathrm{j}\Omega)$ 各延拓周期互不重叠，并且

$$X_s(\mathrm{j}\Omega)=\frac{1}{T_s}X_a(\mathrm{j}\Omega),|\Omega|<\frac{\Omega_s}{2}$$

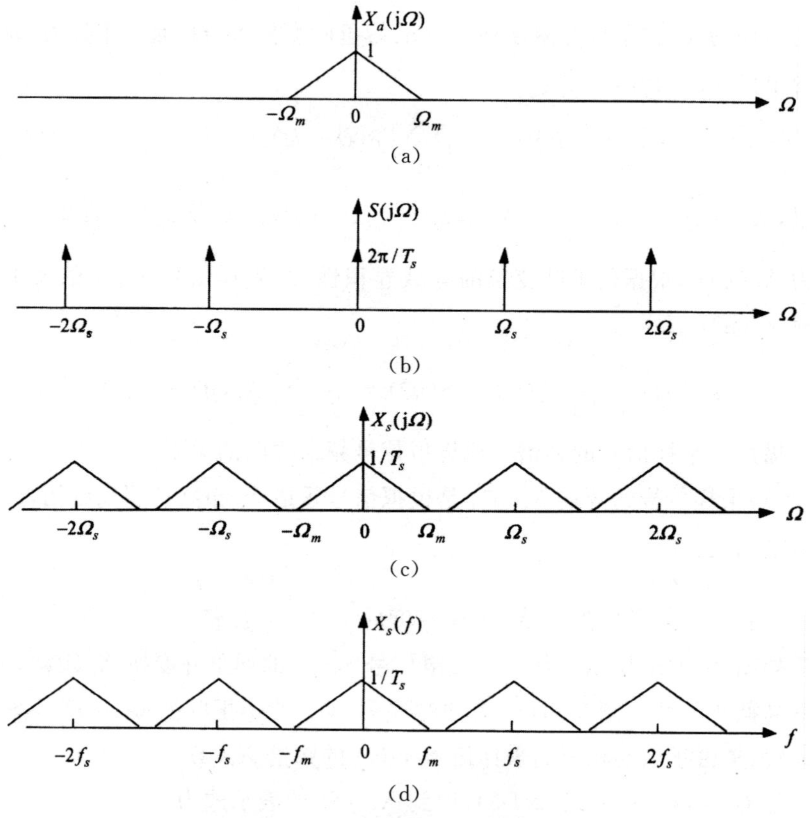

图 2-34 采样前后信号的频谱

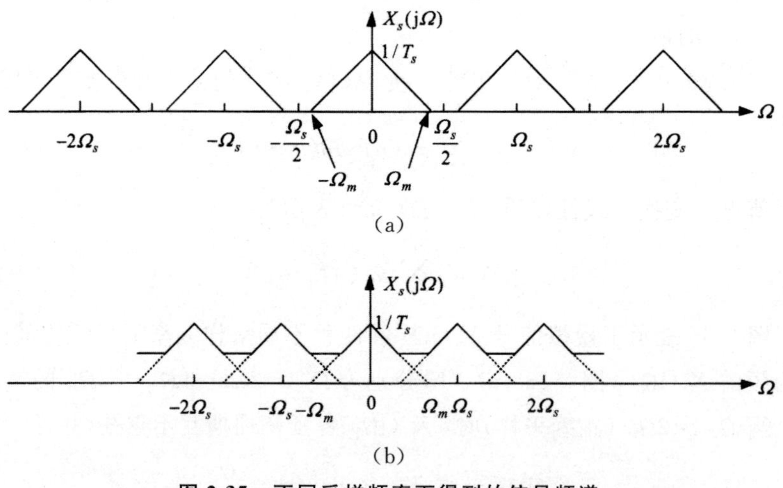

图 2-35 不同采样频率下得到的信号频谱

(a)正确采样；(b)欠采样

在这种情况下，经过一个截止频率为 $\frac{\Omega_s}{2}$ 的理想低通滤波器 $H(\mathrm{j}\Omega)$ [图 2-36(a)]，得到 $X_s(\mathrm{j}\Omega)$ 的基带频谱 $Y_a(\mathrm{j}\Omega)$ [图 2-36(b)]。

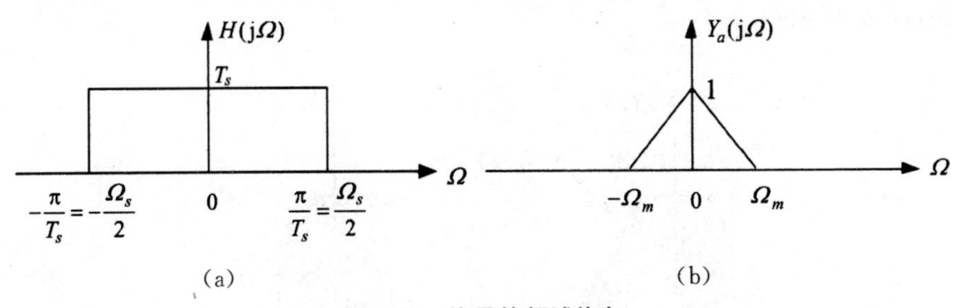

图 2-36　信号的频域恢复

$$Y_a(\mathrm{j}\Omega) = H(\mathrm{j}\Omega) \cdot X_s(\mathrm{j}\Omega) = X_a(\mathrm{j}\Omega)$$

$$H(\mathrm{j}\Omega) = \begin{cases} T_s, |\Omega| < \frac{\Omega_s}{2} \\ 0, |\Omega| \geqslant \frac{\Omega_s}{2} \end{cases} \tag{2-4-6}$$

$Y_a(\mathrm{j}\Omega)$ 的傅里叶反变换 $y_a(t)$ 就是原来的模拟信号 $x_a(t)$ 。采样恢复框图如图 2-37 所示。

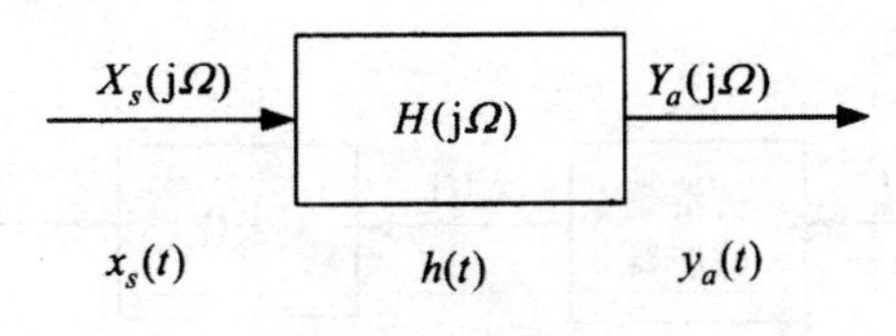

图 2-37　采样恢复框图

当 $\Omega_s < 2\Omega_m$ (欠采样)时，$X_a(\mathrm{j}\Omega)$ 各延拓周期互相重叠，这一现象称作频谱混叠失真。

由此可以得出：如果采样频率大于或等于有限带宽信号最高频率的两倍时，可从采样信号无失真地恢复原信号，即要求采样频率满足

$$\Omega_s \geqslant 2\Omega_m \text{ 或 } f_s \geqslant 2f_m \tag{2-4-7}$$

这就是所谓时域采样定理(sampling theorem)或奈奎斯特(Nyquist)定理。临界的采样频率 $f_{s\min} = 2f_m$ 称为奈奎斯特采样频率(Nyquist rate)。实际工作中，为了避免频谱混叠现象发生，采样频率总是选得比两倍信号最高频率更大些，例如选 2.5～4 倍。另外，采用一个称为抗混叠滤波器的低通滤波器，在采样之前，预先滤除信号中高于奈奎斯特频率的部分，这样就可以

充分保证对信号不会是欠采样，如图 2-38 所示。例如，语音信号的主要频率成分在 3400Hz 以下，可以在取样前将信号通过一个前置滤波器，使信号的频率被限定在 3400Hz 之内，即取 $f_m=3400\text{Hz}$，通常采样频率 f_s 取 8kHz 或 10kHz。

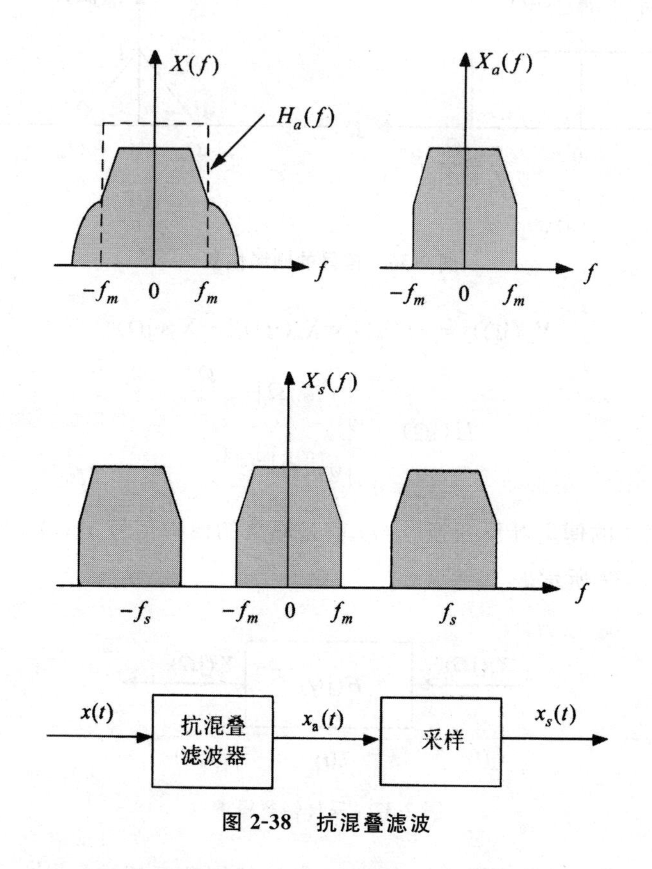

图 2-38　抗混叠滤波

2.4.2　信号恢复

如果模拟信号采样满足时域采样定理，将采样信号通过一个理想低通滤波器，可以不失真地将原始模拟信号恢复出来。下面分析理想低通滤波器的输出 $y_a(t)=x_a(t)$ 的表达式。

理想低通滤波器的冲激响应 $h(t)$ 为

$$h(t)=\frac{1}{2\pi}\int_{-\infty}^{+\infty}H(\mathrm{j}\Omega)\mathrm{e}^{\mathrm{j}\Omega t}\mathrm{d}\Omega=\frac{T_s}{2\pi}\int_{-\Omega_s/2}^{\Omega_s/2}\mathrm{e}^{\mathrm{j}\Omega t}\mathrm{d}\Omega=\frac{T_s}{2\pi t}\cdot\sin\frac{\Omega_s t}{2}$$

将 $\Omega_s = \frac{2\pi}{T_s}$ 代入上式，得

$$h(t) = \frac{\sin(\pi t/T_s)}{\pi t/T_s} \tag{2-4-8}$$

则理想低通滤波器的输出为

$$\begin{aligned} y_a(t) &= x_s(t) * h(t) = \sum_{n=-\infty}^{\infty} x_a(nT_s)\delta(t-nT_s) * h(t) \\ &= \sum_{n=-\infty}^{\infty} x_a(nT_s)h(t-nT_s) = \sum_{n=-\infty}^{\infty} x_a(nT_s) \frac{\sin[\pi(t-nT_s)/T_s]}{\pi(t-nT_s)/T_s} \end{aligned} \tag{2-4-9}$$

简记为

$$y_a(t) = \sum_{n=-\infty}^{\infty} x_a(nT_s) \cdot \varphi_n(t) \tag{2-4-10}$$

该式称为采样内插公式，$\varphi_n(t) = \frac{\sin[\pi(t-nT_s)/T_s]}{\pi(t-nT_s)/T_s}$ 称为内插函数，显然 $\varphi_0(t) = h(t)$ 。内插函数 $\varphi_n(t)$ 将采样序列 $x(n)$ 与模拟信号 $x_a(t)$ 联系起来，其波形示于图 2-39 中。

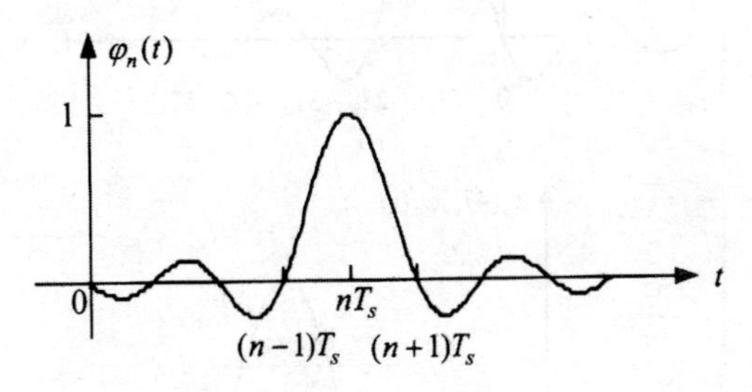

图 2-39　内插函数 $\varphi_n(t)$

可以看到：$\varphi_n(nT_s)=1$ ，$\varphi_n(kT_s) = \frac{\sin[\pi(kT_s-nT_s)/T_s]}{\pi(kT_s-nT_s)/T_s} = 0$（$k$ 为整数，$k \neq 1$），这就保证了 $x_a(t)|_{t=nT_s} = x_a(nT_s)$ ，即在每一个采样点上，恢复信号等于序列值。

当 $t = t_0$（$t_0 \neq kT_s$ ，k 为任意整数）时，$\varphi_n(t_0) \neq 0$ ，采样点之间的信号则由各采样点内插函数波形的延伸叠加而成。图 2-40 所示给出了根据内插公式，由采样序列恢复连续信号的过程。

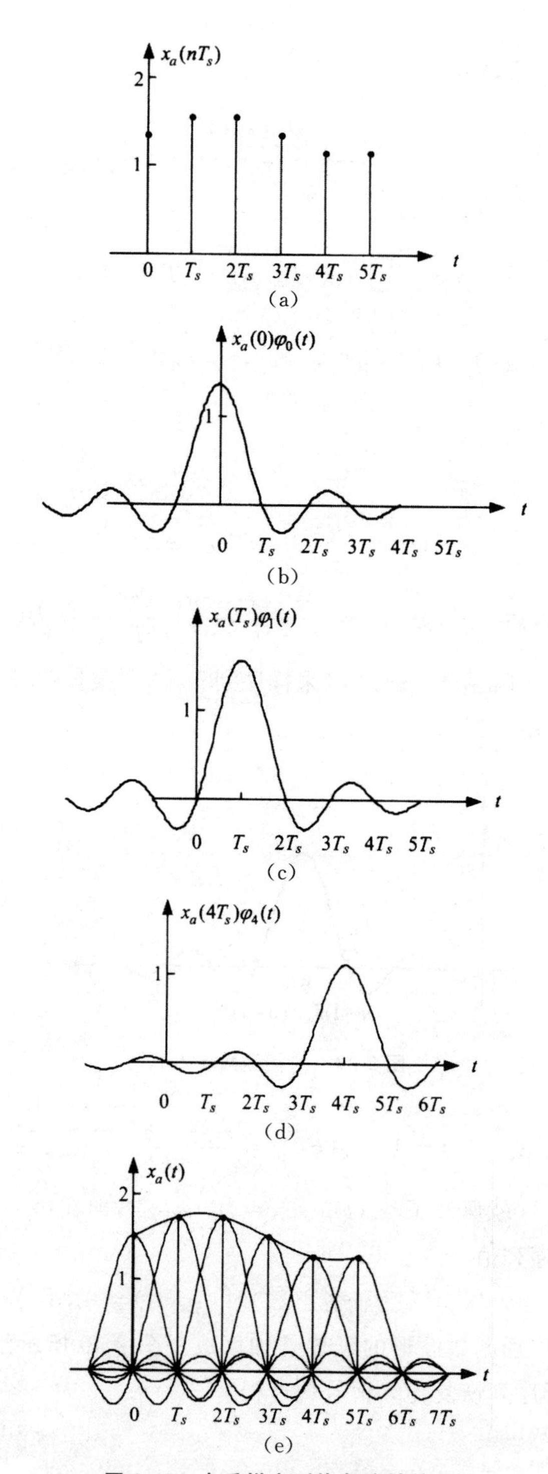

图 2-40　由采样序列恢复连续信号

第 3 章　时域离散信号的变换方法

序列的傅里叶变换和 Z 变换是离散信号与系统分析、设计时的重要工具，但由于它们都是连续函数，不便于用计算机进行处理，使得其应用受到许多限制。在实际工程中，经常用到的是有限长序列。对于有限长序列。可以推导出另一种傅里叶变换的表示形式，即离散傅里叶变换（Discrete Fourier Transform，DFT）。序列经 DFT 后，其频域函数也是离散化的，使得信号的频域也可以用计算机进行处理，拓展了数字信号处理的应用领域。离散傅里叶变换不仅在理论上有重要意义，而且还存在快速算法——快速傅里叶变换，因而在各种数字信号处理的算法中起着核心的作用。

3.1　离散时间傅里叶变换

3.1.1　离散时间傅里叶变换的定义

$x(n)$ 为无限长的离散时间序列，定义离散时间傅里叶变换（DTFT）及其反变换（IDTFT）为

$$X(\mathrm{e}^{\mathrm{j}\omega}) = \mathrm{DTFT}[x(n)] = \sum_{n=-\infty}^{\infty} x(n)\mathrm{e}^{-\mathrm{j}\omega n} \tag{3-1-1}$$

$$x(n) = \mathrm{IDTFT}[X(\mathrm{e}^{\mathrm{j}\omega})] = \frac{1}{2\pi}\int_{-\pi}^{\pi} X(\mathrm{e}^{\mathrm{j}\omega})\mathrm{e}^{\mathrm{j}\omega n}\,\mathrm{d}\omega \tag{3-1-2}$$

由于

$$\mathrm{e}^{\mathrm{j}(\omega+2\pi)n} = \mathrm{e}^{\mathrm{j}\omega n}$$

则

$$X[\mathrm{e}^{\mathrm{j}(\omega+2\pi)}] = \sum_{n=-\infty}^{\infty} x(n)\mathrm{e}^{-\mathrm{j}(\omega+2\pi)n} = \sum_{n=-\infty}^{\infty} x(n)\mathrm{e}^{-\mathrm{j}\omega n} = X(\mathrm{e}^{\mathrm{j}\omega})$$

所以 $X(\mathrm{e}^{\mathrm{j}\omega})$ 是周期为 2π 的周期函数。式(3-1-1)可看成 $X(\mathrm{e}^{\mathrm{j}\omega})$ 的傅里叶级数展开，$x(n)$ 为其傅里叶级数。可以看出，时域是离散的，频域一定是周期的。通常将 $X(\mathrm{e}^{\mathrm{j}\omega})$ 称作 ω 的频谱函数。其为 ω 的复函数，可分解为模（幅

度谱)和相角(相位谱),也可分解为实部和虚部。这些量都是 ω 的连续、周期为 2π 的函数。

$$X(e^{j\omega}) = |X(e^{j\omega})| e^{j\arg[X(e^{j\omega})]} = \mathrm{Re}[X(e^{j\omega})] + j\mathrm{Im}[X(e^{j\omega})]$$

3.1.2 DTFT 存在的条件

将 $X(e^{j\omega})$ 的部分和定义为

$$X_N(e^{j\omega}) = \sum_{n=-N}^{N} x(n) e^{-j\omega n} \tag{3-1-3}$$

如果序列 $x(n)$ 绝对可和,即

$$\sum_{n} |x(n)| < \infty \tag{3-1-4}$$

时,$X_N(e^{j\omega})$ 一致收敛于 $X(e^{j\omega})$,即

$$\lim_{N\to\infty} |X(e^{j\omega}) - X_N(e^{j\omega})| = 0 \tag{3-1-5}$$

序列的绝对可和只是 DTFT 收敛的充分条件,而非必要条件。有些序列虽然不是绝对可和序列,但其能量有限,即满足

$$\sum_{n=-\infty}^{\infty} |x(n)|^2 < \infty \tag{3-1-6}$$

则称 $X_N(e^{j\omega})$ 均方收敛于 $X(e^{j\omega})$,即

$$\lim_{N\to\infty} \int_{-\pi}^{\pi} |X(e^{j\omega}) - X_N(e^{j\omega})|^2 d\omega = 0 \tag{3-1-7}$$

3.1.3 离散时间傅里叶变换性质

非周期序列的 DTFT 存在许多重要的性质,其反映了离散序列的时域与频域之间的内在联系,以及序列 DTFT 的物理概念。

设 $\mathrm{DTFT}[x(n)] = X(e^{j\omega})$,$\mathrm{DTFT}[x_1(n)] = X_1(e^{j\omega})$,$\mathrm{DTFT}[x_2(n)] = X_2(e^{j\omega})$,则序列的 DTFT 存在以下性质。

1)线性

$$\mathrm{DTFT}[ax_1(n) + bx_2(n)] = aX_1(e^{j\omega}) + bX_2(e^{j\omega}) \tag{3-1-8}$$

其中,a 和 b 为任意复常量。

2)时移

$$\mathrm{DTFT}[x(n+m)] = e^{jm\omega} X(e^{j\omega}) \tag{3-1-9}$$

3)频移(调制)特性

$$\mathrm{DTFT}[e^{jk\omega_0} x(n)] = X[e^{j(\omega-\omega_0)}] \tag{3-1-10}$$

4)时域卷积

$$\mathrm{DTFT}[x_1(n) * x_2(n)] = X_1(\mathrm{e}^{\mathrm{j}\omega})X_2(\mathrm{e}^{\mathrm{j}\omega}) \tag{3-1-11}$$

5)频域卷积

$$\mathrm{DTFT}[x_1(n)x_2(n)] = \frac{1}{2\pi}\int_{-\pi}^{\pi} X_1(\mathrm{e}^{\mathrm{j}\theta})X_2[\mathrm{e}^{\mathrm{j}(\omega-\theta)}]\mathrm{d}\theta \tag{3-1-12}$$

6)帕斯瓦尔定理

$$\sum_{k=-\infty}^{\infty} |x(n)|^2 = \frac{1}{2\pi}\int_{-\pi}^{\pi} |X(\mathrm{e}^{\mathrm{j}\omega})|^2 \mathrm{d}\omega \tag{3-1-13}$$

7)频域微分

$$\mathrm{DTFT}[nx(n)] = \mathrm{j}\,\frac{\mathrm{d}X(\mathrm{e}^{\mathrm{j}\omega})}{\mathrm{d}\omega} \tag{3-1-14}$$

8)共轭序列的傅里叶变换

$$\mathrm{DTFT}[x^*(n)] = X^*(\mathrm{e}^{-\mathrm{j}\omega}) \tag{3-1-15}$$

$$\mathrm{DTFT}[x^*(-n)] = X^*(\mathrm{e}^{\mathrm{j}\omega}) \tag{3-1-16}$$

3.2　时域离散信号的 Z 变换

3.2.1　Z 变换及其收敛域

3.2.1.1　Z 变换的定义

离散时间序列的 Z 变换是将时域信号变换到 Z 域的一种变换处理，是分析离散系统和离散信号的重要工具。Z 变换其实是离散时间序列的拉普拉斯变换。

序列 $x(n)$ 的 Z 变换定义为

$$X(z) = \mathrm{ZT}[x(n)] = \sum_{n=-\infty}^{\infty} x(n)z^{-n}\,,\ R_{x^-} < |z| < R_{x^+} \tag{3-2-1}$$

其中，z 为复变量，是一个以实部为横坐标，虚部为纵坐标构成的平面上的变量，这个平面也称为 z 平面。式(3-2-1)也称为双边 Z 变换。

单边 Z 变换定义为

$$X(z) = \sum_{n=0}^{\infty} x(n)z^{-n} \tag{3-2-2}$$

即只对单边序列($n \geqslant 0$ 部分)进行 Z 变换。单边 Z 变换可以看成是双边 Z 变换的一种特例，即因果序列情况下的双边 Z 变换。

3.2.1.2 Z变换的收敛域

一般序列的Z变换并不一定对任何 z 值都收敛，z 平面上使上述级数收敛的区域称为“收敛域”。一般Z变换的收敛域为：$R_{x^-} < |z| < R_{x^+}$ 。

级数一致收敛的条件是绝对值可和，因此 z 平面的收敛域应满足

$$\sum_{n=-\infty}^{\infty} |x(n)z^{-n}| < \infty \tag{3-2-3}$$

对于实数序列应满足

$$\sum_{n=-\infty}^{\infty} |x(n)z^{-n}| = \sum_{n=-\infty}^{\infty} |x(n)|\,|z^{-n}| < \infty \tag{3-2-4}$$

因此，$|z|$ 值在一定范围内才能满足绝对可和条件，这个范围一般表示为 $R_{x^-} < |z| < R_{x^+}$ 。这就是收敛域，一个以 R_{x^-} 和 R_{x^+} 为半径的两个圆所围成的环形区域，R_{x^-} 和 R_{x^+} 称为收敛半径，R_{x^-} 和 R_{x^+} 的大小即收敛域的位置与具体序列有关，特殊情况为 R_{x^-} 和 R_{x^+} 等于0，这时圆环变成圆或空心圆，如图3-1所示。

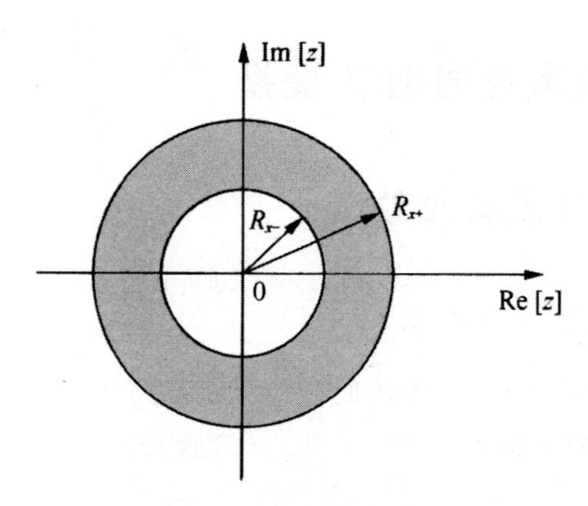

图3-1　Z变换的收敛域

3.2.1.3 四种序列的Z变换收敛域

1)有限长序列

(1)若 $n_1 \geqslant 0, n_2 > 0$ ，则只有在 $z=0$ 时，$X(z)$ 的值才趋于无穷大，所以此时 $X(z)$ 的收敛域为除去原点的整个 z 平面，即 $|z|>0$ 。

(2)若 $n_1 < 0, n_2 \leqslant 0$ ，则收敛域是除去无穷远点的整个 z 平面，即 $|z| < \infty$ 。

(3)若 $n_1 < 0, n_2 > 0$ ，则收敛域是上述两种情况下收敛域的公共部分，即 $|z| < \infty$ 。

有限长序列及其收敛域见图 3-2。

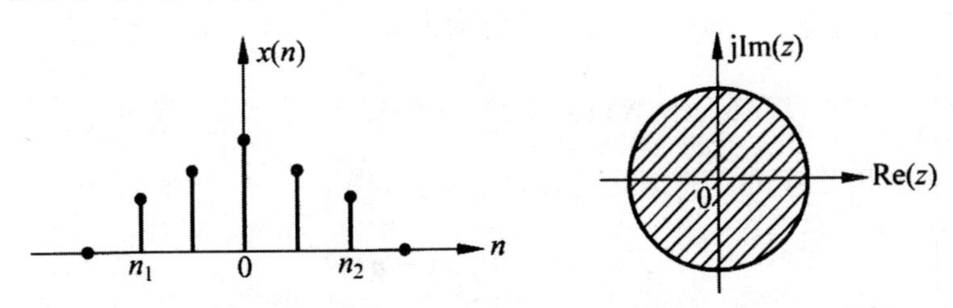

图 3-2　有限长序列及其收敛域($n_1<0, n_2>0, z=0$ 及 $z=\infty$ 除外)

2)右边序列

$$X(z)=\sum_{n=n_1}^{\infty}x(n)z^{-n}$$

(1)因果序列　对于因果序列，$n_1\geqslant 0, n_2=\infty$，此时的 Z 变换为单边 Z 变换。对于式(3-2-3)，取 $|X(n)|\leqslant MR_x^n(n=0,\cdots,\infty,M>0,R_x>0)$，选择，则式(3-2-3)成立，因而 $X(z)$ 收敛。收敛域为 $|z|>R_x$，此时，$R_-=R_x$，$R_x=\infty$。所以，因果序列 Z 变换的收敛域为以某一半径(R_x)为圆的圆外区域。因果序列及其收敛域见图 3-3。

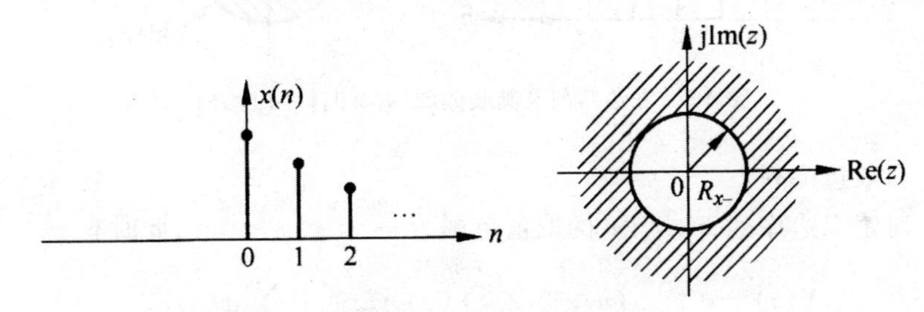

图 3-3　因果序列及其收敛域(包括 $z=\infty$)

(2)非因果序列　对于非因果序列，$n_1<0$，$n_2=\infty$，收敛域为 $R_x<|z|<\infty$。非因果序列及其收敛域见图 3-4。

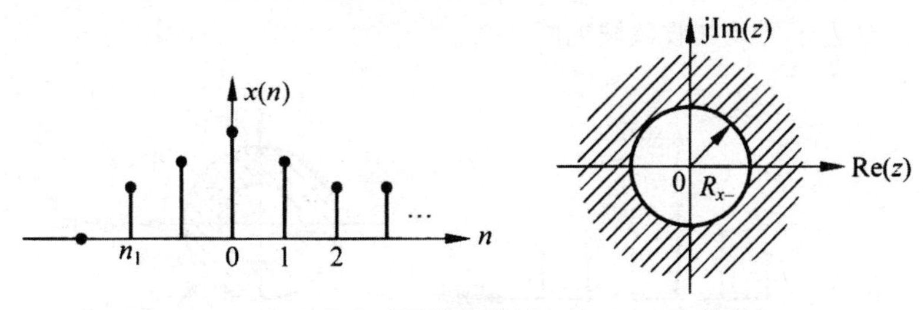

图 3-4　非因果序列及其收敛域($n_1<0, z=\infty$ 除外)

3)左边序列

对于左边序列 $x(n)$ ，n 的取值范围为 $-\infty < n < n_2$ ，此时有

$$X(z) = \sum_{n=-\infty}^{n_2} x(n) z^{-n}$$

$X(z)$ 为非因果序列。将该式进行变量置换，得

$$X(z) = \sum_{n=-n_2}^{\infty} x(-n) z^{n}$$

显然，左边序列的收敛域是以某一半径(R_x)为圆的圆内区域，此时，$R_- = 0$ ，$R_+ = R_x$ 。

若 $n_2 \geqslant 0$ ，则收敛域不包含原点，即 $0 < |z| < R_x$ ；若 $n_2 < 0$ ，则收敛域包含原点，即 $|z| < R_x$ 。不论是右边序列还是左边序列，半径 R_x 的大小均取决于信号本身。左边序列及其收敛域见图 3-5。

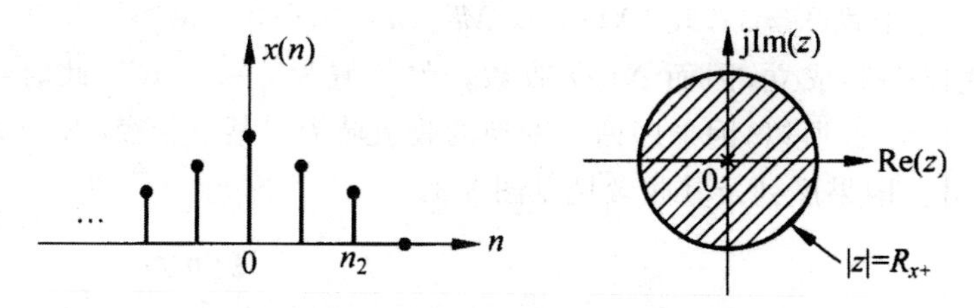

图 3-5　左边序列及其收敛域($n_2 > 0, z = 0$ 除外)

4)双边序列

对于双边序列 $x(n)$ ，n 的取值范围为 $-\infty < n < \infty$ ，此时有

$$X(z) = \sum_{n=-\infty}^{\infty} x(n) z^{-n} = \sum_{n=-\infty}^{-1} x(n) z^{-n} + \sum_{n=0}^{\infty} x(n) z^{-n}$$

综合上面讨论的左边序列及右边序列，可以得出，双边序列 Z 变换的收敛域应是使以上两式中两个级数都收敛的公共部分。如果该公共部分存在，其一定是圆环，即 $R_{x^-} < |z| < R_{x^+}$ 。如果公共部分不存在，则 $X(z)$ 不收敛。双边序列及其收敛域见图 3-6。

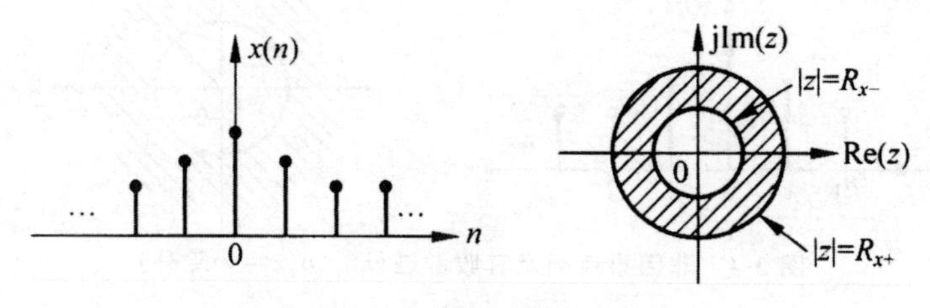

图 3-6　双边序列及其收敛域

3.2.2　逆Z变换

已知函数 $X(z)$ 及其收敛域如式(3-2-1)所示，反过来求序列 $x(n)$ 的变换称为逆Z变换，常用 $Z^{-1}[X(z)]$ 表示。

$$x(n)=Z^{-1}[X(z)]=\frac{1}{2\pi j}\oint_c X(z)z^{n-1}\mathrm{d}z\ ,\ c\in(R_{x^-},R_{x^+})\tag{3-2-5}$$

逆Z变换是一个对 $X(z)z^{n-1}$ 进行的围线积分，积分路径 c 是一条在 $X(z)$ 收敛环域 (R_{x^-},R_{x^+}) 以内反时针方向绕原点一周的单闭合围线。

求解逆Z变换常用的三种方法有：留数定理法、幂级数法、部分分式展开法。

3.2.2.1　留数定理法

令 $F(z)=X(z)z^{n-1}$，设 $F(z)$ 在围线 c 内有 N_1 个极点 z_{1k}，在围线 c 外有 N_2 个极点 z_{2k}，根据留数定理

$$x(n)=\frac{1}{2\pi j}\oint_c X(z)z^{n-1}\mathrm{d}z=\sum_{k=1}^{N_1}\mathrm{Res}[F(z),z_{1k}]\tag{3-2-6}$$

$$x(n)=-\sum_{k=1}^{N_2}\mathrm{Res}[F(z),z_{2k}]\tag{3-2-7}$$

使用式(3-2-6)的条件是 $F(z)$ 的分母阶次（z 的正次幂）比分子阶次必须高二阶以上。即

$$N-(M+n-1)\geqslant 2\tag{3-2-8}$$

设 $X(z)=P(z)/Q(z)$，则 $P(z)$ 与 $Q(z)$ 分别是 M 与 N 阶多项式。

求极点留数的方法如下。

如果 z_k 是单阶极点，则

$$\mathrm{Res}[X(z)z^{n-1},z_k]=(z-z_k)\cdot X(z)z^{n-1}\big|_{z=z_k}\tag{3-2-9}$$

如果 z_k 是 N 阶极点，则

$$\mathrm{Res}[X(z)z^{n-1},z_k]=\left[\frac{1}{(N-1)!}\frac{\mathrm{d}^{N-1}}{\mathrm{d}z^{N-1}}(z-z_k)^N X(z)z^{n-1}\right]\Bigg|_{z=z_k}\tag{3-2-10}$$

如果 c 内有多阶极点，而 c 外没有多阶极点，可以根据留数辅助定理式(3-2-7)改求 c 外的所有极点留数之和，使问题简化。

3.2.2.2　幂级数法

Z变换式一般是 z 的有理函数，可表示为

$$X(z)=\frac{N(z)}{D(z)}=\frac{b_0+b_1z+b_2z^2+\cdots+b_{r-1}z^{r-1}+b_rz^r}{a_0+a_1z+a_2z^2+\cdots+a_{k-1}z^{k-1}+a_kz^k}$$

直接用长除法进行逆变换。

$$\begin{aligned}X(z)&=\sum_{n=-\infty}^{\infty}x(n)z^{-n}\\&=\cdots+x(-2)z^2+x(-1)z^1+x(0)z^0+x(1)z^{-1}+x(2)z^{-2}+\cdots\end{aligned}\tag{3-2-11}$$

级数的系数就是序列 $x(n)$。

右边序列的逆 Z 变换

$$X(z)=\sum_{n=0}^{\infty}x(n)z^{-n}=x(0)z^0+x(1)z^{-1}+x(2)z^{-2}+\cdots\tag{3-2-12}$$

$X(z)$ 以 z 的降幂排列。

左边序列的逆 Z 变换

$$X(z)=\sum_{n=-\infty}^{-1}x(n)z^{-n}=x(-1)z^1+x(-2)z^2+x(-3)z^3+\cdots\tag{3-2-13}$$

$X(z)$ 以 z 的升幂排列。

3.2.2.3 部分分式展开法

Z 变换式的一般形式

$$X(z)=\frac{N(z)}{D(z)}=\frac{b_0+b_1z+b_2z^2+\cdots+b_{r-1}z^{r-1}+b_rz^r}{a_0+a_1z+a_2z^2+\cdots+a_{k-1}z^{k-1}+a_kz^k}$$

Z 变换的基本形式

$$\frac{z}{z-a}\leftrightarrow\begin{cases}a^nu(n),|z|>|a|\\-a^nu(-n-1),|z|<|a|\end{cases}$$

极点决定部分分式展开的形式，$X(z)$ 的极点可分为一阶极点和高阶极点。

1)一阶极点情形

$$X(z)=A_0+\sum_{m=1}^{N}\frac{A_mz}{z-z_m}\tag{3-2-14}$$

$$\frac{X(z)}{z}=\frac{A_0}{z}+\sum_{m=1}^{N}\frac{A_m}{z-z_m}=\frac{A_0}{z}+\frac{A_1}{z-z_1}+\frac{A_2}{z-z_2}+\cdots+\frac{A_N}{z-z_N}$$

$$A_0=\frac{b_0}{a_0}\text{（极点 }z=0\text{ 的系数）}$$

$$A_m=(z-z_m)\frac{X(z)}{z}\bigg|_{z=z_m}\text{（极点 }z=z_m\text{ 的系数）}$$

所以

$$X(z)=A_0+\frac{A_1z}{z-z_1}+\frac{A_2z}{z-z_2}+\cdots+\frac{A_Nz}{z-z_N} \tag{3-2-15}$$

$$x(n)=A_0\delta(n)+A_1(z_1)^n+A_2(z_2)^n+\cdots+A_N(z_N)^n, n\geqslant 0 \tag{3-2-16}$$

2)高阶极点(重根)情形

设 $X(z)=\sum_{j=1}^{s}\frac{B_jz}{(z-z_i)^j}$，$z=z_i$ 为 s 阶极点,则

$$B_j=\frac{1}{(s-j)!}\left[\frac{\mathrm{d}^{s-j}}{\mathrm{d}z^{s-j}}(z-z_i)^s\frac{X(z)}{z}\right]\bigg|_{z=z_i} \tag{3-2-17}$$

3.2.3 Z变换的基本性质

设 $X(z)=\mathrm{ZT}[x(n)]$，$R_{x^-}<|z|<R_{x^+}$，$X_1(z)=\mathrm{ZT}[x_1(n)]$，$R_{x_1^-}<|z|<R_{x_1^+}$，$X_2(z)=\mathrm{ZT}[x_2(n)]$，$R_{x_2^-}<|z|<R_{x_2^+}$，则序列的ZT存在以下性质。

1)线性

$$\mathrm{ZT}[ax_1(n)+bx_2(n)]=aX_1(z)+bX_2(z), R_-<|z|<R_+ \tag{3-2-18}$$

其中，$R_-=\max[R_{x_1^-},R_{x_2^-}]$，$R_+=\min[R_{x_1^+},R_{x_2^+}]$。

2)序列移位

$$\mathrm{ZT}[x(n-n_0)]=z^{-n_0}X(z), R_{x^-}<|z|<R_{x^+} \tag{3-2-19}$$

3)乘指数序列

$$\mathrm{ZT}[a^nx(n)]=X(a^{-1}z), |a|R_{x^-}<|z|<|a|R_{x^+} \tag{3-2-20}$$

4)微分特性

$$\mathrm{ZT}[nx(n)]=-z\frac{d}{\mathrm{d}z}X(z), R_{x^-}<|z|<R_{x^+} \tag{3-2-21}$$

5)复序列的共轭

$$\mathrm{ZT}[x^*(n)]=X^*(z^*), R_{x^-}<|z|<R_{x^+} \tag{3-2-22}$$

6)初值定理

对于因果序列 $x(n)$，有

$$x(0)=\lim_{z\to\infty}X(z) \tag{3-2-23}$$

7)终值定理

若 $x(n)$ 是因果序列,其Z变换的极点,除可以有一个一阶极点在 $z=1$ 上,其他极点均在单位圆内,则

$$\lim_{n\to\infty}x(n)=\lim_{z\to 1}[(z-1)X(z)] \tag{3-2-24}$$

终值定理也可用 $X(z)$ 在 $z=1$ 点的留数表示

$$x(\infty)=\mathrm{Res}[X(z),1]$$

如果单位圆上 $X(z)$ 无极点,则 $x(\infty)=0$ 。

8)序列卷积

设 $w(n)=x_1(n)*x_2(n)$,则

$$W(z)=\mathrm{ZT}[w(n)]=X_1(z)X_2(z),R_{w^-}<|z|<R_{w^+} \quad (3\text{-}2\text{-}25)$$

9)复卷积定理

设 $w(n)=x_1(n)x_2(n)$,则

$$W(z)=\frac{1}{2\pi \mathrm{j}}\oint_c X_1(v)X_2\left(\frac{z}{v}\right)\frac{\mathrm{d}v}{v},R_{x_1^-}R_{x_2^-}<|z|<R_{x_1^+}R_{x_2^+} \quad (3\text{-}2\text{-}26)$$

c 为收敛域内的一条顺时针闭合曲线。

10)帕斯维尔(Parseval)定理

设 $R_{x_1^-}R_{x_2^-}<1$, $R_{x_1^+}R_{x_2^+}>1$,则

$$\sum_{n=-\infty}^{\infty}x_1(n)x_2^*(n)=\frac{1}{2\pi \mathrm{j}}\oint_c X_1(v)X_2^*\left(\frac{1}{v^*}\right)\frac{\mathrm{d}v}{v} \quad (3\text{-}2\text{-}27)$$

v 平面上, c 所在的收敛域为 $\max\left(R_{x_1^-},\frac{1}{R_{x_2^+}}\right)<|v|<\min\left(R_{x_1^+},\frac{1}{R_{x_2^-}}\right)$ 。

3.3 离散傅里叶变换及其应用

3.3.1 离散傅里叶变换

3.3.1.1 离散傅里叶变换的定义

设 $x(n)$ 是一个长度为 M 的有限长序列,则定义 $x(n)$ 的 N 点离散傅里叶变换为

$$X(k)=\mathrm{DFT}[x(n)]=\sum_{n=0}^{N-1}x(n)W_N^{kn},0\leqslant k\leqslant N-1 \quad (3\text{-}3\text{-}1)$$

$X(k)$ 的离散傅里叶逆变换为

$$x(n)=\mathrm{IDFT}[X(k)]=\frac{1}{N}\sum_{k=0}^{N-1}X(k)W_N^{-kn},0\leqslant n\leqslant N-1 \quad (3\text{-}3\text{-}2)$$

式中, $W_N=\mathrm{e}^{-\mathrm{j}\frac{2\pi}{N}}$, N 称为 DFT 变换区间长度, $N\geqslant M$ 。通常称式(3-3-1)和式(3-3-2)为离散傅里叶变换对。

DFT 的定义式(3-3-1)可以表示成矩阵形式

$$\boldsymbol{X}=\boldsymbol{D}_N\boldsymbol{x} \tag{3-3-3}$$

这里，$\boldsymbol{x}$ 是 N 点序列 $x(n)$ 构成的矢量

$$\boldsymbol{x}=[x(0)\quad x(1)\quad x(2)\quad \cdots\quad x(N-1)]^{\mathrm{T}} \tag{3-3-4}$$

$\boldsymbol{X}$ 是由点 $X(k)$ 构成的矢量

$$\boldsymbol{X}=[X(0)\quad X(1)\quad X(2)\quad \cdots\quad X(N-1)]^{\mathrm{T}} \tag{3-3-5}$$

"T"代表转置，$\boldsymbol{D}_N$ 是 $N\times N$ 系数矩阵。

$$\boldsymbol{D}_N=\begin{bmatrix}1 & 1 & 1 & \cdots & 1\\ 1 & W_N^1 & W_N^2 & \cdots & W_N^{N-1}\\ 1 & W_N^2 & W_N^4 & \cdots & W_N^{2(N-1)}\\ \vdots & \vdots & \vdots & \ddots & \vdots\\ 1 & W_N^{N-1} & W_N^{2(N-1)} & \cdots & W_N^{(N-1)\times(N-1)}\end{bmatrix} \tag{3-3-6}$$

这样，DFT 关系矩阵表示形式为

$$\begin{bmatrix}x(0)\\ x(1)\\ x(2)\\ \vdots\\ x(N-1)\end{bmatrix}=\boldsymbol{D}_N^{-1}\begin{bmatrix}X(0)\\ X(1)\\ X(2)\\ \vdots\\ X(N-1)\end{bmatrix} \tag{3-3-7}$$

这里，$\boldsymbol{D}_N^{-1}$ 是 $\boldsymbol{D}_N$ 的逆阵，也称为 $N\times N$ 系数矩阵。

由式(3-3-5)和式(3-3-7)可以得到

$$\boldsymbol{D}_N^{-1}=\frac{1}{N}\boldsymbol{D}_N^{*} \tag{3-3-8}$$

3.3.1.2　离散傅里叶变换的隐含周期性

式(3-3-1)和式(3-3-2)定义的离散傅里叶变换对中，$x(n)$ 与 $X(k)$ 均为有限长序列，但由于 W_N^{kn} 的周期性，使得 $x(n)$ 与 $X(k)$ 具有隐含周期性，且周期为 N。

很明显，式(3-3-1)中的 $X(k)$ 满足

$$X(k+mN)=\sum_{n=0}^{N-1}x(n)W_N^{(k+mN)n}=\sum_{n=0}^{N-1}x(n)W_N^{kn}=X(k)\text{，}m\text{ 为任意整数} \tag{3-3-9}$$

同样，式(3-3-2)中的 $x(n)$ 满足

$$x(n+mN)=\frac{1}{N}\sum_{k=0}^{N-1}X(k)W_N^{-k(n+mN)}=\frac{1}{N}\sum_{k=0}^{N-1}X(k)W_N^{-kn}=x(n) \tag{3-3-10}$$

因此，在对有限长序列进行 DFT 时可把要处理的数据看作是周期序列的一个主值序列。

有些序列可能不是有限长的，但非零值却有有限个，故可将其视为有限长的。为此也可作周期延拓，如图 3-7 所示。

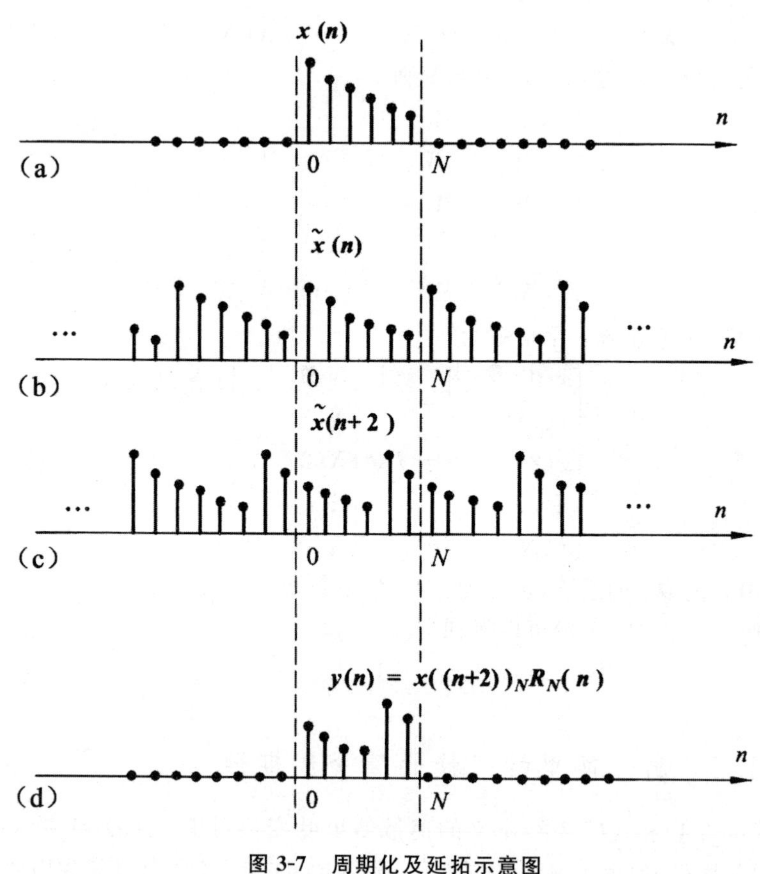

图 3-7 周期化及延拓示意图

3.3.1.3 离散傅里叶变换的性质

有限长序列的离散傅里叶变换可以从周期序列 DFS 进行推导，因而 DFT 的许多性质与 DFS 的性质相似。

设 $\mathrm{DFT}[x_1(n)]=X_1(k)$，$\mathrm{DFT}[x_2(n)]=X_2(k)$，$\mathrm{DFT}[x(n)]=X(k)$，$\mathrm{DFT}[x(n)]=X(k)$，则系统存在以下性质。

1)线性

$$\mathrm{DFT}[ax_1(n)+bx_2(n)]=aX_1(k)+bX_2(k) \tag{3-3-11}$$

式中，a，b 为任意常数。序列的长度均为 N，如果某一序列较短，则需补0至相同长度。

2)循环移位

$$y(n) = x((n+m))_N R_N(n) \tag{3-3-12}$$

$x(n)$ 的循环移位过程如图3-8所示，图中序列 $x(n)$ 的长度 $N=5$。可以看出，序列 $y(n)$ 仍是长度为 N 的有限长序列。

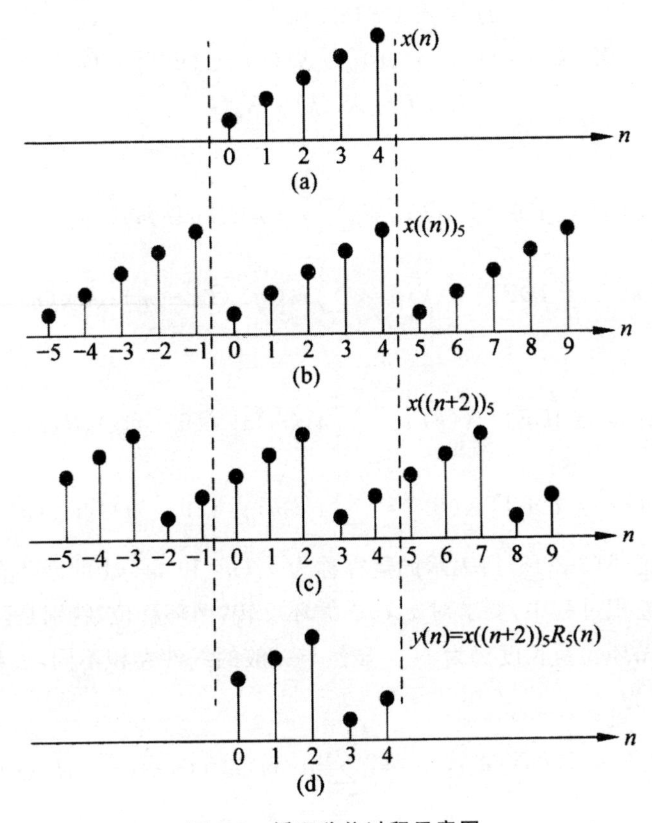

图3-8 循环移位过程示意图

观察图3-8发现，循环移位的实质是将 $x(n)$ 左移 n 位，移出主值区间 $(0 \leqslant n \leqslant N-1)$ 的序列值又依次从右端进入主值区间。该过程即是循环移位的意思。

3)时域循环移位定理

若 $$y(n) = x((n+m))_N R_N(n)$$

则 $$Y(k) = \mathrm{DFT}[y(n)] = W_N^{-km} X(k) \tag{3-3-13}$$

该定理说明，序列时域的循环移位对应其频域的相移。

4)频域循环移位定理

若 $$Y(k)=X((k+l))_N R_N(k)$$

则 $$y(n)=\mathrm{IDFT}[Y(k)]=W_N^{nl}x(n) \tag{3-3-14}$$

5)循环卷积的运算

(1)循环卷积定理

有限长序列 $x_1(n)$ 和 $x_2(n)$,长度分别为 N_1 和 N_2 ,$N=\max[N_1,N_2]$ 。$x_1(n)$ 和 $x_2(n)$ 的 N 点 DFT 分别为

$$X_1(k)=\mathrm{DFT}[x_1(n)],\ X_2(k)=\mathrm{DFT}[x_2(n)]$$

如果 $$X(k)=X_1(k)\cdot X_2(k)$$

则

$$x(n)=\mathrm{IDFT}[X(k)]=\sum_{m=0}^{N-1}x_1(m)((n-m))_N R_N(n)$$

$$x(n)=\mathrm{IDFT}[X(k)]=\sum_{m=0}^{N-1}x_2(m)((n-m))_N R_N(n)$$

或

$$\begin{aligned}x(n)&=\mathrm{IDFT}[X(k)]=\sum_{m=0}^{N-1}x_1(m)x_2((n-m))_N R_N(n)\\x(n)&=\mathrm{IDFT}[X(k)]=\sum_{m=0}^{N-1}x_2(m)x_1((n-m))_N R_N(n)\end{aligned} \tag{3-3-15}$$

一般把式(3-3-15)所表示的运算称为 $x_1(n)$ 和 $x_2(n)$ 的循环卷积。

循环卷积过程中,要求对 $x_2(m)$ 循环反转,循环移位,特别是两个 N 长的序理的循环卷积长度仍为 N 。显然与一般的线性卷积不同,故称之为循环卷积,记为

$$x(n)=x_1(n)\otimes x_2(n)=\sum_{m=0}^{N-1}x_1(m)x_2((n-m))_N R_N(n) \tag{3-3-16}$$

由于

$$X(k)=\mathrm{DFT}[x(n)]=X_1(k)\cdot X_2(k)=X_2(k)\cdot X_1(k)$$

所以

$$x(n)=\mathrm{IDFT}[X(k)]=x_1(n)\otimes x_2(n)=x_2(n)\otimes x_1(n) \tag{3-3-17}$$

即循环卷积亦满足交换律,过程如图 3-9 所示。

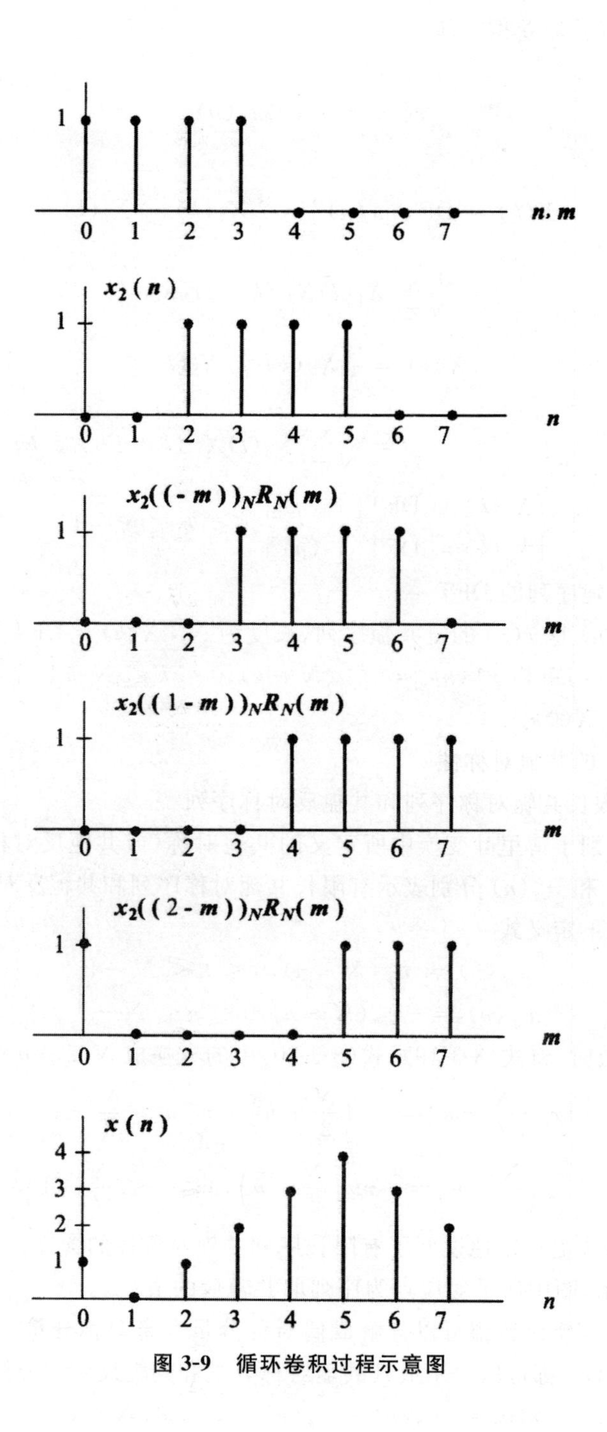

图 3-9 循环卷积过程示意图

(2)频域循环卷积定理

如果

$$x(n) = x_1(n)x_2(n)$$

则

$$X(k) = \mathrm{DFT}[x(n)] = \frac{1}{N}X_1(k) \otimes X_2(k)$$

$$= \frac{1}{N}\sum_{l=0}^{N-1} X_1(l) X_2\ (k-l)_N R_N(k)$$

$$X(k) = \frac{1}{N}X_2(k) \otimes X_1(k)$$

$$= \frac{1}{N}\sum_{l=0}^{N-1} X_2(l) X_1\ (k-l)_N R_N(k)$$

$$\begin{cases} X_1(k) = \mathrm{DFT}[x_1(n)] \\ X_2(k) = \mathrm{DFT}[x_2(n)] \end{cases}, 0 \leqslant k \leqslant N-1$$

6)复共轭序列的 DFT

设 $x^*(n)$ 是 $x(n)$ 的复共轭序列,长度为 N ,$X(k) = \mathrm{DFT}[x(n)]$,则

$$\mathrm{DFT}[x^*(n)] = X^*(N-k), 0 \leqslant k \leqslant N-1 \tag{3-3-18}$$

且 $X(N) = X(0)$。

7)DFT 的共轭对称性

(1)有限长共轭对称序列和共轭反对称序列

为了区别于傅里叶变换中所定义的共轭对称(或共轭反对称)序列,下面用 $x_{ep}(n)$ 和 $x_{op}(n)$ 分别表示有限长共轭对称序列和共轭反对称序列,则二者满足如下定义式

$$x_{ep}(n) = x_{ep}^*(N-n), 0 \leqslant n \leqslant N-1 \tag{3-3-19}$$

$$x_{op}(n) = -x_{op}^*(N-n), 0 \leqslant n \leqslant N-1 \tag{3-3-20}$$

当 N 为偶数时,将式(3-3-19)、式(3-3-20)中的 n 换成 $N/2-n$ 可得到

$$x_{ep}\left(\frac{N}{2}-n\right) = x_{ep}^*\left(\frac{N}{2}+n\right), 0 \leqslant n \leqslant \frac{N}{2}-1$$

$$x_{op}\left(\frac{N}{2}-n\right) = -x_{op}^*\left(\frac{N}{2}+n\right), 0 \leqslant n \leqslant \frac{N}{2}-1$$

上面两式更清楚地说明了有限长序列共轭对称性的含义。其示意图如图 3-10 所示,图中所示对应点为序列取共轭后的值。

如同任何实函数都可以分解成偶对称分量和奇对称分量一样,任何有限长序列 $x(n)$ 都可以表示成其共轭对称分量和共轭反对称分量之和,即

$$x(n) = x_{ep}(n) + x_{op}(n), 0 \leqslant n \leqslant N-1 \tag{3-3-21}$$

将式(3-3-21)中的 n 换成 $N-n$,并取复共轭,再将式(3-3-19)和式(3-3-20)

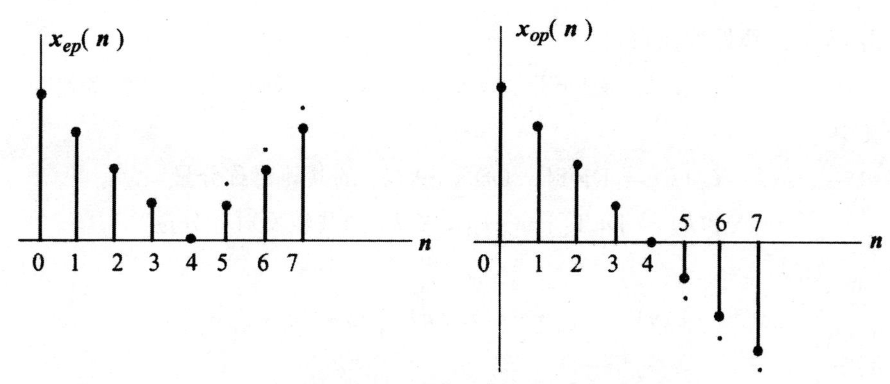

图 3-10 共轭对称序列与共轭反对称序列示意图

代入,得到

$$x^*(N-n) = x_{ep}^*(N-n) + x_{op}^*(N-n) = x_{ep}(n) - x_{op}(n) \tag{3-3-22}$$

$$x_{ep}(n) = \frac{1}{2}[x(n) + x^*(N-n)] \tag{3-3-23}$$

$$x_{op}(n) = \frac{1}{2}[x(n) - x^*(N-n)] \tag{3-3-24}$$

(2)DFT 的共轭对称性

如果

$$x(n) = x_r(n) + \mathrm{j}x_i(n)$$

其中

$$x_r(n) = \mathrm{Re}[x(n)] = \frac{1}{2}[x(n) + x^*(n)]$$

$$\mathrm{j}x_i(n) = \mathrm{jIm}[x(n)] = \frac{1}{2}[x(n) - x^*(n)]$$

由式(3-3-18)和式(3-3-23)可得

$$\begin{aligned}\mathrm{DFT}[x_r(n)] &= \frac{1}{2}\mathrm{DFT}[x(n) + x^*(n)] \\ &= \frac{1}{2}[X(k) + X^*(N-k)] \\ &= X_{ep}(k)\end{aligned}$$

由式(3-3-18)和式(3-3-24)可得

$$\begin{aligned}\mathrm{DFT}[\mathrm{j}x_i(n)] &= \frac{1}{2}\mathrm{DFT}[x(n) - x^*(n)] \\ &= \frac{1}{2}[X(k) - X^*(N-k)] \\ &= X_{op}(k)\end{aligned}$$

由 DFT 的线性性质可得

$$X(k) = \mathrm{DFT}[x(n)] = X_{ep}(k) + X_{op}(k) \tag{3-3-25}$$

其中

$$X_{ep}(k) = \mathrm{DFT}[x_r(n)]\text{，}X(k)\text{ 的共轭对称分量}$$

$$X_{op}(k) = \mathrm{DFT}[\mathrm{j}x_i(n)]\text{，}X(k)\text{ 的共轭反对称分量}$$

如果

$$x(n) = x_{ep}(n) + x_{op}(n), 0 \leqslant n \leqslant N-1$$

其中

$$x_{ep}(n) = \frac{1}{2}[x(n) + x^*(N-n)]\text{，}x(n)\text{ 的共轭对称分量}$$

$$x_{op}(n) = \frac{1}{2}[x(n) - x^*(N-n)]\text{，}x(n)\text{ 的共轭反对称分量}$$

又

$$\begin{aligned}\mathrm{DFT}[x_{ep}(n)] &= \frac{1}{2}\mathrm{DFT}[x(n) + x^*(N-n)] \\ &= \frac{1}{2}[X(k) - X^*(k)] \\ &= \mathrm{Re}[X(k)]\end{aligned}$$

$$\begin{aligned}\mathrm{DFT}[x_{op}(n)] &= \frac{1}{2}\mathrm{DFT}[x(n) - x^*(N-n)] \\ &= \frac{1}{2}[X(k) - X^*(k)] \\ &= \mathrm{jIm}[X(k)]\end{aligned}$$

因此 $$X(k) = \mathrm{DFT}[x(n)] = X_R(k) + \mathrm{j}X_I(k) \tag{3-3-26}$$

设 $x(n)$ 是长度为 N 的实序列，且 $X(k) = \mathrm{DFT}[x(n)]$，则

(1) $X(k) = X^*(N-k), 0 \leqslant n \leqslant N-1$　　(3-3-27)

(2)如果 $x(n) = x(N-n)$，则 $X(k)$ 实偶对称，即

$$X(k) = X(N-k) \tag{3-3-28}$$

(3)如果 $x(n) = -x(N-n)$，则 $X(k)$ 纯虚奇对称，即

$$X(k) = -X(N-k) \tag{3-3-29}$$

3.3.2 频域抽样理论

频率取样是指对序列的傅里叶变换或系统的频率特性进行取样。本节

讨论在什么条件下能够用得到的频谱取样值无失真地恢复原信号或系统。

设任意长序列 $x(n)$ 绝对可和。其Z变换表示为

$$X(z)=\sum_{n=-\infty}^{\infty}x(n)z^{-n}$$

且 $X(z)$ 收敛域包含单位圆，即 $x(n)$ 存在傅里叶变换。在单位圆上对 $X(z)$ 等间隔采样 N 点，得到

$$X(k)=X(z)\big|_{z=e^{j\frac{2\pi}{N}k}}=\sum_{n=-\infty}^{\infty}x(n)e^{-j\frac{2\pi}{N}kn},0\leqslant k\leqslant N-1 \quad (3\text{-}3\text{-}30)$$

$$x_N(n)=\text{IDFT}[X(k)],0\leqslant n\leqslant N-1$$

由DFT与DFS的关系可知，$X(k)$ 是 $x_N(n)$ 以 N 为周期的周期延拓序列 $\tilde{x}(n)$ 的离散傅里叶级数系数 $\widetilde{X}(k)$ 的主值序列，即

$$\widetilde{X}(k)=X((k))_N=\text{DFS}[\tilde{x}(n)]$$

$$\widetilde{X}(k)=\widetilde{X}(k)R_N(k)$$

$$\begin{aligned}\tilde{x}(n)&=x((n))_N=\text{IDFS}[\widetilde{X}(k)]\\&=\frac{1}{N}\sum_{k=0}^{N-1}\widetilde{X}(k)W_N^{-kn}\\&=\frac{1}{N}\sum_{k=0}^{N-1}X(k)W_N^{-kn}\end{aligned}$$

将式(3-3-30)代入上式得

$$\begin{aligned}\tilde{x}(n)&=\frac{1}{N}\sum_{k=0}^{N-1}\Big[\sum_{m=-\infty}^{\infty}x(m)W_N^{km}\Big]W_N^{-kn}\\&=\sum_{m=-\infty}^{\infty}x(m)\frac{1}{N}\sum_{k=0}^{N-1}W_N^{k(m-n)}\end{aligned}$$

式中

$$\frac{1}{N}\sum_{k=0}^{N-1}W_N^{k(m-n)}=\begin{cases}1,m=n+rN,r\text{ 为整数}\\0,\text{其他}\end{cases}$$

如果序列 $x(n)$ 的长度为 M，则只有当频域采样点数 $N\geqslant M$ 时，才有

$$x_N(n)=\text{IDFT}[X(k)]=x(n)$$

即可由频域采样 $X(k)$ 恢复原序列 $x(n)$，否则产生时域混叠现象。这就是所谓的频域采样定理。

下面推导用频域采样 $X(k)$ 表示 $X(z)$ 的内插公式和内插函数。设序列 $x(n)$ 长度为 M，在频域 $0\sim2\pi$ 之间等间隔采样 N 点，$N\geqslant M$，则有

$$X(z)=\sum_{n=0}^{N-1}x(n)z^{-n}$$

$$X(k)=X(z)\big|_{z=e^{j\frac{2\pi}{N}k}},0\leqslant k\leqslant N-1$$

式中

$$x(n)=X(z)[X(k)]=\frac{1}{N}\sum_{k=0}^{N-1}X(k)W_N^{-kn}$$

将上式代入 $X(z)$ 的表达式中，得

$$X(z)=\sum_{n=0}^{N-1}\left[\frac{1}{N}\sum_{k=0}^{N-1}X(k)W_N^{kn}\right]z^{-n}$$

$$=\frac{1}{N}\sum_{k=0}^{N-1}X(k)\sum_{n=0}^{N-1}W_N^{-kn}z^{-n}$$

$$=\frac{1}{N}\sum_{k=0}^{N-1}X(k)\,\frac{1-W_N^{-kN}z^{-N}}{1-W_N^{-k}z^{-1}}$$

上式中 $W_N^{-kN}=1$，因此

$$X(z)=\frac{1}{N}\sum_{k=0}^{N-1}X(k)\,\frac{1-z^{-N}}{1-W_N^{-k}z^{-1}} \tag{3-3-31}$$

又

$$\varphi_k(z)=\frac{1}{N}\,\frac{1-z^{-N}}{1-W_N^{-k}z^{-1}} \tag{3-3-32}$$

则

$$X(z)=\sum_{k=0}^{N-1}X(k)\varphi_k(z) \tag{3-3-33}$$

式(3-3-32)称为用 $X(k)$ 表示 $X(z)$ 的内插公式；$\varphi_k(z)$ 称为内插函数。当 $z=e^{j\omega}$ 时，式(3-3-32)和式(3-3-33)就成为 $x(n)$ 的傅里叶变换 $X(e^{j\omega})$ 的内插函数和内插公式，即

$$\varphi_k(\omega)=\frac{1}{N}\cdot\frac{1-e^{-j\omega N}}{1-e^{-j(\omega-2\pi k/N)}}$$

$$X(e^{j\omega})=\sum_{k=0}^{N-1}X(k)\varphi_k(\omega)$$

内插函数 $\varphi_0(\omega)$ 的幅频特性与相频特性如图 3-11(a)所示；内插函数 $\varphi_1(\omega)$ 的幅频特性与相频特性如图 3-11 (b)所示。

进一步化简可得

$$X(e^{j\omega})=\sum_{k=0}^{N-1}X(k)\varphi\left(\omega-\frac{2\pi}{N}\right) \tag{3-3-34}$$

$$\varphi(\omega)=\frac{1}{N}\cdot\frac{\sin(\omega N/2)}{\sin(\omega/2)}e^{j\omega\left(\frac{N-1}{2}\right)} \tag{3-3-35}$$

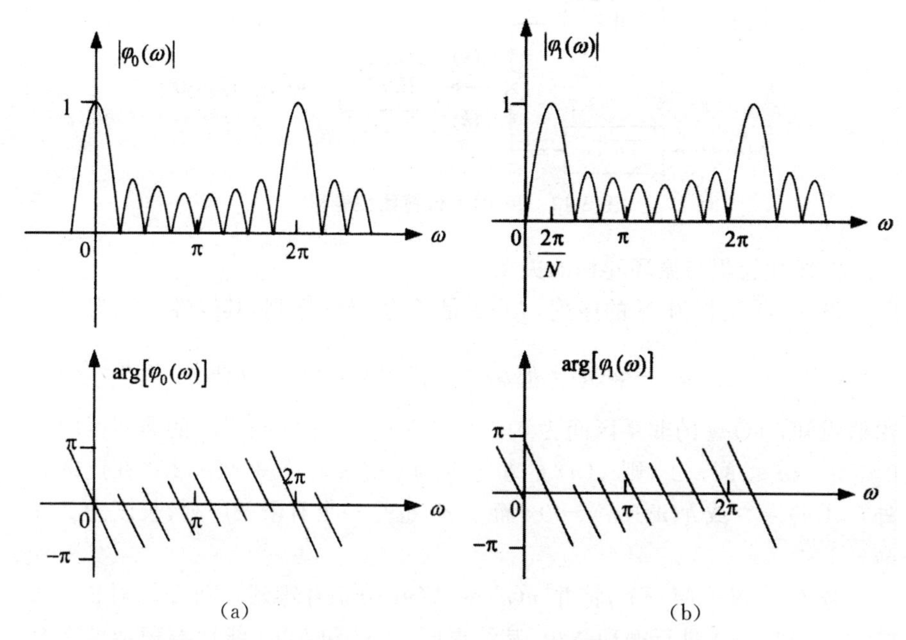

图 3-11　内插函数 $\varphi_0(\omega)$和 $\varphi_1(\omega)$的幅频特性和相频特性

3.3.3　DFT 的应用举例

3.3.3.1　计算循环卷积和线性卷积

1)循环卷积的快速计算

循环卷积的定义式为

$$\begin{aligned} x_3(n) &= x_1(n) \otimes x_2(n) \\ &= \sum_{m=0}^{N-1} x_1(m) x_2((n-m))_N R_N(n), 0 \leqslant n \leqslant N-1 \end{aligned}$$

根据循环卷积定理,可以用以下方法计算两序列 $x_1(n)$ 和 $x_2(n)$ 的循环卷积。

(1) $X_1(k) = \mathrm{DFT}[x_1(n)]$

(2) $X_2(k) = \mathrm{DFT}[x_2(n)]$

(3) $X_3(k) = X_1(k)X_2(k)$　　$0 \leqslant k \leqslant N-1, 0 \leqslant n \leqslant N-1$

(4) $x_3(n) = \mathrm{IDFT}[X_3(k)]$

IDFT 计算序列循环卷积的框图如图 3-12 所示。

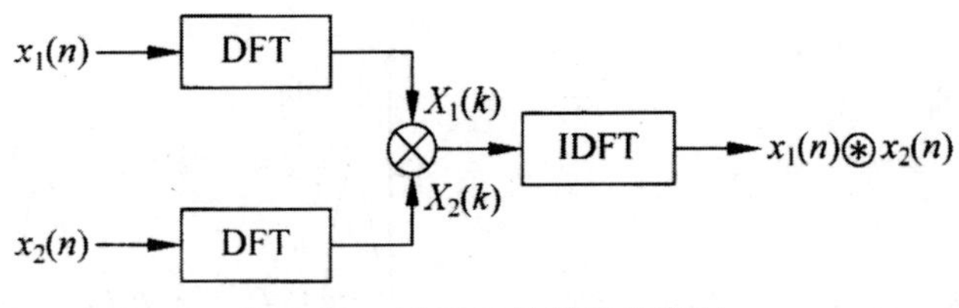

图 3-12　用 DFT 计算线性卷积

2)线性卷积与循环卷积的关系

设 $x(n)$ 是长为 N 的序列，$h(n)$ 是长为 M 的序列，其线性卷积为

$$y(n)=x(n)*h(n)=\sum_{m=-\infty}^{\infty}x(m)h(n-m) \tag{3-3-36}$$

由假设知，$x(m)$ 的非零区间为 $0\leqslant m\leqslant N-1$，而 $h(n-m)$ 的非零区间为 $0\leqslant n-m\leqslant M-1$，则 $y(n)$ 的非零区为 $0\leqslant n\leqslant N+M-2$。在此区间外，$x(m)=0$ 或 $h(n-m)=0$，而 $y(n)$ 也是一个有限长序列，长度为 $N+M-1$。

令 $L\geqslant N+M-1$，将并 $x(n)$ 和 $h(n)$ 分别补零延长到 L。对长为 L 的 $x(n)$ 和 $h(n)$ 进行循环卷积，其结果同 $x(n)$ 和 $h(n)$ 线性卷积结果完全一致。这是因为在计算长为 L 的 $x(n)$ 和 $h(n)$ 的循环卷积时，$x(m)$ 的非零区间为 $0\leqslant m\leqslant L-1$，而在此范围 $h((-m))_N R_N(m)$ 的 L 点循环位移与 $h(-m)$ 的线性位移没有差别。因此，线性卷积与循环卷积的这种关系是普遍成立的，可用公式表示为

当 $L\geqslant N+M-1$ 时，

$$x(n)*h(n)=x(n)⊛h(n) \tag{3-3-37}$$

3)线性卷积的快速计算

实际中往往利用循环卷积定理来计算线性卷积，其步骤如下。

(1)将原序列补零延拓到长为 $L\geqslant N+M-1$，得 $x(n)$、$h(n)$，$0\leqslant n\leqslant L-1$。

(2) $X(k)=\mathrm{DFS}[x(n)]$，$H(k)=\mathrm{DFS}[h(n)]$，$0\leqslant k\leqslant L-1$。

(3) $Y(k)=H(k)X(k)$，$0\leqslant k\leqslant L-1$。

(4) $y(n)=\mathrm{IDFT}[Y(k)]$，$0\leqslant k\leqslant L-1$。

上述结论适用于 $x(n)$、$h(n)$ 两序列长度比较接近或者相等的情况。如果 $x(n)$、$h(n)$ 长度相差较多，例如，$h(n)$ 为某滤波器的单位冲激响应，长度有限，用它来处理一个很长的信号 $x(n)$，按上述方法 $h(n)$ 需后补许多零才能再进行计算，这时运算时间可能不但不会减少，反而会增加。

4)重叠相加法

设单位脉冲响应 $h(n)$ 的长度为 M，信号 $x(n)$ 为很长的序列。将

$x(n)$ 分解为若干段，每段的长度为 L 点，要求 L 的数量级与 M 相同。

假设 $x_i(n)$ 为 $x(n)$ 的第 i 段，如图 3-13 所示，则有

$$x_i(n)=\begin{cases}x(n),iL\leqslant n\leqslant(i+1)L-1\\0,其他\end{cases},i=0,1,\cdots \quad (3\text{-}3\text{-}38)$$

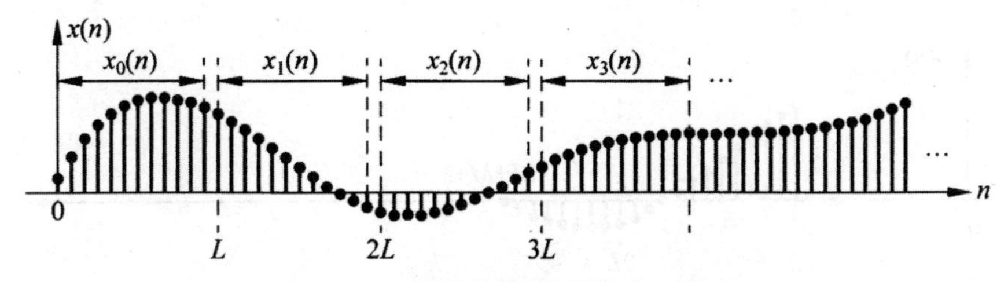

图 3-13 用重叠相加法对长序列的分解

则输入序列可表示为

$$x(n)=\sum_{i=0}^{\infty}x_i(n) \quad (3\text{-}3\text{-}39)$$

于是

$$y(n)=x(n)*h(n)=\sum_{i=0}^{\infty}x_i(n)*h(n)=\sum_{i=0}^{\infty}y_i(n) \quad (3\text{-}3\text{-}40)$$

式(3-3-40)说明，$x(n)$ 与 $h(n)$ 的线性卷积等于 $x_i(n)$ 与 $h(n)$ 的线性卷积之和。每一个 $x_i(n)*h(n)$ 可采用循环卷积的方法计算。$x_i(n)$ 与 $h(n)$ 的循环卷积表达式为

$$y_i(n)=x_i(n)\circledast h(n)=\sum_{m=0}^{N-1}x_i(m)h((n-m))_N R_N(n) \quad (3\text{-}3\text{-}41)$$

由于 $x_i(n)$ 为 L 点，$y_i(n)$ 为 $L+M-1$ 点，因而输出序列中的相邻两段 $y_{i-1}(n)$ 与 $y_i(n)$ 必然有 $(M-1)$ 个点重叠，具体为 $y_{i-1}(n)$ 的后 $(M-1)$ 个点与 $y_i(n)$ 的前 $(M-1)$ 个点相互重叠，如图 3-14 所示。

利用循环卷积求出各 $y_i(n)$ 后，$x(n)$ 与 $h(n)$ 的线性卷积 $y(n)$ 可表示为

$$\begin{aligned}
&y(n)=y_0(n),0\leqslant n\leqslant L-1\\
&y(n)=y_0(n)+y_1(n),L\leqslant n\leqslant L+M-2\\
&y(n)=y_1(n),L+M-1\leqslant n\leqslant 2L-1\\
&y(n)=y_1(n)+y_2(n),2L\leqslant n\leqslant 2L+M-2\\
&y(n)=y_2(n),2L+M-1\leqslant n\leqslant 3L-1\\
&\vdots
\end{aligned}$$

依次将相邻两段的 $M-1$ 个重叠点相加，即得到最终的线性卷积结果。

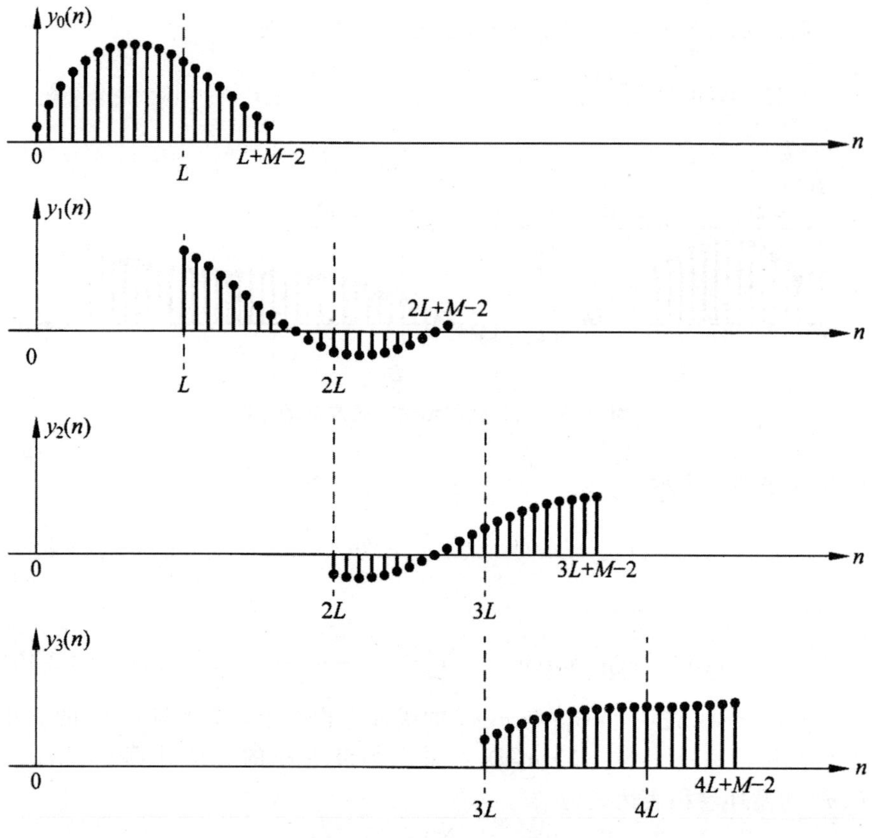

图 3-14　重叠相加法图形

5)线性卷积的重叠保留法

用 DFT 进行线性卷积的第二种方法是重叠保留法。该方法的基本思想是去掉循环卷积与线性卷积不相等点的序列取样值,将循环卷积与线性卷积相等的部分顺次连接起来。$h(n)$ 长为 $M-1$,$x(n)$ 分段时,相邻两段有 $M-1$ 个点重叠,即每一段开始的 $M-1$ 个点的序列取样值是前一段最后 $M-1$ 个点的序列取样值。每段序列的长度选为循环卷积的长度 L ,则

$$x_i(n)=\begin{cases}x(n+iN-M+1),0\leqslant n\leqslant L-1\\0,\text{其他}\end{cases}\tag{3-3-42}$$

其中,$N=L-M+1$ 是每段比前一段新增点数。分段示意图如图 3-15 所示。

为便于计算,将每段坐标原点移到每段起点。利用三点的 DFT 算法,分别计算

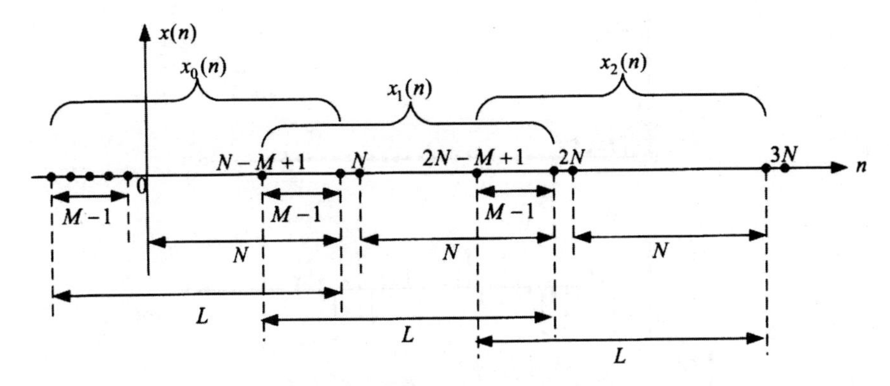

图 3-15　重叠保留法分段示意图

$$y_{ci}(n) = x_i(n) \circledast h(n) = \sum_{m=0}^{L-1} x_i(m) h((n-m))_L R_L(n) \tag{3-3-43}$$

$$y_{li}(n) = x_i(n) * h(n) \tag{3-3-44}$$

$$y_{ci}(n) = \sum_{r=-\infty}^{\infty} y_{li}(n+rL) \cdot R_L(n) \tag{3-3-45}$$

$y_{li}(n)$ 长度为 $L+M-1$，$y_{ci}(n)$ 是 $y_{li}(n)$ 以 L 为周期延拓后的主值序列，在 $M-1 \sim L-1$ 范围内无混叠，其关系如图 3-16 所示，表达式为

$$y_{ci}(n)\begin{cases} = y_{li}(n), M-1 \leqslant n \leqslant L-1 \\ \neq y_{li}(n), \text{其他} \end{cases} \tag{3-3-46}$$

取

$$y_{ci}(n) = \begin{cases} y_{li}(n), M-1 \leqslant n \leqslant L-1 \\ 0, \text{其他} \end{cases} \tag{3-3-47}$$

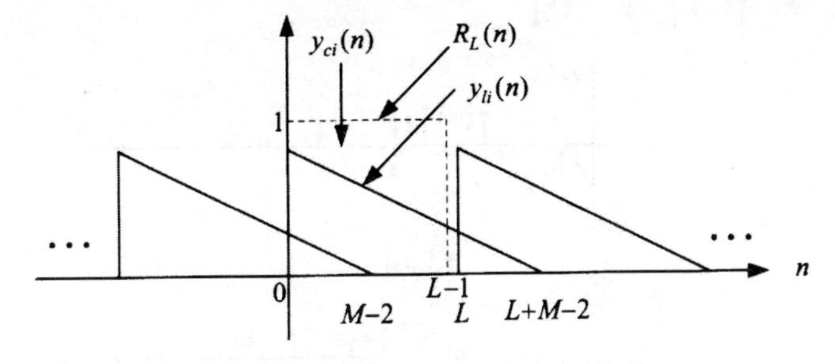

图 3-16　第 i 段信号 $y_{ci}(n)$ 和 $y_{li}(n)$ 的关系

将各段 $y_i(n)$ 顺次连接起来，就构成了最后的输出序列

$$y(n) = \sum_{i=0}^{\infty} y_i(n - iN + M - 1) \tag{3-3-48}$$

如图 3-17 所示为重叠保留法计算过程示意图。

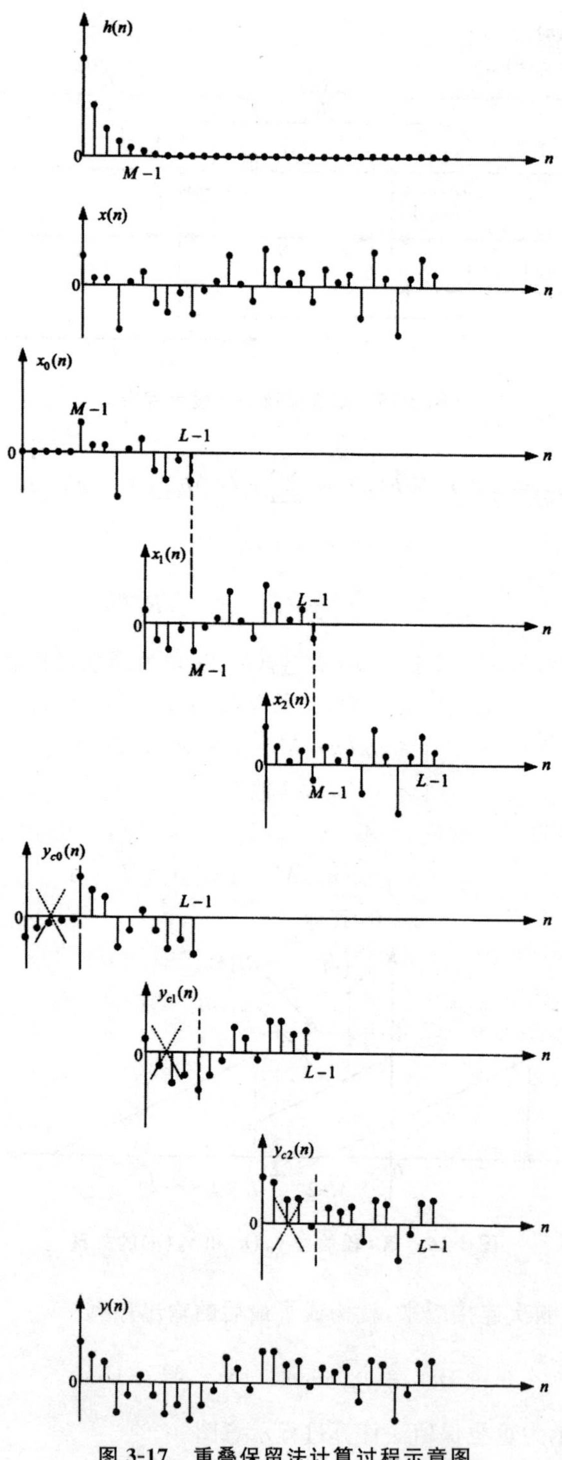

图 3-17　重叠保留法计算过程示意图

3.3.3.2　信号频谱分析

DFT 的主要应用之一就是连续信号的傅里叶分析。为了防止时域采样后产生频谱混叠失真，首先使 $x(t)$ 通过抗混叠低通滤波器进行限带处理，得到带限信号 $x_a(t)$，然后经 A/D 变换器对 $x_a(t)$ 进行采样保持量化编码得到数字信号 $x(n)$，再对 $x(n)$ 进行 DFT 得到 $X(k)$，就实现了时域连续信号的频谱分析，如图 3-18 所示。

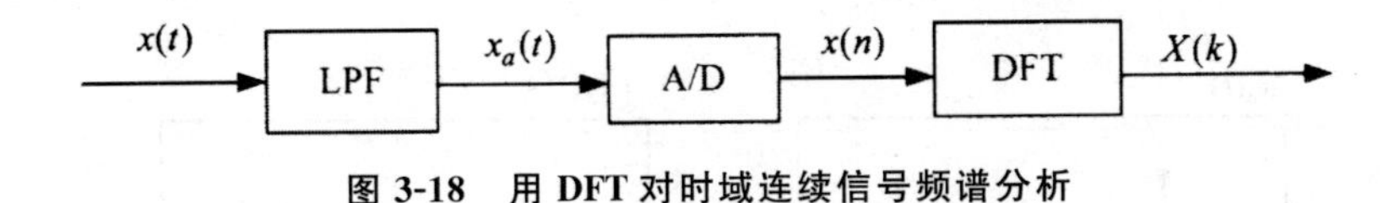

图 3-18　用 DFT 对时域连续信号频谱分析

1)信号频谱分析原理

设 $x_a(t)$ 持续时间为 T_c，最高频率为 f_m，其傅里叶变换为

$$X_a(\mathrm{j}f) = X_a(\mathrm{j}\Omega)\big|_{\Omega=2\pi f} \tag{3-3-49}$$

若对 $x_a(t)$ 以 $T_s \leqslant 1/2f_m$ 间隔采样(采样频率为 $f_s = 1/T_s$)，得到 N 点长序列 $x(n)$，那么 $NT_s \leqslant T_c$。

又

$$X_s(\mathrm{j}f) = X(\mathrm{e}^{\mathrm{j}\omega})\big|_{\omega=2\pi T_s} \tag{3-3-50}$$

因为 $X(k)$ 是 $X(\mathrm{e}^{\mathrm{j}\omega})$ 在区间 $[0,2\pi)$ 内以 $2\pi/N$ 为间隔的采样，也即为 $X_s(\mathrm{j}f)$ 在区间 $[0,f_s)$ 以 f_s/N 为间隔的采样，f_s/N 反映了我们所能得到的对频率 f 的辨析精度称为频率分辨率，用符号 F 表示，则

$$F = \frac{f_s}{N} = \frac{1}{NT_s} \tag{3-3-51}$$

显然，F 值越小，即频率分辨率越高，对连续时间信号的分析越精确、细致。这意味着在一定的条件下，提高频率分辨率应增加 DFT 的点数。图 3-19 示意了用 DFT 对连续时间信号频谱分析原理。

图 3-20 为某航模机飞行声音信号波形及频谱图。航模机声信号主要由发动机转动产生，由频谱图可看出明显的基音及其倍频谐波特征。图 3-21 为声音信号“他”字的起始时间段信号及其频谱，含清音/t/和浊音/a/的频谱成分。

2)误差问题

(1)混叠失真

在进行频谱分析过程中，A/D 变换前利用模拟低通滤波器进行抗混叠预滤波，使 $x_a(t)$ 频谱中最高频率分量不超过 f_m。假设 A/D 变换器中采样频率为 f_s，按照奈奎斯特采样定理，为了不产生混叠，必须满足

$$f_s \geqslant 2f_m \tag{3-3-52}$$

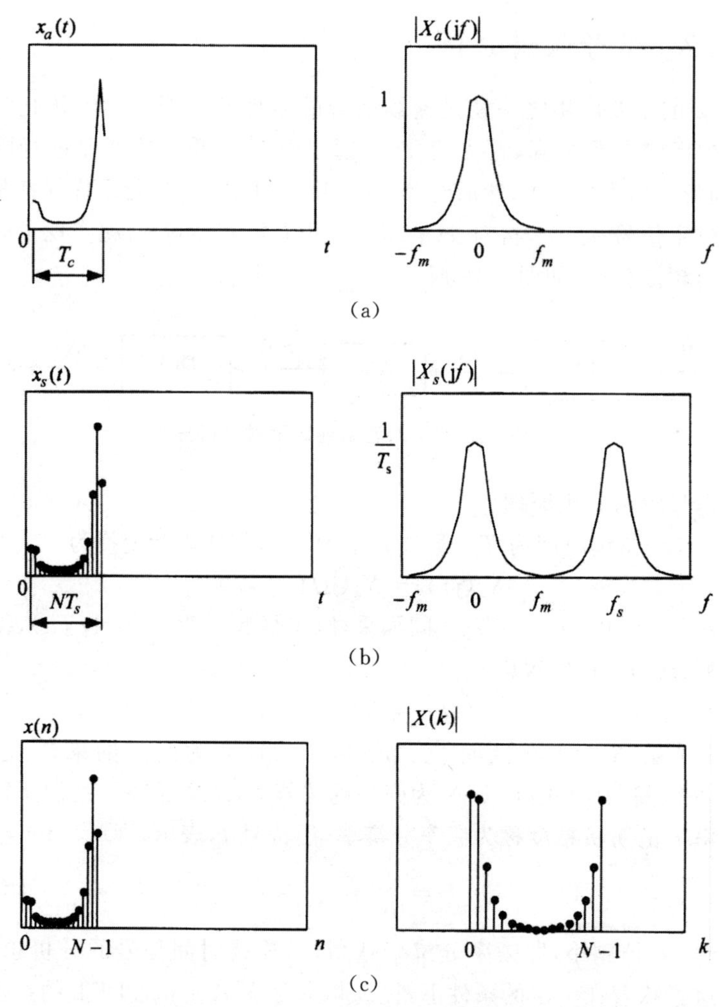

图 3-19　用 DFT 对连续时间信号频谱分析原理

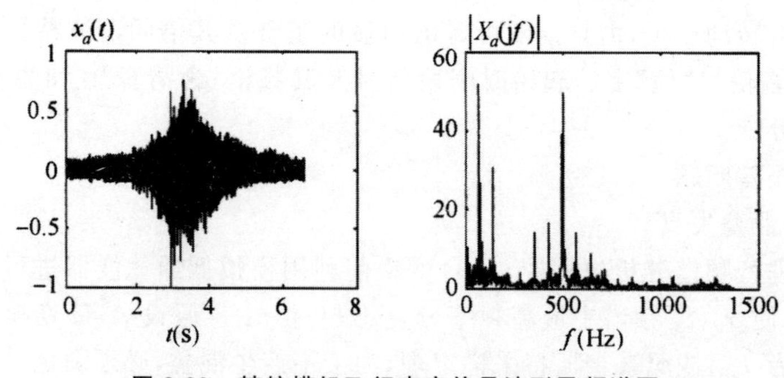

图 3-20　某航模机飞行声音信号波形及频谱图

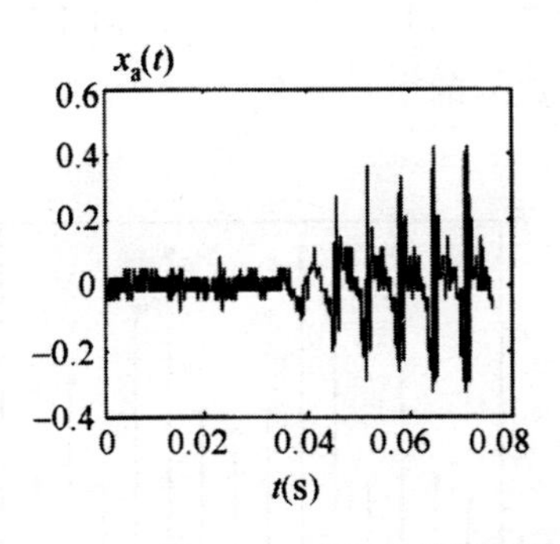

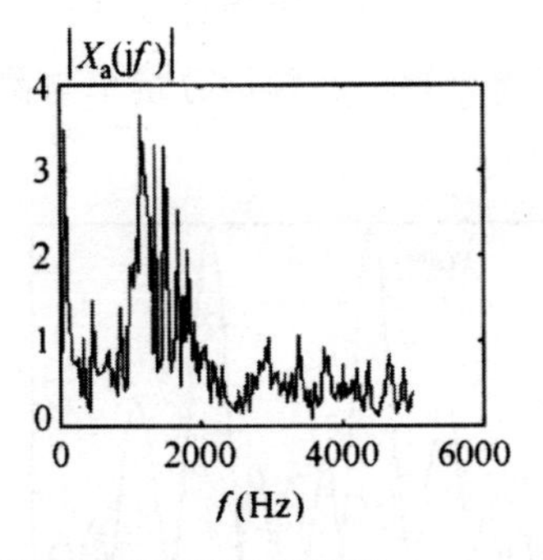

图 3-21　声音信号“他”的起始时间段信号及其频谱

$$T = 1/f_s \leqslant \frac{1}{2f_m} \tag{3-3-53}$$

不能满足这些要求，将会产生频谱混叠，称为混叠失真。

将式(3-3-52)与式(3-3-53)代入式(3-3-51)，可得

$$F = 2f_m/N \tag{3-3-54}$$

信号的最高频率 f_m 可以称为信号的识别带宽。由式(3-3-54)可以看出，信号识别带宽与频率分辨率间有矛盾，在采样点数 N 给定情况下增加 f_m 必然使 F 增加，即分辨率下降。相反，要提高分辨率(减少 F)，当 N 一定时，必须减小识别带宽。所以在 f_m 和频率分辨率 F 两参数中保持其中一个不变，而使另一个性能提高的唯一方法是增加采样点数 N 。如果 f_m 和 F 都给定，则

$$N = 2f_m/F \tag{3-3-55}$$

(2)栅栏效应

用 DFT 计算频谱，只给出频谱的 $\omega_k = 2\pi k/N$ 或 $\Omega_k = 2\pi k/NT_s$ 的频率分量，即频谱的采样值，而不可能得到连续的频谱函数。就好像通过一个“栅栏”看信号频谱，只能在离散点上看到信号频谱，这就是“栅栏效应”。即使在两个离散的谱线之间有一个特别大的频谱分量，也无法检测出来。减少“栅栏效应”的方法是在待分析时间信号数据的 $x(n)$ 末端补一些零值点，使 DFT 计算点数增加，但又不改变原有的记录数据。这样做可以在保持原来频谱形状不变的情况下，使谱线加密，频域采样点增加。图 3-22(a)为一有限长序列的频谱，图 3-22(b)、(c)、(d)分别是该序列的 16、64、128 点的 DFT，显然，当进行 DFT 的点数增大时，“栅栏效应”减少。

需要说明的是补零增加了频谱采样的点数，所以能够提高截取数据的

频率分辨率。但是因为补零并没有增加信号的任何信息,因而不能提高信号的频谱分辨率。频谱分辨率与截取数据的窗长有关。

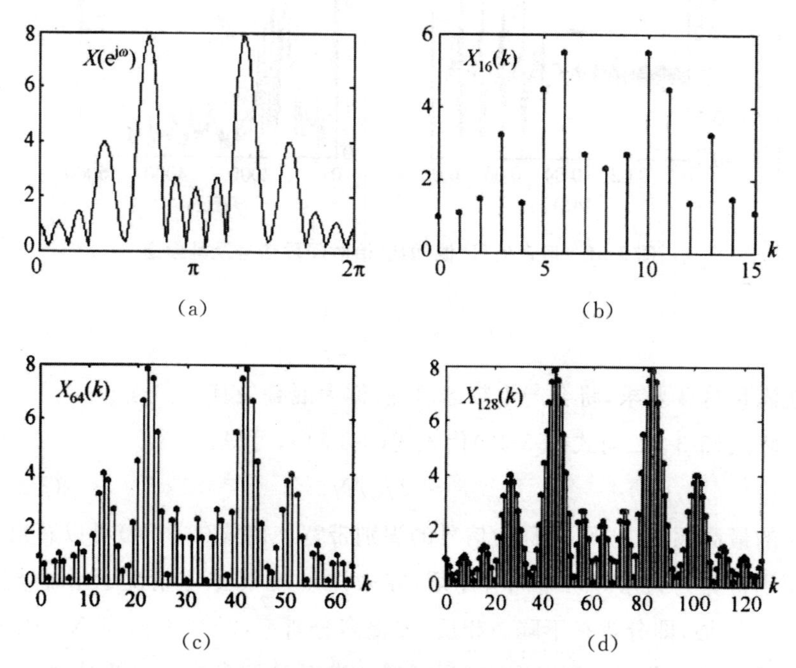

图 3-22　不同点数 DFT 的栅栏效应

(a)原图;(b) $N=16$;(c) $N=64$;(d) $N=128$

(3)泄露效应

实际工作中,时域离散信号 $x(n)$ 的时宽是很长的,甚至是无限长的(例如语音或音乐信号)。由于离散傅里叶变换的需要,必须把 $x(n)$ 限制在一定的时间间隔之内,即进行数据截断。数据的截断过程相当于加窗处理,在频域表现为卷积的形式。

$$x_2(n)=x_1(n)w(n) \tag{3-3-56}$$

$w(n)$ 为窗函数(如矩形窗、汉宁窗或哈明窗等),根据傅里叶变换的频域卷积定理有

$$X_2(e^{j\omega})=\frac{1}{2\pi}X_1(e^{j\omega})*W(e^{j\omega}) \tag{3-3-57}$$

由于 $W(e^{j\omega})\neq\delta(\omega)$,故截断后序列 $x_2(n)$ 的频谱 $X_2(e^{j\omega})$ 与原序列的 $x_1(n)$ 的频谱 $X_1(e^{j\omega})$ 必然有差别,称为泄露效应。图 3-23 为序列加窗截断前后的频谱。

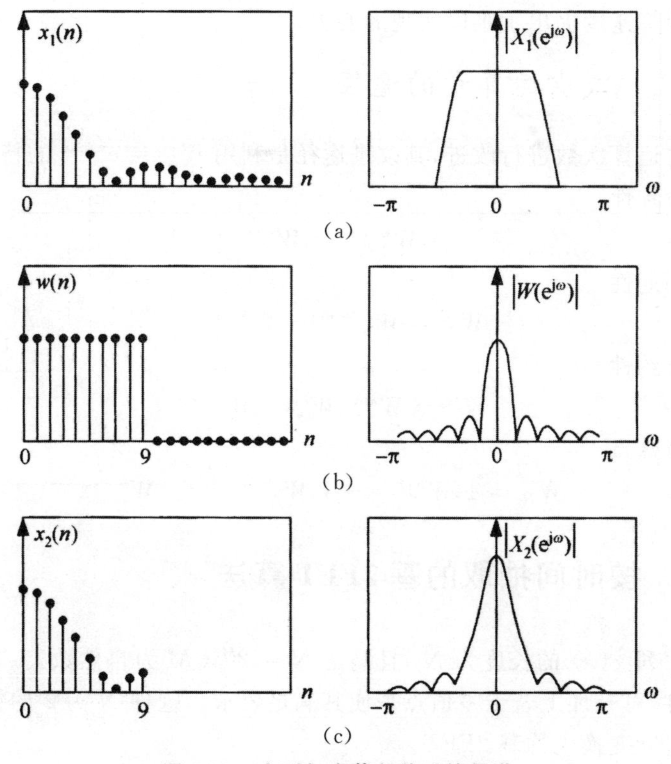

图 3-23　序列加窗截断前后的频谱

3.4　快速傅里叶变换

3.4.1　FFT 算法的基本原理

3.4.1.1　直接计算离散傅里叶变换的运算

长度为 N 的有限长序列 $x(n)$，其 N 点离散傅里叶变换为

$$X(k)=\mathrm{DFT}\left[x(n)\right]_N=\sum_{n=0}^{N-1}x(n)W_N^{kn},0\leqslant k\leqslant N-1$$

由上式可知，计算 $X(k)$ 的一个值，需要计算 N 次复数乘法和 $N-1$ 次复数加法，所以计算 $X(k)$ 的 N 个值，需要计算 N^2 次复数乘法和 $N(N-1)$ 次复数加法。当 $N\gg 1$ 时，$N(N-1)\approx N^2$，N 点离散傅里叶变换的复数乘法和复数加法运算次数均为 N^2。当 N 很大时，运算量是很可观的。例如，当 $N=1024$ 时，$N^2=1048576$。对于实时信号处理来说，这对于处理

设备的计算速度提出了难以实现的要求。

3.4.1.2 减少运算量的途径

现将运算次数进行改进,其改进途径是利用 $W_N^{nk}=e^{-j\frac{2\pi}{N}nk}$ 的特性。

1)对称性

$$(W_N^{kn})^*=W_N^{-kn}$$

2)周期性

$$W_N^{kn}=W_N^{k(N+n)}=W_N^{n(N+k)}$$

3)可约性

$$W_N^{kn}=W_{mN}^{kmn},W_N^{kn}=W_{N/m}^{kn/m}$$

4)特殊点

$$W_N^0=1,W_N^{N/2}=-1,W_N^{(k+N/2)}=-W_N^k$$

3.4.2 按时间抽取的基 2FFT 算法

设序列 $x(n)$ 的长度为 N,且满足 $N=2^M$(M 为自然数)。若不满足这个条件,可补加上若干零值点来使其满足要求。这种 N 为 2 的整数幂的快速傅里叶变换也称基 2FFT。

先按 n 的奇偶将 $x(n)$ 分成两个 $N/2$ 点的子序列,即

$$\begin{cases}x_1(r)=x(2r)\\x_2(r)=x(2r+1)\end{cases},r=0,1,\cdots,\frac{N}{2}-1$$

则 $x(n)$ 的 DFT 为

$$\begin{aligned}X(k)=\text{DFT}[x(n)]_N&=\sum_{n=0}^{N-1}x(n)W_N^{kn}=\sum_{n=\text{偶数}}x(n)W_N^{kn}+\sum_{n=\text{奇数}}x(n)W_N^{kn}\\&=\sum_{r=0}^{\frac{N}{2}-1}x(2r)W_N^{2kr}+\sum_{r=0}^{\frac{N}{2}-1}x(2r+1)W_N^{k(2r+1)}\\&=\sum_{r=0}^{\frac{N}{2}-1}x_1(r)W_N^{2kr}+W_N^k\sum_{r=0}^{\frac{N}{2}-1}x_2(r)W_N^{2kr}\end{aligned}$$

因为

$$W_N^{2kr}=e^{-j\frac{2\pi}{N}2kr}=e^{-j\frac{2\pi}{N/2}kr}=W_{N/2}^{kr}$$

所以,上式可表示为

$$\begin{aligned}X(k)&=\sum_{r=0}^{\frac{N}{2}-1}x_1(r)W_{N/2}^{kr}+W_N^k\sum_{r=0}^{\frac{N}{2}-1}x_2(r)W_{N/2}^{kr}\\&=X_1(k)+W_N^kX_2(k),0\leqslant k\leqslant N-1\end{aligned}$$

式中，$X_1(k)$ 和 $X_2(k)$ 分别是 $x_1(r)$ 和 $x_2(r)$ 的 $\frac{N}{2}$ 点离散傅里叶变换。即

$$X_1(k) = \sum_{r=0}^{\frac{N}{2}-1} x_1(r) W_{N/2}^{kr} = \mathrm{DFT}\left[x_1(r)\right]_{\frac{N}{2}}$$

$$X_2(k) = \sum_{r=0}^{\frac{N}{2}-1} x_2(r) W_{N/2}^{kr} = \mathrm{DFT}\left[x_2(r)\right]_{\frac{N}{2}}$$

由于 $X_1(k)$ 、$X_2(k)$ 均以 $\frac{N}{2}$ 为周期，且 $W_N^{k+\frac{N}{2}} = -W_N^k$，因此 $X(k)$ 的值可以分为前后两部分来表示

$$X(k) = X_1(k) + W_N^k X_2(k), 0 \leqslant k \leqslant \frac{N}{2} - 1 \tag{3-4-1}$$

$$X\left(k + \frac{N}{2}\right) = X_1(k) - W_N^k X_2(k), 0 \leqslant k \leqslant \frac{N}{2} - 1 \tag{3-4-2}$$

这样，就将一个 N 点离散傅里叶变换分解成两个 $\frac{N}{2}$ 点离散傅里叶变换。式(3-4-1)和式(3-4-2)的运算可以用图 3-24 所示的流图符号表示，称为蝶形运算符号。

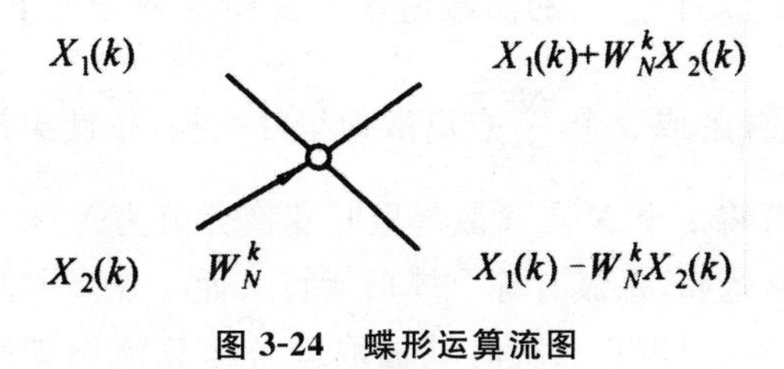

图 3-24　蝶形运算流图

采用蝶形运算符号的表示方法，前面讨论的一次奇偶抽取分解可以用图 3-25 表示。图中，$N = 8$ 。

由图 3-25 可知，经过一次分解后，计算一个 $\frac{N}{2}$ 点离散傅里叶变换需要计算两个 $\frac{N}{2}$ 点离散傅里叶变换和 $\frac{N}{2}$ 个蝶形运算。每个 $\frac{N}{2}$ 点离散傅里叶变换需要 $\left(\frac{N}{2}\right)^2$ 次复数乘法和 $\frac{N}{2}\left(\frac{N}{2}-1\right)$ 次复数加法运算；每个蝶形运算需要 1 次复数乘法和 2 次复数加法运算。所以，总的复数乘法次数为

$$2 \times \left(\frac{N}{2}\right)^2 + \frac{N}{2} = \frac{N(N+1)}{2}\Big|_{N \gg 1} \approx \frac{N^2}{2}$$

总的复数加法次数为

$$2 \times \frac{N}{2} \times \left(\frac{N}{2} - 1\right) + 2 \times \frac{N}{2} = \frac{N^2}{2}$$

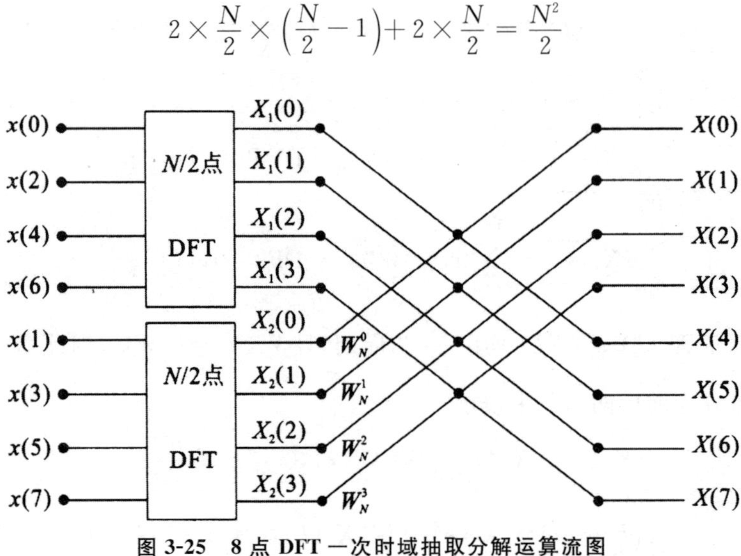

图 3-25　8 点 DFT 一次时域抽取分解运算流图

由此可见，经过一次时域奇偶抽取，就可以使运算量减少近一半。既然这种分解方式对减少离散傅里叶变换的运算量是有效的，且 $N = 2^M$，$\frac{N}{2}$ 仍然是偶数，故可以对 $\frac{N}{2}$ 点的离散傅里叶变换继续分解下去。每个 $\frac{N}{2}$ 点离散傅里叶变换分解成 2 个 $\frac{N}{4}$ 点离散傅里叶变换，依此类推，经过 M 级时域奇偶抽取后，可将 1 个 N 点离散傅里叶变换分解为 N 个 1 点离散傅里叶变换和 M 级蝶形运算，每级有等个蝶形运算。而 1 点离散傅里叶变换就是时域序列本身。8 点 DFT 二次时域抽取分解运算流图如图 3-26 所示，完整的 8 点 DIT-FFT 运算流图如图 3-27 所示。

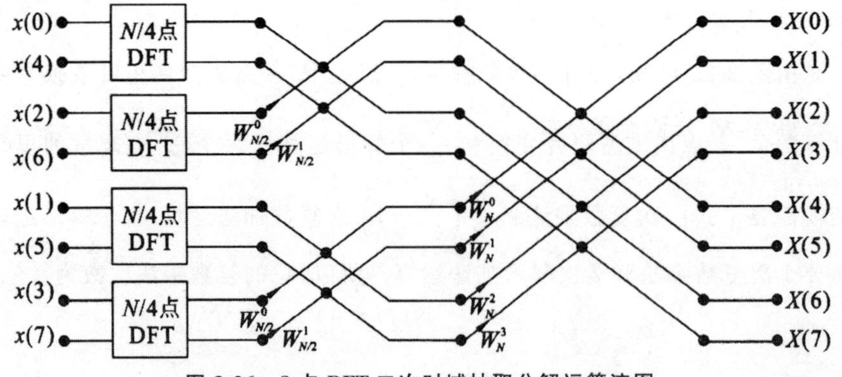

图 3-26　8 点 DFT 二次时域抽取分解运算流图

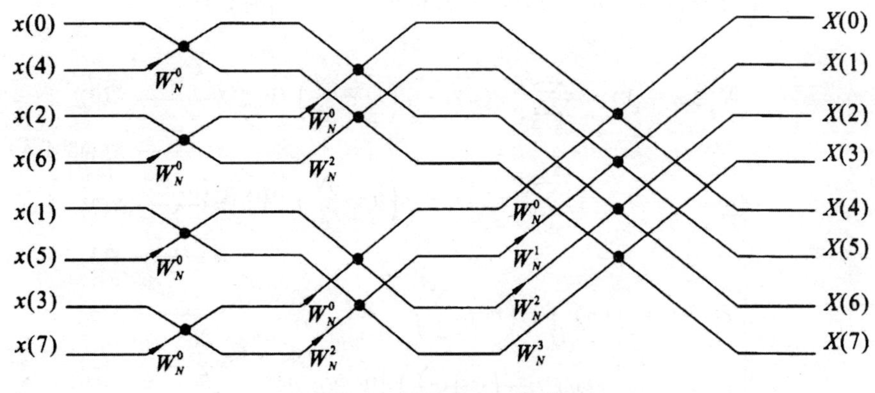

图 3-27　8 点 DIT-FFT 运算流图

3.4.3　按频率抽取的基 2FFT 算法

设序列 $x(n)$ 的长度为 $N=2^M$ 。首先将 $x(n)$ 前后对半分开，得到两个子序列，其离散傅里叶变换可表示为如下形式。

$$\begin{aligned}X(k)&=\mathrm{DFT}[x(n)]=\sum_{n=0}^{N-1}x(n)W_N^{kn}\\&=\sum_{n=0}^{\frac{N}{2}-1}x(n)W_N^{kn}+\sum_{n=\frac{N}{2}}^{N-1}x(n)W_N^{kn}\\&=\sum_{n=0}^{\frac{N}{2}-1}x(n)W_N^{kn}+\sum_{n=0}^{\frac{N}{2}-1}x\left(n+\frac{N}{2}\right)W_N^{k\left(n+\frac{N}{2}\right)}\\&=\sum_{n=0}^{\frac{N}{2}-1}\left[x(n)+W_N^{kN/2}x\left(n+\frac{N}{2}\right)\right]W_N^{kn}\end{aligned}$$

式中
$$W_N^{kN/2}=(-1)^k=\begin{cases}1,k=\text{偶数}\\-1,k=\text{奇数}\end{cases}$$

将 $X(k)$ 分解为偶数组和奇数组，当 k 取偶数($k=2m,m=0,1,\cdots,\frac{N}{2}-1$)时，有

$$\begin{aligned}X(2m)&=\sum_{n=0}^{\frac{N}{2}-1}\left[x(n)+x\left(n+\frac{N}{2}\right)\right]W_N^{2mn}\\&=\sum_{n=0}^{\frac{N}{2}-1}\left[x(n)+x\left(n+\frac{N}{2}\right)\right]W_{N/2}^{mn}\end{aligned}\tag{3-4-3}$$

当 k 取奇数$\left(k=2m+1, m=0,1,\cdots,\frac{N}{2}-1\right)$时，有

$$\begin{aligned} X(2m+1) &= \sum_{n=0}^{\frac{N}{2}-1}\left[x(n)-x\left(n+\frac{N}{2}\right)\right]W_N^{n(2m+1)} \\ &= \sum_{n=0}^{\frac{N}{2}-1}\left[x(n)-x\left(n+\frac{N}{2}\right)\right]W_N^n \cdot W_{N/2}^{mn} \end{aligned} \tag{3-4-4}$$

令

$$\begin{cases} x_1(n)=x(n)+x\left(n+\frac{N}{2}\right) \\ x_2(n)=\left[x(n)-x\left(n+\frac{N}{2}\right)\right]W_N^n \end{cases}, 0\leqslant n\leqslant\frac{N}{2}-1$$

将 $x_1(n)$ 和 $x_2(n)$ 分别代入式(3-4-3)和式(3-4-4)，可得

$$\begin{cases} X(2m)=\sum_{n=0}^{\frac{N}{2}-1}x_1(n)W_{N/2}^{mn} \\ X(2m+1)=\sum_{n=0}^{\frac{N}{2}-1}x_2(n)W_{N/2}^{mn} \end{cases} \tag{3-4-5}$$

式(3-4-5)表明，$X(k)$ 按 k 的奇偶分为两组，其偶数组是 $x_1(n)$ 的 $\frac{N}{2}$ 点离散傅里叶变换，奇数组是 $x_2(n)$ 的 $\frac{N}{2}$ 点离散傅里叶变换。$x_1(n)$、$x_2(n)$ 与 $x(n)$ 之间的关系可以用如图 3-28 所示的蝶形运算流图符号表示。

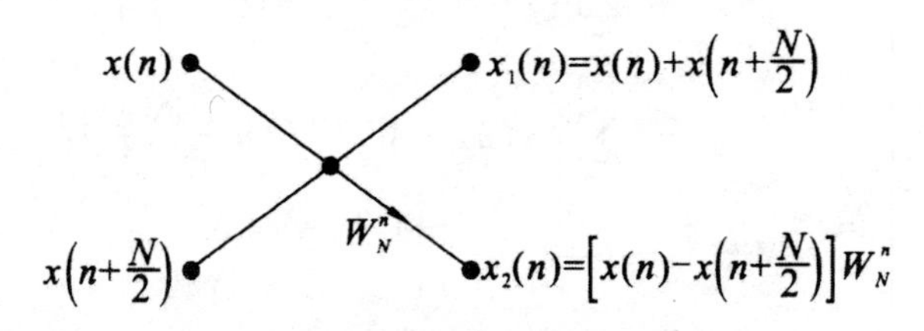

图 3-28 DIF-FFT 蝶形运算流图符号

采用这种表示方法，前面讨论的一次奇偶抽取分解可以用图 3-29 表示。由于 $N=2^M$，$\frac{N}{2}$ 仍然是偶数，故可以对 $\frac{N}{2}$ 点的离散傅里叶变换继续分解下去。每个 $\frac{N}{2}$ 点离散傅里叶变换分解成 2 个 $\frac{N}{4}$ 点离散傅里叶变换，依此类推，经过 $M-1$ 次分解后，可将 1 个 N 点离散傅里叶变换分解为 2^{M-1}

个2点离散傅里叶变换和 $M-1$ 级蝶形运算，每级有 $\frac{N}{2}$ 个蝶形运算。而2点离散傅里叶变换就是一个基本蝶形运算。当 $N=8$ 时，经过两次分解，便分解为4个2点离散傅里叶变换，如图3-29所示。$N=8$ 的完整DIF-FFT二次分解运算流图如图3-30所示。

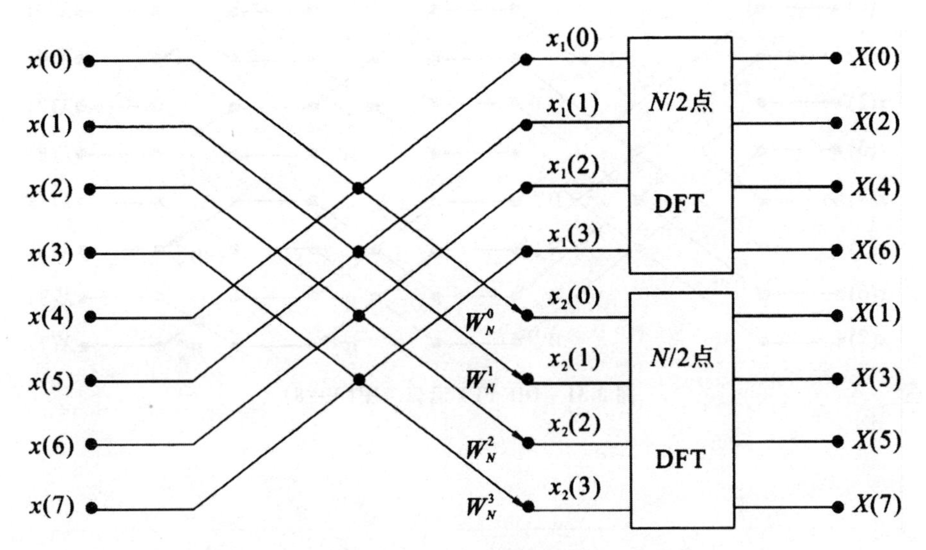

图3-29　DIF-FFT一次分解运算流图($N=8$)

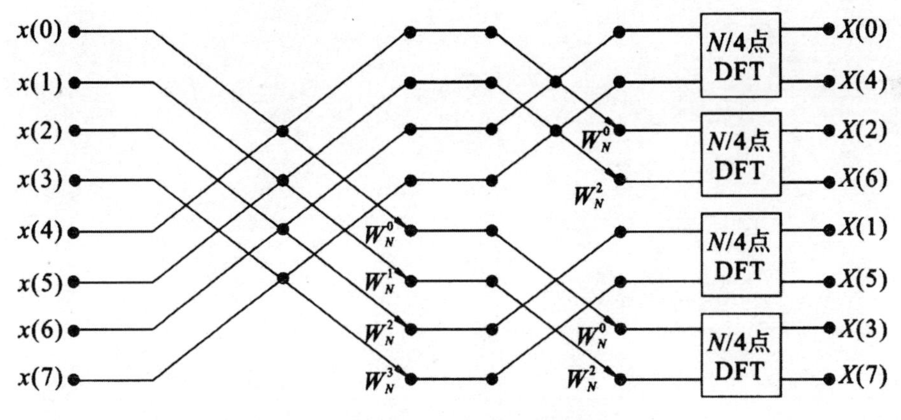

图3-30　DIF-FFT二次分解运算流图($N=8$)

观察图3-31可知，DIF-FFT算法与DIT-FFT算法类似，共有 M 级运算，每级共有 $\frac{N}{2}$ 个蝶形运算，所以两种算法的运算次数相同。不同的是

DIF-FFT 算法输入序列为自然顺序，输出序列为倒序排序；而 DIT-FFT 算法输出序列为自然顺序，输入序列为倒序排序。另外，蝶形运算略有不同，DIT-FFT 蝶形运算是先乘后加（减），而 DIF-FFT 蝶形运算是先加（减）后乘。

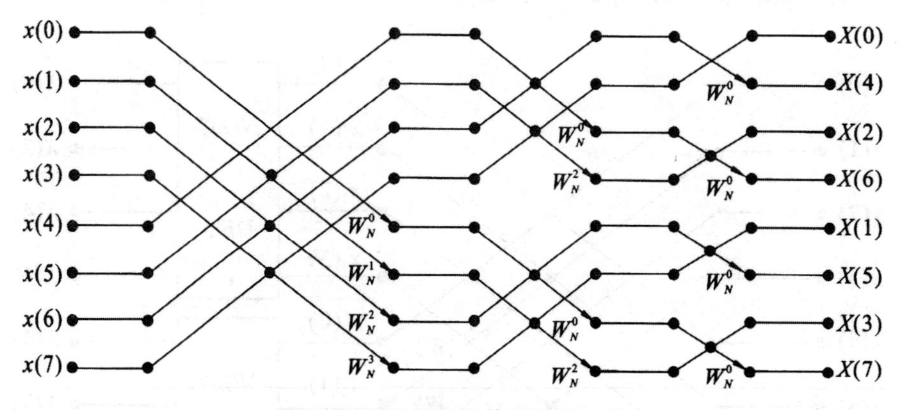

图 3-31　DIF-FFT 运算流图（$N=8$）

第 4 章　数字滤波器的结构与分析

对于一个输入、输出关系给定的系统(即已知系统的系统函数或差分方程),可以用不同结构的数字网络来实现。如果不考虑量化误差的影响,不同实现方法的性能是等效的;但如果考虑量化误差的影响,不同实现方法的性能会有一定的差异。因此,数字滤波器的运算结构对于滤波器的设计及性能指标的实现是非常重要的。

4.1　数字系统的信号流图表示方法

假设一个系统的系统函数为

$$H(z)=\frac{b_0+b_1z^{-1}}{1-az^{-1}},|z|>|a| \tag{4-1-1}$$

显然该系统为一 IIR 系统,其单位取样响应

$$h(n)=b_0a^nu(n)-b_1a^{n-1}u(n-1) \tag{4-1-2}$$

容易求出该系统的一阶差分方程为

$$y(n)=b_0x(n)+b_1x(n-1)+ay(n-1) \tag{4-1-3}$$

上式提供了一个计算 n 时刻输出值的递推算法。

系统的实现,通常有软件实现和硬件实现两种方法。软件实现是指把要完成的运算编成程序,利用计算机实现的方法。如式(4-1-3)的运算,可按图 4-1 流程编程。系统的硬件实现是指利用数字器件,如加法器、常数乘法器和延时器等设计专用的 DSP 芯片,或通用的可编程 DSP 芯片来实现诸如 FFT、数字滤波、卷积、相关等运算。式(4-1-3)的运算可用图 4-2 所示的硬件结构实现。

显然,当同一系统的表示形式不唯一,相应的运算方法也不唯一,这样,可以有多种运算结构表示输入序列和输出序列之间的运算关系。当然,无论何种运算结构,系统流图的表示是其基础,因此我们首先介绍系统的流图表示方法。

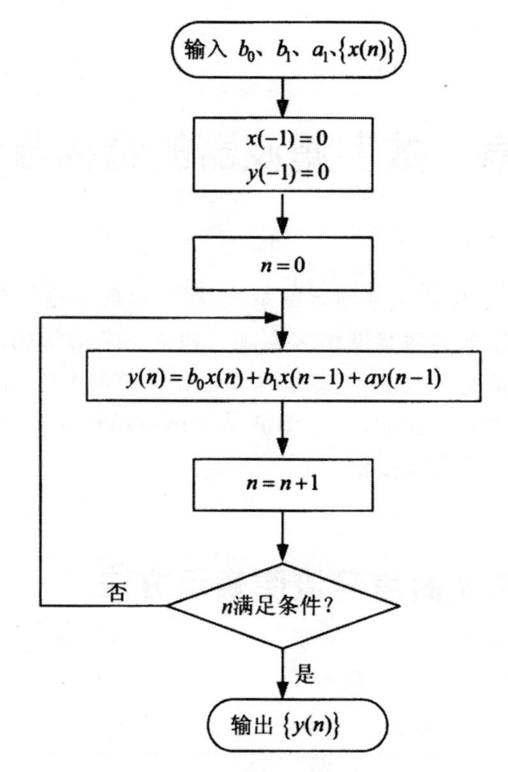

图 4-1　一阶系统的计算机流程图

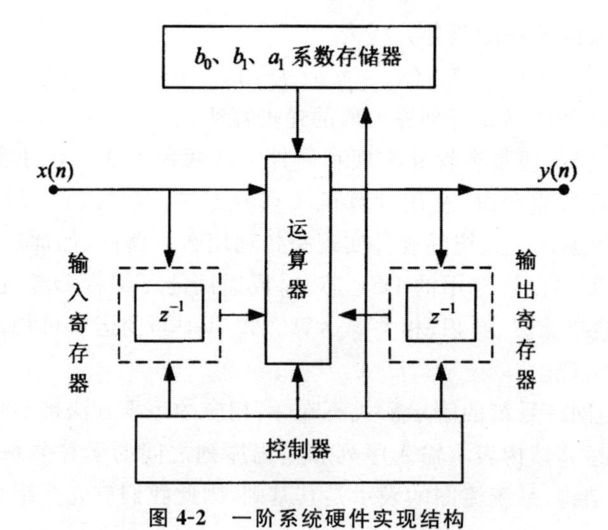

图 4-2　一阶系统硬件实现结构

4.1.1　三种基本运算单元

一般网络的信号流图用三种基本的信号处理单元来表示，分别是加法器、常数乘法器和延时单元，如图 4-3 所示。图 4-3(a)表示两个信号序列相加，图 4-3(b)表示将信号序列乘以常数 a，图 4-3(c)表示信号的延时，也即前一次信号取样值输出。流图中的节点既是求和点也是分支点。

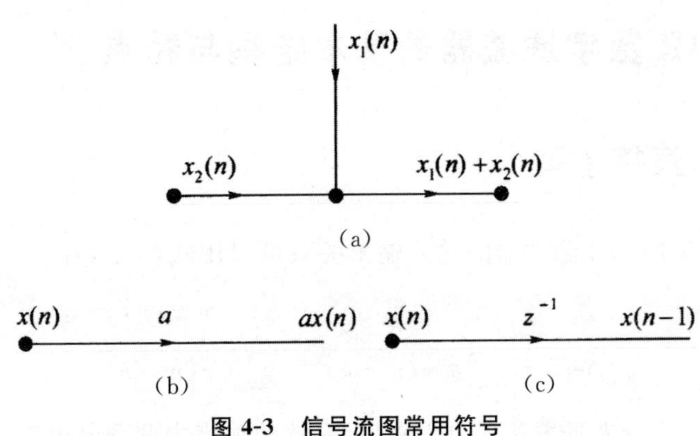

图 4-3　信号流图常用符号

4.1.2　系统的信号流图表示

信号流图是连接节点的有向支路构成的网络。以上三种基本的信号处理单元就是以信号流图的形式给出的，和节点相联系的是变量(节点值)，连接两个节点之间的线段叫支路，画在支路上的箭头表明信号的流向，从某个节点流向另一个节点。每个支路都有一个输入信号和一个输出信号，箭头起始端的节点上的变量值是输入信号，箭头指向端的节点上的变量值是输出信号，输入和输出变量之间的关系由支路的变换法则确定。

例如，式(4-1-3)表示的一阶系统的信号流图如图 4-4 所示。

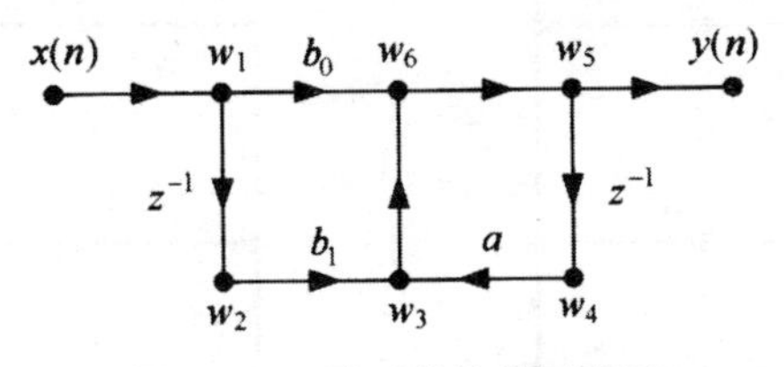

图 4-4　一阶系统的信号流图

4.1.3 信号流图的转置定理

实现数字网络，常常应用信号流图转置定理来改变网络结构形式，并保持系统函数不变。如果将一个系统的信号流图中所有的支路反向，并将输入和输出位置互换，那么倒转后的流图和原来的流图系统函数相同。

4.2 IIR 数字滤波器的基本结构与特点

4.2.1 直接Ⅰ型

一个 N 阶 IIR 滤波器的输入输出关系可以用式(4-2-1)的 N 阶差分方程来描述。

$$y(n)=\sum_{k=1}^{N}a_k y(n-k)+\sum_{k=0}^{M}b_k x(n-k) \tag{4-2-1}$$

从这个差分方程表达式可以看出，系统的输出由两部分组成：第一部分 $\sum_{k=0}^{M}b_k x(n-k)$ 是一个对输入 $x(n)$ 的 M 节延时结构，每节延时抽头后加权相加，构成一个横向结构网络；第二部分 $\sum_{k=1}^{N}a_k y(n-k)$ 是一个对输出 $y(n)$ 的 N 节延时的横向网络结构，是由输出到输入的反馈网络。以上两部分相加构成输出。这种结构称为直接Ⅰ型结构，其结构流图如图 4-5 所示。

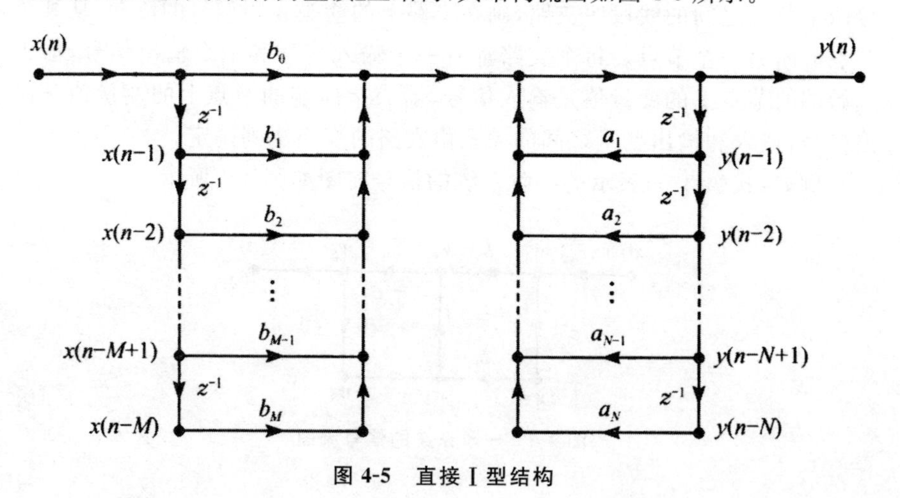

图 4-5 直接Ⅰ型结构

4.2.2　直接Ⅱ型(典范型、正准型)

若交换图 4-5 中级联子系统的次序，系统函数是不变的，也就是总的输入输出关系不改变。这样就得到另外一种结构如图 4-6 所示，它的两个级联子网络，第一个实现系统函数的极点，第二个实现系统函数的零点。可以看到，两列传输比为 z^{-1} 的支路有同样的输入，因而可以将它们合并，则得到图 4-7 的结构，成为直接Ⅱ型结构(这里假设 $N>M$，其他情况结构相似)。

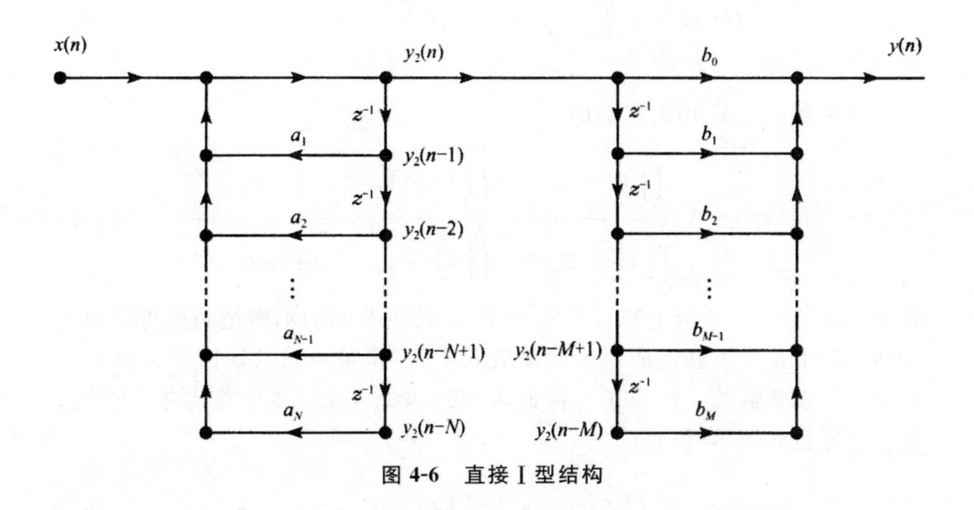

图 4-6　直接Ⅰ型结构

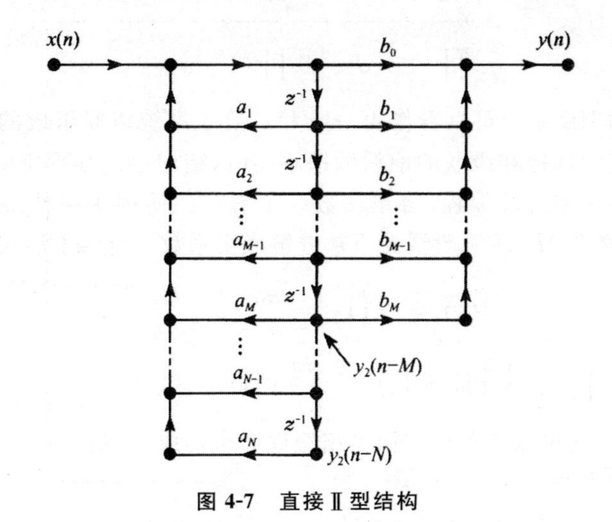

图 4-7　直接Ⅱ型结构

直接Ⅱ型结构比直接Ⅰ型结构延时单元少，用硬件实现可以节省寄存器，比直接Ⅰ型经济；若用软件实现则可节省存储单元。但对于高阶系统，直接型结构都存在调整零、极点困难，对系数量化效应敏感度高等缺点。

4.2.3 级联型

将系统函数的分子和分母多项式分别进行因式分解，就可以将 $H(z)$ 表示成

$$H(z)=\frac{\sum_{k=0}^{M}b_k z^{-k}}{1-\sum_{k=1}^{N}a_k z^{-k}}=A\frac{\prod_{k=1}^{M}(1-c_k z^{-1})}{\prod_{k=1}^{N}(1-d_k z^{-1})}$$

当系数 a_k 、b_k 均为实数时，

$$H(z)=A\frac{\prod_{k=1}^{M_1}(1-c_k z^{-1})\prod_{k=1}^{M_2}(1-q_k z^{-1})(1-q_k^* z^{-1})}{\prod_{k=1}^{N_1}(1-d_k z^{-1})\prod_{k=1}^{N_2}(1-p_k z^{-1})(1-p_k^* z^{-1})} \tag{4-2-2}$$

式中，$M_1+2M_2=M$ ；$N_1+2N_2=N$ 。式(4-2-2)表示网络系统可以用一阶和二阶子系统级联组成。为简化级联形式，将每一对共轭因子合并起来构成一个实系数的二阶因子。因此零(极)点 c_k (d_k)或者是实零(极)点，或者是复数共轭零(极)点。

$$H(z)=A\frac{\prod_{k=1}^{M_1}(1-c_k z^{-1})\prod_{k=1}^{M_2}(1+b_{1k}z^{-1}+b_{2k}z^{-2})}{\prod_{k=1}^{N_1}(1-d_k z^{-1})\prod_{k=1}^{N_2}(1-a_{1k}z^{-1}-a_{2k}z^{-2})} \tag{4-2-3}$$

这样的IIR系统可以看作由一阶和二阶子系统级联组成的结构形式，只是子系统的选择和级联的前后顺序不同时，结构形式有所变化。实际上，为了方便系统实现及编程，将单实数因子看成二阶因子的特例($b_{2k}=0$ 、$a_{2k}=0$)，整个 $H(z)$ 一般情况下被分解成实系数二阶因子形式

$$H(z)=A\prod_{k=1}^{N_c}\frac{1+b_{1k}z^{-1}+b_{2k}z^{-2}}{1-a_{1k}z^{-1}-a_{2k}z^{-2}} \tag{4-2-4}$$

式中，$N_c=\left\lceil\frac{N+1}{2}\right\rceil$ 是不小于 $\frac{N+1}{2}$ 的最小整数。

这样，系统可以用若干二阶网络级联起来构成，这些二阶网络也称为系统的二阶基本节。

$$H(z)=H_1(z)H_2(z)\cdots H_k(z)\cdots H_{N_c}(z) \tag{4-2-5}$$

其中

$$H_k(z)=\frac{1+b_{1k}z^{-1}+b_{2k}z^{-2}}{1-a_{1k}z^{-1}-a_{2k}z^{-2}} \tag{4-2-6}$$

考虑复杂度，每个二阶基本节 $H_k(z)$ 采用直接Ⅱ型结构来实现，而整个系统是它们的级联。图 4-8 表示一个四阶系统的级联结构。

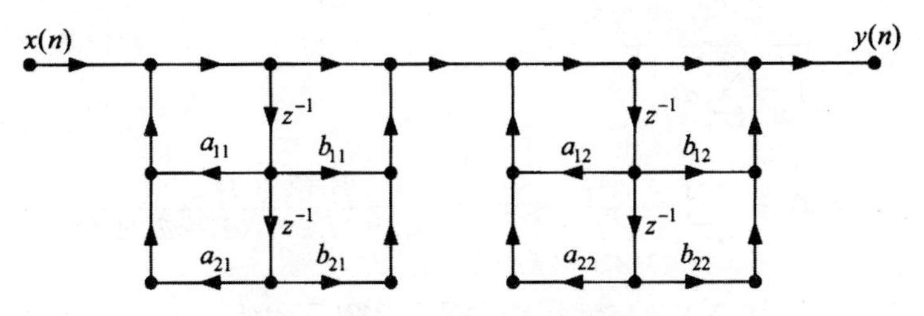

图 4-8　四阶 IIR 系统的级联型结构

若将四阶 IIR 系统的系统函数表示为

$$H(z)=\frac{P_1(z)P_2(z)}{D_1(z)D_2(z)} \tag{4-2-7}$$

其中，

$$P_1(z)=1+b_{11}z^{-1}+b_{21}z^{-2}\text{ ，}P_2(z)=1+b_{12}z^{-1}+b_{22}z^{-2}$$

$$D_1(z)=1-a_{11}z^{-1}-a_{21}z^{-2}\text{ ，}D_2(z)=1-a_{12}z^{-1}-a_{22}z^{-2}$$

则该系统的实现方式有四种，如图 4-9 所示。

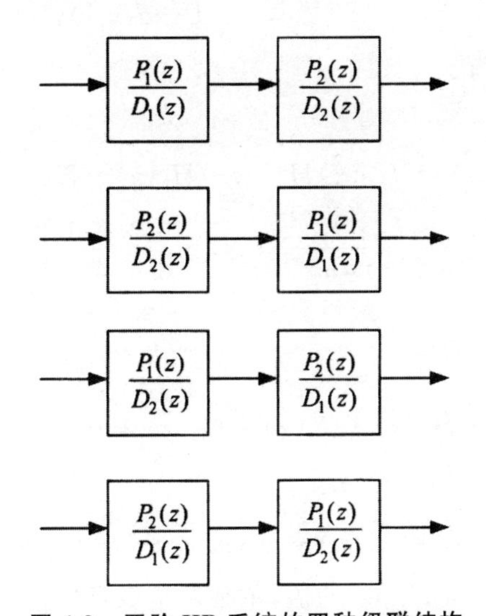

图 4-9　四阶 IIR 系统的四种级联结构

4.2.4 并联型

将 $H(z)$ 按部分分式形式展成

$$H(z)=\frac{\sum_{k=0}^{M}b_k z^{-k}}{1-\sum_{k=1}^{N}a_k z^{-k}}$$
$$=A_0+\sum_{k=1}^{L_1}\frac{A_k}{1-p_k z^{-1}}+\sum_{k=1}^{L_2}\frac{B_k(1-D_k z^{-1})}{(1-d_k z^{-1})(1-d_k^* z^{-1})}$$
$$=A_0+\sum_{k=1}^{L_1}\frac{A_k}{1-p_k z^{-1}}+\sum_{k=1}^{L_2}\frac{\alpha_{0k}+\alpha_{1k}z^{-1}}{1-\beta_{1k}z^{-1}-\beta_{2k}z^{-2}} \tag{4-2-8}$$

式中，$L_1+2L_2=N$，这样就可以用 L_1 个一阶网络，L_2 个二阶网络，以及常数 A_0 网络并联起来组成滤波器 $H(z)$。以 $\frac{b_0+b_1 z^{-1}}{1-a_1 z^{-1}}=A+\frac{B}{1-a_1 z^{-1}}$ 表示单根的情况，而以

$$\frac{b_0+b_1 z^{-1}+b_2 z^{-2}}{1-a_1 z^{-1}-a_2 z^{-2}}=A+\frac{A_1}{1-d_1 z^{-1}}+\frac{A_2}{1-d_1^* z^{-1}}$$
$$=A+\frac{B_1+B_2 z^{-1}}{(1-d_1 z^{-1})(1-d_1^* z^{-1})}$$

表示共轭复根的情况。

一般地，

$$H(z)=H_1(z)H_2(z)\cdots H_k(z)\cdots H_{N_p}(z) \tag{4-2-9}$$

其中，$H_k(z)=\frac{b_{0k}+b_{1k}z^{-1}}{1-a_{1k}z^{-1}-a_{2k}z^{-2}}$，$N_p=\left\lceil\frac{N+1}{2}\right\rceil$是不小于 $\frac{N+1}{2}$ 的最小整数。

因此，

$$Y(z)=X(z)\cdot H_1(z)+X(z)\cdot H_2(z)+\cdots+X(z)\cdot H_{N_p}(z) \tag{4-2-10}$$

$$y(n)=y_1(n)+y_2(n)+\cdots+y_{N_p}(n) \tag{4-2-11}$$

这种结构可通过改变 a_{1k}、a_{2k} 的值，单独调整极点位置，但不能像级联型那样直接控制零点。并联结构的主要优点是不存在误差积累。图 4-10 画出了 $N=6$ 时的并联型结构形式。

由以上讨论看到，可以按照 $H(z)$ 的不同表达形式，画出对应的信号流图。这些不同的组合方式相当于用不同的结构来实现同一系统。

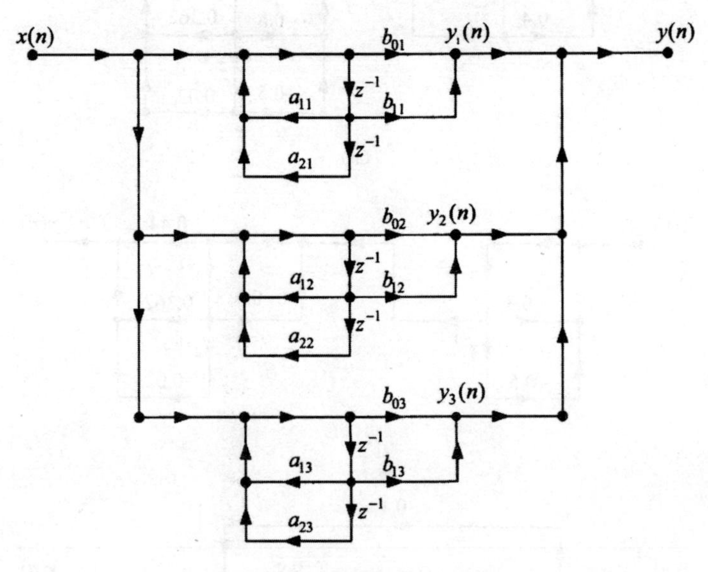

图 4-10　系统并联型结构

例如，$H(z)=\dfrac{0.44z^2+0.362z+0.02}{z^3+0.4z^2+0.18z-0.2}=\dfrac{0.44z^{-1}+0.362z^{-2}+0.02z^{-3}}{1+0.4z^{-1}+0.18z^{-2}-0.2z^{-3}}$

也可表示为

$$H(z)=\frac{0.44+0.362z^{-1}+0.02z^{-2}}{1+0.8z^{-1}+0.5z^{-2}}\frac{z^{-1}}{1-0.4z^{-1}}$$

或

$$H(z)=\frac{z^{-1}}{1+0.8z^{-1}+0.5z^{-2}}\frac{0.44+0.362z^{-1}+0.02z^{-2}}{1-0.4z^{-1}}$$

$$H(z)=-0.1+\frac{0.6}{1-0.4z^{-1}}+\frac{-0.5-0.2z^{-1}}{1+0.8z^{-1}+0.5z^{-2}}$$

$$=\frac{0.24}{z-0.4}+\frac{0.2z+0.25}{z^2+0.8z+0.5}$$

$$H(z)=\frac{0.24z^{-1}}{1-0.4z^{-1}}+\frac{0.2z^{-1}+0.25z^{-2}}{1+0.8z^{-1}+0.5z^{-2}}$$

这里，同一个 $H(z)$，有四种表示形式，对应四种不同的运算结构。它们对应的信号流图分别如图 4-11(a)～(d)所示。

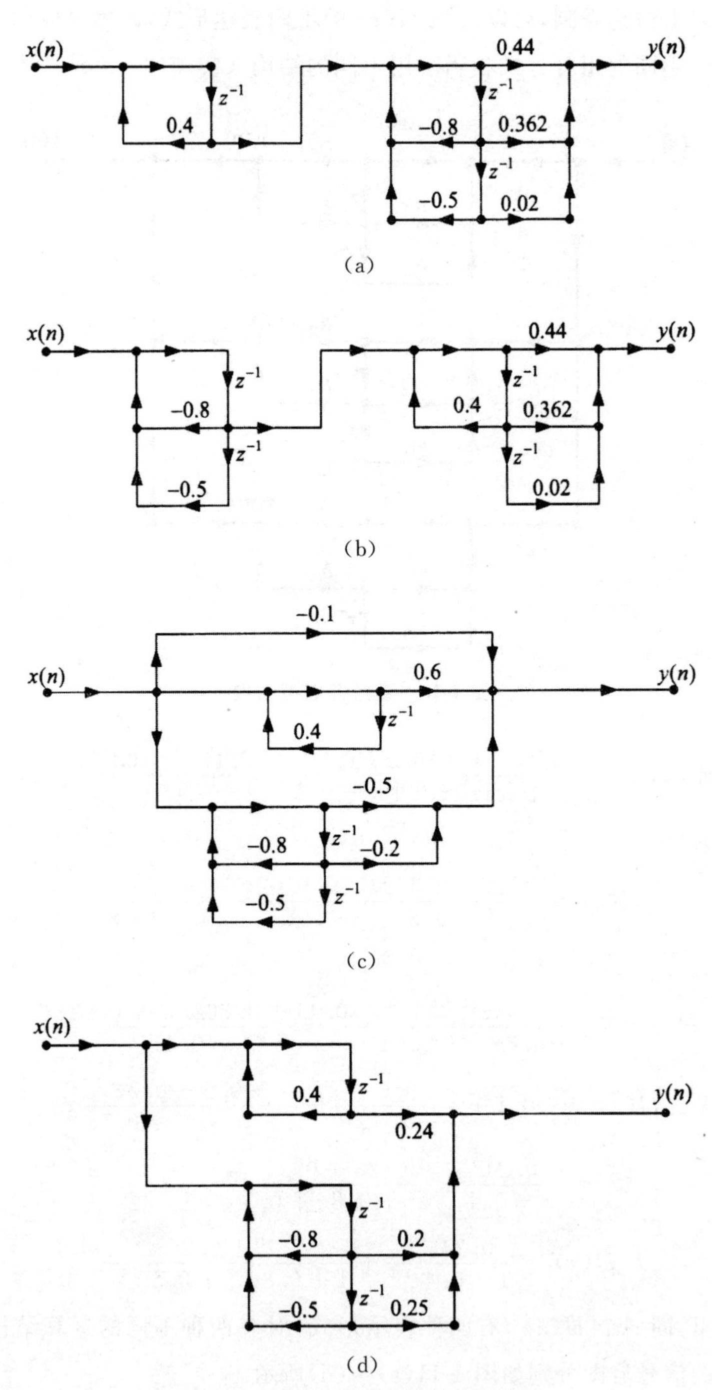

图 4-11 同一 $H(z)$ 的四种信号流图

4.3　FIR 数字滤波器的基本结构与特点

设有限脉冲响应 FIR 系统单位取样响应为 $h(n)$，$0\leqslant n\leqslant N-1$，则系统函数和差分方程为

$$H(z)=\sum_{n=0}^{N-1}h(n)z^{-n}\tag{4-3-1}$$

$$y(n)=\sum_{k=0}^{N-1}h(k)x(n-k)\tag{4-3-2}$$

其特点是 $h(n)$ 为有限长序列；$H(z)$ 是关于 z^{-1} 的 $N-1$ 次多项式，有 $N-1$ 个零点，可分布于整个 z 平面；在 $z=0$ 处有 $N-1$ 阶极点，除 $z=0$ 之外，$H(z)$ 在 z 平面无极点；结构是非递归型。

4.3.1　直接型

按式(4-3-2)直接构造的信号流图称为直接型结构，也称为横截型结构。例如，当 $N=5$ 时，

$$\begin{aligned}y(n)=&h(0)x(n)+h(1)x(n-1)+h(2)x(n-2)\\&+h(3)x(n-3)+h(4)x(n-4)\end{aligned}$$

信号流图如图 4-12(a)所示，其转置形式如图 4-12(b)所示。

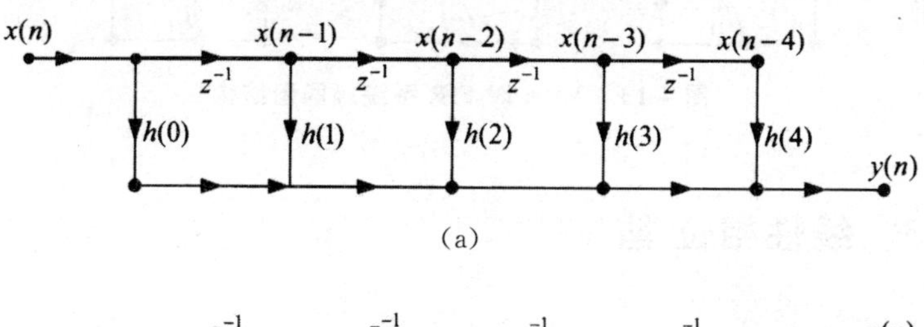

(a)

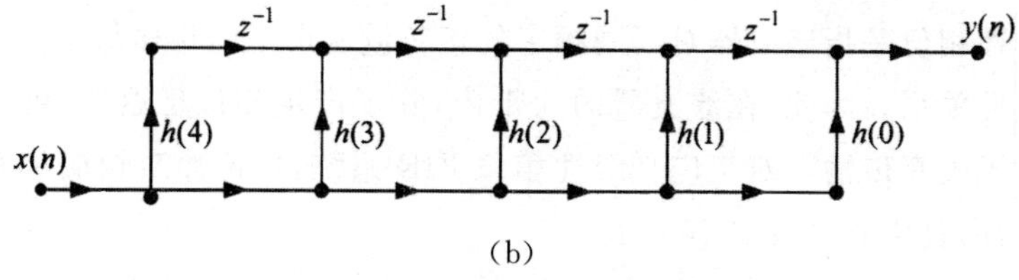

(b)

图 4-12　系统的直接型结构

4.3.2 级联型

将多项式系统函数 $H(z)$ 因式分解就可以得到 FIR 系统的级联型结构。

$$H(z)=\sum_{n=0}^{N-1}h(n)z^{-n}=\prod_{k=1}^{N_c}(\beta_{0k}+\beta_{1k}z^{-1}+\beta_{2k}z^{-2}) \tag{4-3-3}$$

$$H(z)=H_1(z)H_2(z)\cdots H_i(z)\cdots H_{N_c}(z) \tag{4-3-4}$$

其中，

$$H_i(z)=\beta_{0i}+\beta_{1i}z^{-1}+\beta_{2i}z^{-2} \tag{4-3-5}$$

式中，$N_c=\left\lceil \frac{N}{2} \right\rceil$是不小于 $\frac{N}{2}$ 的最小整数。

FIR 系统实际上是 IIR 系统中所有 a_k 都为零时的结构，故 FIR 系统直接型是 IIR 系统直接型的一种特殊情况。对照 IIR 系统的级联型结构，容易得到 FIR 系统的级联型结构。当 $N=6$ 时，级联型结构信号流图如图 4-13 所示。该结构的每一级控制一对零点，所需系数 β_{0k}、β_{1k}、β_{2k} 比直接型系数 $h(n)$ 多，所以乘法次数多。

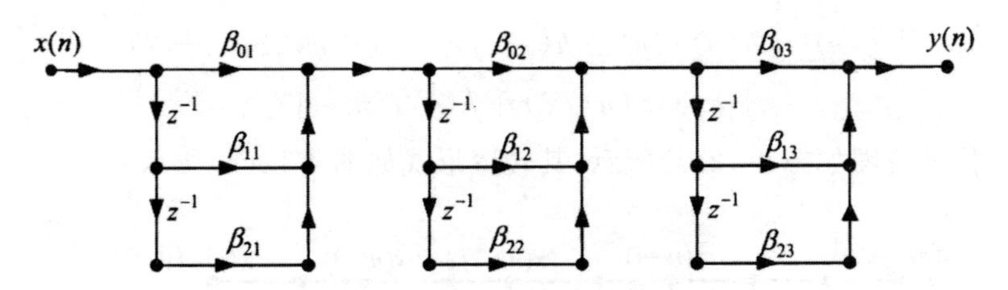

图 4-13 N=6 时 FIR 系统级联型结构

4.3.3 线性相位型

线性相位是指滤波器对不同频率的正弦波所产生的相移与正弦波的频率呈线性关系。因此，在滤波器的通带内，除了产生相位延迟外，可以保证信号的无失真传输。对于广义线性相位 FIR 系统，单位冲激响应具有如下的对称性，其中 $0\leqslant n\leqslant N-1$。

偶对称：$h(n)=h(N-1-n)$

奇对称：$h(n)=-h(N-1-n)$

即 $h(n)$ 的对称中心在 $n=(N-1)/2$ 处，结合 $h(n)$ 的对称性及 N 的奇偶取值，下面分四种情况分别讨论。

4.3.3.1　$h(n)$ 偶对称，N 为奇数

$$H(z)=\sum_{n=0}^{N-1}h(n)z^{-n}=\sum_{n=0}^{\frac{N-1}{2}-1}h(n)z^{-n}+h\left(\frac{N-1}{2}\right)z^{-\frac{N-1}{2}}+\sum_{n=\frac{N-1}{2}+1}^{N-1}h(n)z^{-n}$$

$$=\sum_{n=0}^{\frac{N-1}{2}-1}h(n)z^{-n}+h\left(\frac{N-1}{2}\right)z^{-\frac{N-1}{2}}+\sum_{n=0}^{\frac{N-1}{2}-1}h(N-1-n)z^{-(N-1-n)}$$

$$=\sum_{n=0}^{\frac{N-1}{2}-1}h(n)\left[z^{-n}+z^{-(N-1-n)}\right]+h\left(\frac{N-1}{2}\right)z^{-\frac{N-1}{2}}$$

这种情况的线性相位型结构如图 4-14 所示。

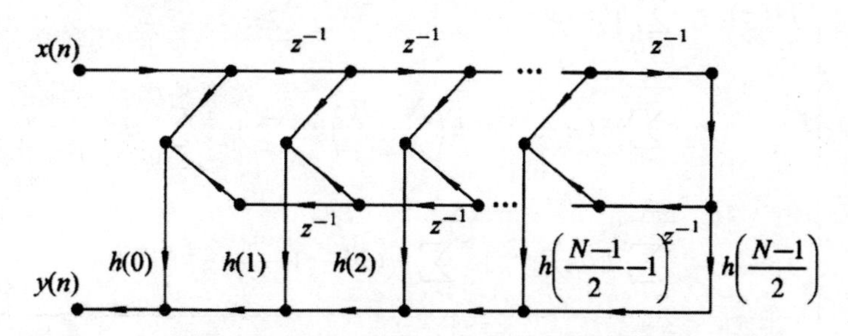

图 4-14　$h(n)$ 偶对称，N 为奇数时 FIR 滤波器的线性相位型结构

4.3.3.2　$h(n)$ 偶对称，N 为偶数

$$H(z)=\sum_{n=0}^{N-1}h(n)z^{-n}=\sum_{n=0}^{\frac{N}{2}-1}h(n)z^{-n}+\sum_{n=\frac{N}{2}}^{N-1}h(n)z^{-n}$$

$$=\sum_{n=0}^{\frac{N}{2}-1}h(n)z^{-n}+\sum_{n=0}^{\frac{N}{2}-1}h(N-1-n)z^{-(N-1-n)}$$

$$=\sum_{n=0}^{\frac{N}{2}-1}h(n)\left[z^{-n}+z^{-(N-1-n)}\right]$$

这种情况的线性相位型结构流图如图 4-15 所示。

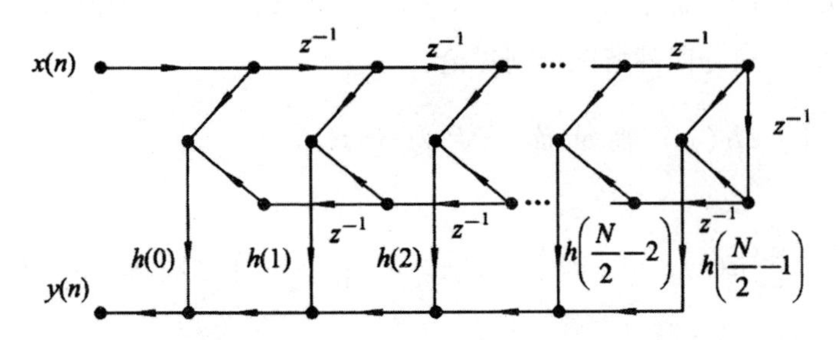

图 4-15　$h(n)$偶对称，N 为偶数时 FIR 滤波器的线性相位型结构

4.3.3.3　$h(n)$ 奇对称，N 为奇数

当 $h(n)$ 奇对称时，$h\left(\frac{N-1}{2}\right)=0$，此时

$$
\begin{aligned}
H(z) &= \sum_{n=0}^{N-1} h(n) z^{-n} \\
&= \sum_{n=0}^{\frac{N-1}{2}-1} h(n) z^{-n} + h\left(\frac{N-1}{2}\right) z^{-\frac{N-1}{2}} + \sum_{n=\frac{N-1}{2}+1}^{N-1} h(n) z^{-n} \\
&= \sum_{n=0}^{\frac{N-1}{2}-1} h(n) z^{-n} + \sum_{n=0}^{\frac{N-1}{2}-1} h(N-1-n) z^{-(N-1-n)} \\
&= \sum_{n=0}^{\frac{N-1}{2}-1} h(n)\left[z^{-n} - z^{-(N-1-n)}\right]
\end{aligned}
$$

这种情况的线性相位型结构流图如图 4-16 所示。

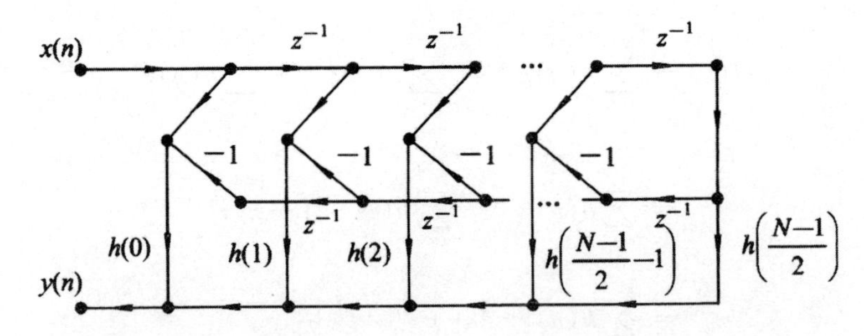

图 4-16　$h(n)$奇对称，N 为奇数时 FIR 滤波器的线性相位型结构

4.3.3.4　$h(n)$ 奇对称，N 为偶数

$$
\begin{aligned}
H(z) &= \sum_{n=0}^{N-1} h(n) z^{-n} = \sum_{n=0}^{\frac{N}{2}-1} h(n) z^{-n} + \sum_{n=\frac{N}{2}}^{N-1} h(n) z^{-n} \\
&= \sum_{n=0}^{\frac{N}{2}-1} h(n) z^{-n} + \sum_{n=0}^{\frac{N}{2}-1} h(N-1-n) z^{-(N-1-n)} \\
&= \sum_{n=0}^{\frac{N}{2}-1} h(n) \left[z^{-n} - z^{-(N-1-n)} \right]
\end{aligned}
$$

这种情况的线性相位型结构流图如图 4-17 所示。

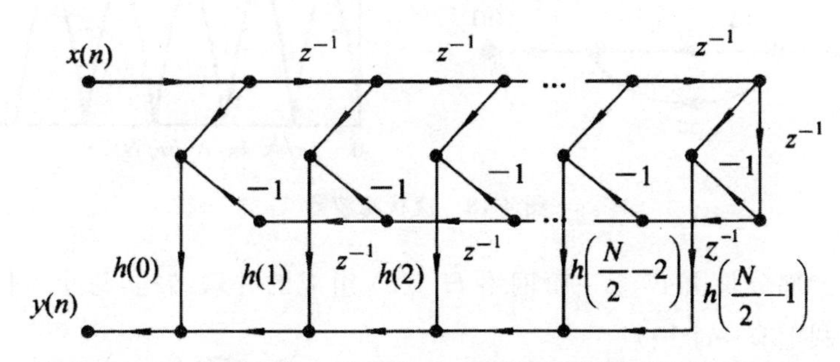

图 4-17　$h(n)$ 奇对称，N 为偶数时 FIR 滤波器的线性相位型结构

4.3.4　频率采样型结构

由频域采样定理可知，对有限长序列 $h(n)$ 的 z 变换 $H(z)$ 在单位圆上做 N 点等间隔采样，N 个频率采样值的离散傅里叶反变换所对应的时域信号 $h_N(n)$ 是原序列 $h(n)$ 以采样点数 N 为周期进行周期延拓的结果。当 N 大于原序列 $h(n)$ 的长度为 M 时，$h_N(n) = h(n)$，不会发生信号失真，此时 $H(z)$ 可以用频域采样序列 $H(k)$ 内插得到，内插公式如下：

$$
H(z) = (1 - z^{-N}) \frac{1}{N} \sum_{k=0}^{N-1} \frac{H(k)}{1 - W_N^{-k} z^{-1}} \tag{4-3-6}
$$

式中

$$
H(k) = H(z) \big|_{z = e^{j\frac{2\pi}{N}k}}, k = 0, 1, \cdots, N-1 \tag{4-3-7}
$$

式(4-3-6)的 $H(z)$ 可以写为

$$
H(z) = \frac{1}{N} H_c(z) \sum_{k=0}^{N-1} H_k'(z) \tag{4-3-8}
$$

式中

$$H_c(z) = 1 - z^{-N} \tag{4-3-9}$$

$$H_k'(z) = \frac{H(k)}{1 - W_N^{-k} z^{-1}} \tag{4-3-10}$$

显然，$H(z)$ 的第一部分 $H_c(z)$ 是一个由 N 阶延时单元组成的梳状滤波器，其结构和幅度响应函数如图 4-18 所示，它在单位圆上有 N 个等间隔的零点

$$z_i = e^{j\frac{2\pi}{N}i} = W_N^{-i}, i = 0,1,2,\cdots,N-1 \tag{4-3-11}$$

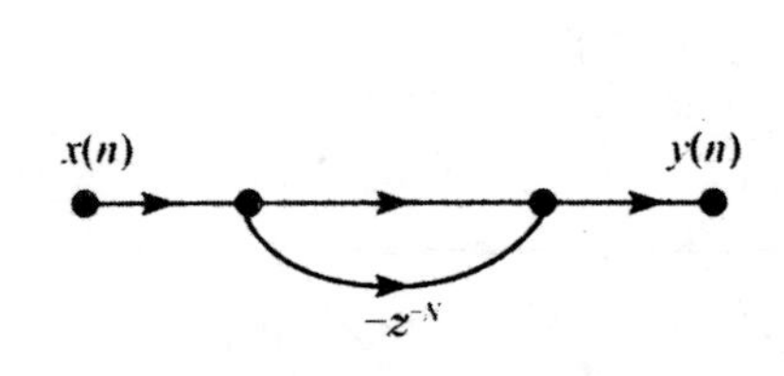

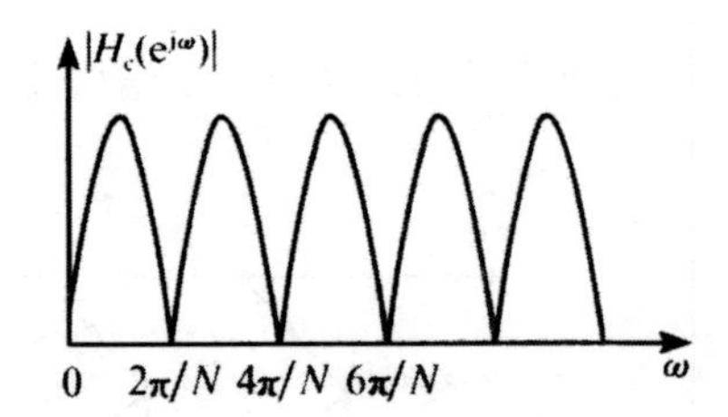

图 4-18　梳状滤波器

第二部分是由 N 个一阶网络 $H'_k(z)$ 组成的并联结构，每个一阶网络在单位圆上有一个极点

$$z_k = W_N^{-k} = e^{j\frac{2\pi}{N}k} \tag{4-3-12}$$

因此，$H(z)$ 的第二部分是一个有 N 个极点的谐振网络。这些极点正好与第一部分梳状滤波器的 N 个零点相抵消，从而使 $H(z)$ 在这些频率上的响应等于 $H(k)$ 。把这两部分级联起来就可以构成 FIR 滤波器的频率采样型结构，如图 4-19 所示。

这一结构的最大特点是它的系数 $H(k)$ 直接就是滤波器 $\omega = \frac{2\pi k}{N}$ 处的响应，因此，控制滤波器的响应很直接。但它也有两个缺点：首先所有的系数 W_N^{-k} 和 $H(k)$ 都是复数，计算复杂；其次系统的稳定性差，因为所有谐振器的极点都在单位圆上，考虑到系数量化误差的影响，有些极点实际上不能与梳状滤波器的零点完全相抵消，导致系统出现不稳定现象。

为了克服频率采样型结构的缺点，一般作两点改进：①将极点、零点移到半径为 $r(r<1)$ 的圆上，频率采样点也修正到半径为 r 的圆上，以解决系统的稳定性问题；②将一阶子网络的复共轭对合并成实系数的二阶子网络。

此时系统函数 $H(z)$ 可以写成

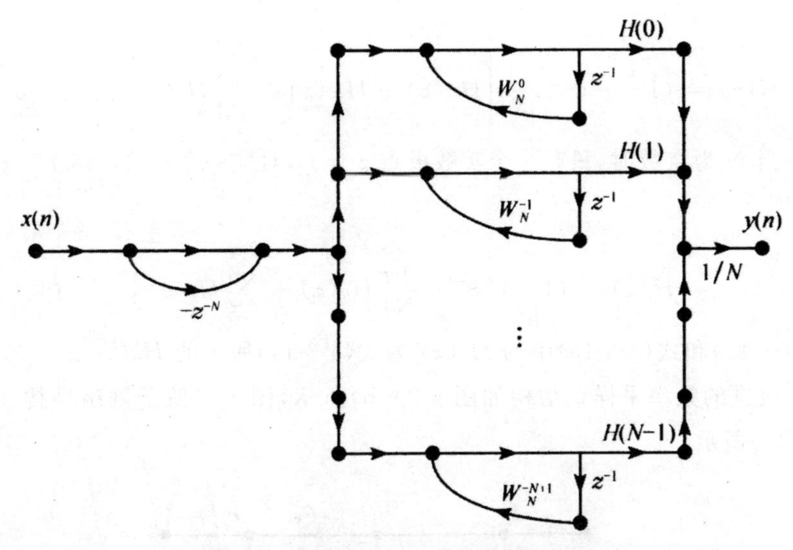

图 4-19　FIR 滤波器的频率采样型结构

$$H(z)=\frac{1-r^N z^{-N}}{N}\sum_{k=0}^{N-1}\frac{H(k)}{1-rW_N^{-k}z^{-1}} \tag{4-3-13}$$

为了使系数为实数，将共轭复根合并，利用共轭复根的对称性，有

$$W_N^{-(N-k)}=W^k=(W^{-k})^*$$

同样，$h(n)$ 是实数，其 DFT 也是有限长共轭对称的，即

$$H(N-k)=H^*(k)$$

因此可将第 k 个及第 $N-k$ 个谐振器合并为一个二阶网络

$$\begin{aligned}H_k(z)&=\frac{H(k)}{1-rW_N^{-k}z^{-1}}+\frac{H(N-k)}{1-rW_N^{-(N-k)}z^{-1}}\\&=\frac{H(k)}{1-rW_N^{-k}z^{-1}}+\frac{H^*(k)}{1-rW_N^{-(N-k)}z^{-1}}\\&=\frac{\alpha_{0k}+\alpha_{1k}z^{-1}}{1-2r\cos\left(\frac{2\pi k}{N}\right)z^{-1}+r^2z^{-2}}\end{aligned} \tag{4-3-14}$$

式中

$$\alpha_{0k}=2\mathrm{Re}[H(k)],\alpha_{1k}=-2r\mathrm{Re}[H(k)W_N^k]$$

除了共轭极点外，还有实数极点，分两种情况。当 N 为偶数时，有一对实数极点 $z=\pm r$，对应于两个一阶网络

$$H_0(z)=\frac{H(0)}{1-rz^{-1}},\ H_{\frac{N}{2}}(z)=\frac{H\left(\frac{N}{2}\right)}{1+rz^{-1}}$$

此时

$$H(z)=(1-r^{N}z^{-N})\frac{1}{N}\left[H_{0}(z)+H_{\frac{N}{2}}(z)+\sum_{k=1}^{\frac{N-1}{2}}H_{k}(z)\right] \qquad (4\text{-}3\text{-}15)$$

当 N 为奇数时，只有一个实数极点 $z=r$，对应一个一阶网络 $H_0(z)$。此时

$$H(z)=(1-r^{N}z^{-N})\frac{1}{N}\left[H_{0}(z)+\sum_{k=1}^{\frac{N-1}{2}}H_{k}(z)\right] \qquad (4\text{-}3\text{-}16)$$

式(4-3-15)和式(4-3-16)中的 $H_k(z)$ 为式(4-3-14)所示的 $H_k(z)$。

改进的频率采样型结构如图 4-20(b)所示，图中二阶子网络结构如图 4-20(a)所示。

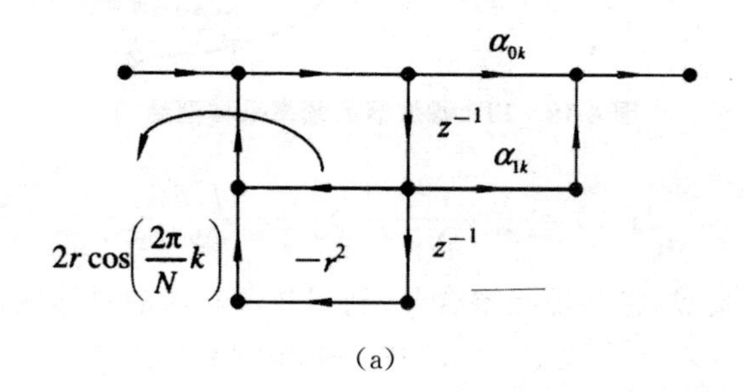

(a)

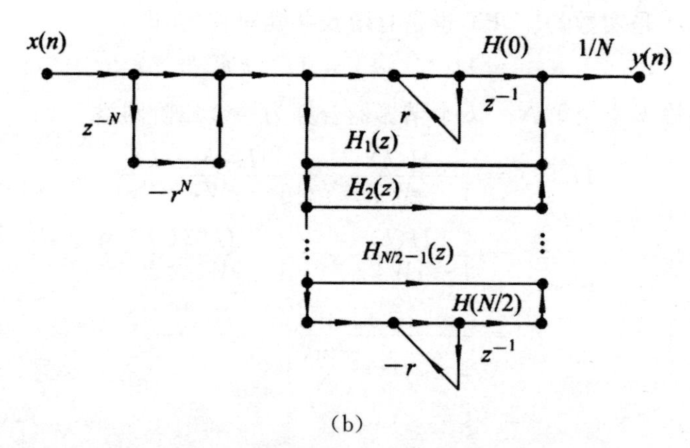

(b)

图 4-20 FIR 数字滤波器改进的频率采样型结构图(N 为偶数)及其二阶子网络结构图

(a)二阶子网络结构图；(b)改进的频率采样型结构图

频率采样型结构的优点是：①频率选择性好，适于窄带滤波，大部分 $H(k)$ 为零，只有较少的二阶子网络；②不同的 FIR 数字滤波器，若长度相同，可通过改变系数用同一个网络来实现；③由于在频率采样点 ω_k，

$H(e^{j\omega_k}) = H(k)$，这正是乘法器系数，因此调整该系数即可直接调整系统的频率特性。

频率采样型结构的缺点是结构复杂，采用的存储器较多。

4.3.5　FIR 滤波器的递归实现

有些 FIR 滤波器具有特殊形式的单位脉冲响应，采用递归结构可以使结构简化，运算量也明显减小，下面举例说明。

滑动平均滤波器的差分方程为

$$y(n) = \frac{1}{N}\sum_{m=0}^{N-1} x(n-m) \tag{4-3-17}$$

显然，该滤波器是 FIR 系统，其单位脉冲响应为

$$h(n) = \frac{1}{N}R_N(n)$$

其非递归结构如图 4-21 所示，共有 N 个加法器。为了导出其递归型结构，将式(4-3-17)表示为

$$\begin{aligned} y(n) &= \frac{1}{N}\sum_{m=0}^{N-1} x(n-1-m) + \frac{1}{N}[x(n) - x(n-N)] \\ &= y(n-1) + \frac{1}{N}[x(n) - x(n-N)] \end{aligned} \tag{4-3-18}$$

式(4-3-18)代表 FIR 滤波器的一个递归实现结构，如图 4-22 所示。图 4-22 中只有 2 个加法器，当 N 较大时，可以节省很多加法器，从而使处理速度大大提高。

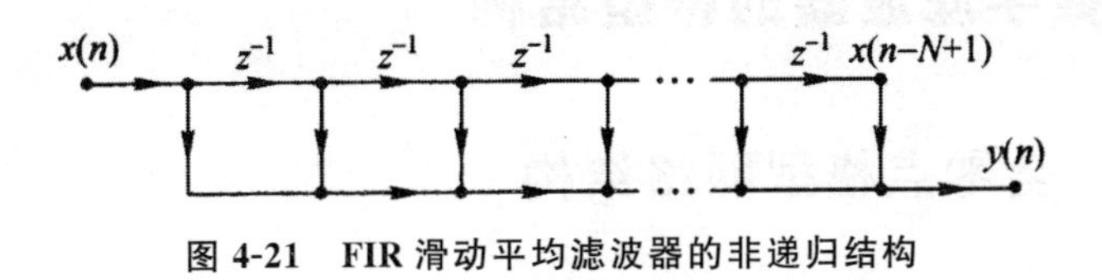

图 4-21　FIR 滑动平均滤波器的非递归结构

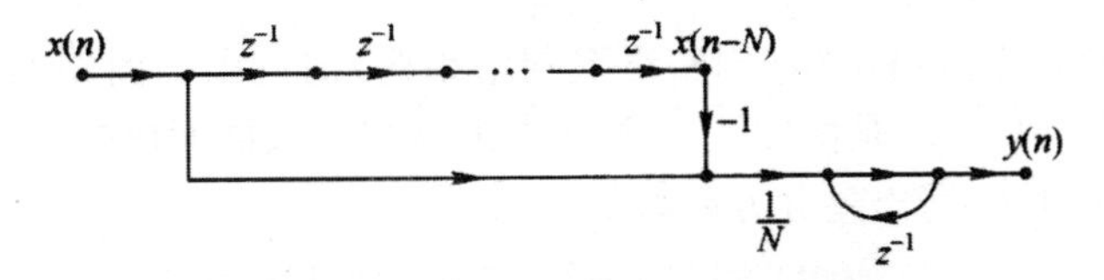

图 4-22　FIR 滑动平均滤波器的递归结构

4.3.6 快速卷积型

如果

$$x(n)=\begin{cases}x(n),0\leqslant n\leqslant N_1-1\\0,N_1\leqslant n\leqslant L-1\end{cases}$$

$$h(n)=\begin{cases}h(n),0\leqslant n\leqslant N_2-1\\0,N_2\leqslant n\leqslant L-1\end{cases}$$

将输入 $x(n)$ 补上 $L-N_1$ 个零值点，将有限长单位抽样响应 $h(n)$ 补上 $L-N_2$ 个零值点，只要满足 $L\geqslant N_1+N_2-1$，则 L 点的圆周卷积就能代表线性卷积。利用圆周定理，采用 FFT 实现有限长序列 $x(n)$ 和 $h(n)$ 的线性卷积，则可得到 FIR 滤波器的快速卷积结构，如图 4-23 所示，当 N_1、N_2 很长时，它比直接计算线性卷积要快得多。

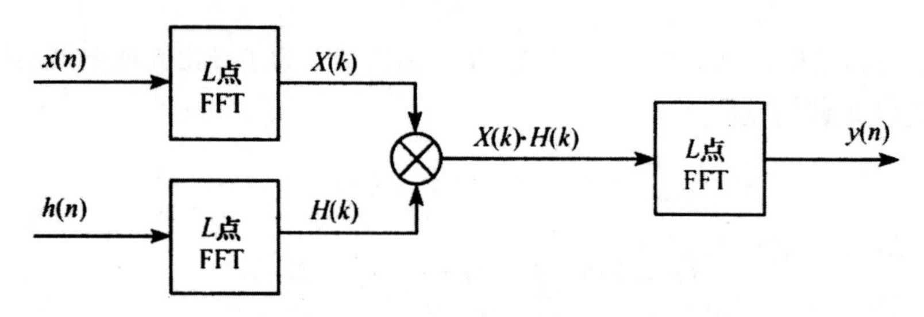

图 4-23 FIR 滤波器的快速卷积结构

4.4 数字滤波器的格型结构

4.4.1 全零点格型网络结构

4.4.1.1 全零点格型网络的系统函数

全零点格型网络结构（FIR 格型网络结构）的流图如图 4-24 所示。通过观察可知，图 4-24 是由图 4-25 所示的基本单元级联而成的。

按照图 4-25 写出差分方程如下

$$e_l(n)=e_{l-1}(n)+r_{l-1}(n-1)k_l \tag{4-4-1}$$

$$r_l(n)=e_{l-1}(n)k_l+r_{l-1}(n-1) \tag{4-4-2}$$

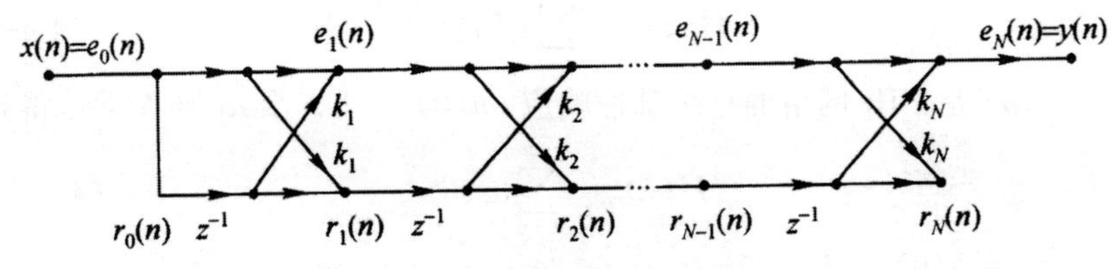

图 4-24 全零点格型网络结构流图

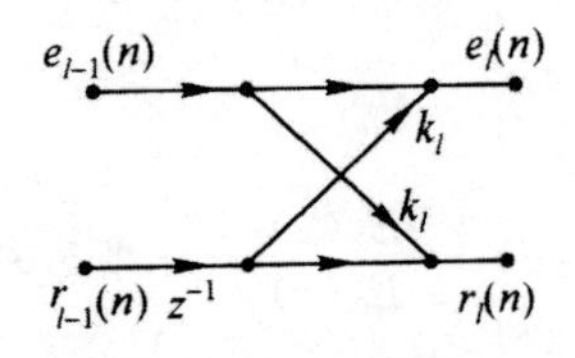

图 4-25 基本单元

将式(4-4-1)、式(4-4-2)进行 Z 变换，得到

$$E_l(z) = E_{l-1}(z) + z^{-1}R_{l-1}(z)k_l \tag{4-4-3}$$

$$R_l(z) = E_{l-1}(z)k_l + z^{-1}R_{l-1}(z) \tag{4-4-4}$$

再将式(4-4-3)、式(4-4-4)写成矩阵形式

$$\begin{bmatrix} E_l(z) \\ R_l(z) \end{bmatrix} = \begin{bmatrix} 1 & z^{-1}k_l \\ k_l & z^{-1} \end{bmatrix} \begin{bmatrix} E_{l-1}(z) \\ R_{l-1}(z) \end{bmatrix} \tag{4-4-5}$$

将 N 个基本单元级联后，得到

$$\begin{bmatrix} E_N(z) \\ R_N(z) \end{bmatrix} = \begin{bmatrix} 1 & z^{-1}k_N \\ k_N & z^{-1} \end{bmatrix} \begin{bmatrix} 1 & z^{-1}k_{N-1} \\ k_{N-1} & z^{-1} \end{bmatrix} \cdots \begin{bmatrix} 1 & z^{-1}k_l \\ k_l & z^{-1} \end{bmatrix} \begin{bmatrix} E_0(z) \\ R_0(z) \end{bmatrix} \tag{4-4-6}$$

令 $Y(z) = E_N(z)$ ，$X(z) = E_0(z) = R_0(z)$ ，其输出为

$$Y(z) = [1 \quad 0] \begin{bmatrix} E_N(z) \\ R_N(z) \end{bmatrix} = [1 \quad 0] \left(\prod_{l=N}^{1} \begin{bmatrix} 1 & z^{-1}k_l \\ k_l & z^{-1} \end{bmatrix} \right) \begin{bmatrix} 1 \\ 1 \end{bmatrix} X(z) \tag{4-4-7}$$

由式(4-4-7)得到全零点格型网络的系统函数为

$$H(z) = \frac{Y(z)}{X(z)} = [1 \quad 0] \left(\prod_{l=N}^{1} \begin{bmatrix} 1 & z^{-1}k_l \\ k_l & z^{-1} \end{bmatrix} \right) \begin{bmatrix} 1 \\ 1 \end{bmatrix} \tag{4-4-8}$$

只要知道格型网络的系数 k_l ，$l = 1,2,3,\cdots,N$ ，即可由上式直接求出该网络的系统函数。

4.4.1.2 由 FIR 直接型网络结构转换到全零点格型网络结构

假设 N 阶 FIR 型网络结构的系统函数为

$$H(z) = \sum_{n=0}^{N} h(n) z^{-n} \tag{4-4-9}$$

式中，$h(n)$ 是 FIR 网络的单位脉冲响应，$h(0) = 1$ 。令 $a_k = h(k)$ ，得到

$$H(z) = \sum_{k=0}^{N} a_k z^{-k} \tag{4-4-10}$$

式中，$a_0 = h(0) = 1$ 。

下面讨论由系 $a_k = h(k)$ 求解全零点格型网络的系数 k_l ，$l = 1,2,3,\cdots,N$ 。

由图 4-24 可得

$$H_1(z) = \frac{E_1(z)}{E_0(z)} = 1 + k_1 z^{-1} \tag{4-4-11}$$

$$G_1(z) = \frac{R_1(z)}{E_0(z)} = k_1 + z^{-1} \tag{4-4-12}$$

$$G_1(z) = z^{-1} H_1(z^{-1}) \tag{4-4-13}$$

由式(4-4-3)和式(4-4-4)得到

$$E_2(z) = E_1(z) + z^{-1} R_1(z) k_2$$

$$R_2(z) = E_1(z) k_2 + z^{-1} R_1(z)$$

这样得到

$$H_2(z) = \frac{E_2(z)}{E_0(z)} = H_1(z) + k_2 z^{-1} G_1(z) \tag{4-4-14}$$

$$G_2(z) = \frac{R_2(z)}{E_0(z)} = H_1(z) k_2 + z^{-1} G_1(z) \tag{4-4-15}$$

$$G_2(z) = z^{-2} H_2(z^{-1}) \tag{4-4-16}$$

如果将式(4-4-11)～式(4-4-13)代入式(4-4-14)～式(4-4-16)，可得到一个二阶格型网络的系统函数，再和二阶 FIR 网络系统函数对照，便可以得到二阶 FIR 网络系数和二阶格型网络系数之间的关系。对于 l 阶的格型网络，按照式(4-4-3)和式(4-4-4)，可得到

$$H_l(z) = \frac{E_l(z)}{E_0(z)} = H_{l-1}(z) + k_l z^{-1} G_{l-1}(z) \tag{4-4-17}$$

$$G_l(z) = \frac{R_l(z)}{E_0(z)} = H_{l-1}(z) k_l + z^{-1} G_{l-1}(z) \tag{4-4-18}$$

$$G_l(z) = z^{-l} H_l(z^{-1}) \tag{4-4-19}$$

上面三个公式对于 $l = 1,2,3,\cdots,N$ 均成立。对于 $l = N$ ，得到

$$H_{N-1}(z) = \frac{1}{1 - k_N^2 z^{-1}} [H_N(z) - k_N z^{-1} G_N(z)] \tag{4-4-20}$$

$$G_{N-1}(z) = \frac{1}{1 - k_N^2 z^{-1}} [- k_N H_N(z) + G_N(z)] \tag{4-4-21}$$

式中

$$H_N(z)=\frac{E_N(z)}{E_0(z)}=1+\sum_{k=1}^{N}a_k z^{-k} \tag{4-4-22}$$

将式(4-4-22)和式(4-4-19)代入式(4-4-20)，并令 $a_k=a_k^{(N)}$ ，$k_N=a_N^{(N)}$，得到 $N-1$ 阶系统函数为

$$H_{N-1}(z)=1+\sum_{k=1}^{N-1}a_k^{(N-1)}z^{-1} \tag{4-4-23}$$

式中

$$a_k^{(N-1)}=\frac{a_N^{(N)}-k_N a_{N-k}^{(N)}}{1-k_N^2} \tag{4-4-24}$$

重复以上迭代过程，对于 $l=N,N-1,\cdots,1$ ，得到下面递推公式

$$a_k=a_k^{(N)} \tag{4-4-25}$$

$$a_l^{(l)}=k_l \tag{4-4-26}$$

$$a_k^{(l-1)}=\frac{a_k^{(l)}-k_l a_{l-k}^{(l)}}{1-k_l^2},k=1,2,3,\cdots,l-1 \tag{4-4-27}$$

3. 由全零点格型网络结构转换到 FIR 直接型网络结构

若已知全零点格型网络结构的系数，可以将其系数转换成 FIR 直接型网络结构的系数。

$$a_0^{(l)}=1 \tag{4-4-28}$$

$$a_l^{(l)}=k_l \tag{4-4-29}$$

$$a_k^{(l)}=a_k^{(l-1)}+a_l^{(l)}a_{l-k}^{(l-1)},1\leqslant k\leqslant l-1,l=1,2,\cdots,N \tag{4-4-30}$$

4.4.2　全极点格型网络结构

全极点 IIR 系统的系统函数用下式表示

$$H(z)=\frac{1}{1+\sum_{k=1}^{N}a_k z^{-k}}=\frac{1}{A(z)} \tag{4-4-31}$$

式中，$A(z)$ 是 FIR 系统，因此全极点 IIR 系统 $H(z)$ 是 FIR 系统 $A(z)$ 的逆系统。

假设系统的输入和输出分别用 $x(n)$ 和 $y(n)$ 表示，由式(4-4-31)得到全极点 IIR 滤波器的差分方程为

$$y(n) = -\sum_{k=1}^{N} a_k y(n-k) + x(n) \tag{4-4-32}$$

如果将 $x(n)$ 和 $y(n)$ 的作用相互交换，则差分方程变成为

$$y(n) = x(n) + \sum_{k=1}^{N} a_k x(n-k) \tag{4-4-33}$$

观察式(4-4-33)，它描述的是具有系统函数 $H(z) = A(z)$ 的 FIR 系统；而式(4-4-32)描述的是 $H(z) = \frac{1}{A(z)}$ 的 IIR 系统。按照式(4-4-32)的全极点 IIR 系统的直接型结构如图 4-26 所示。

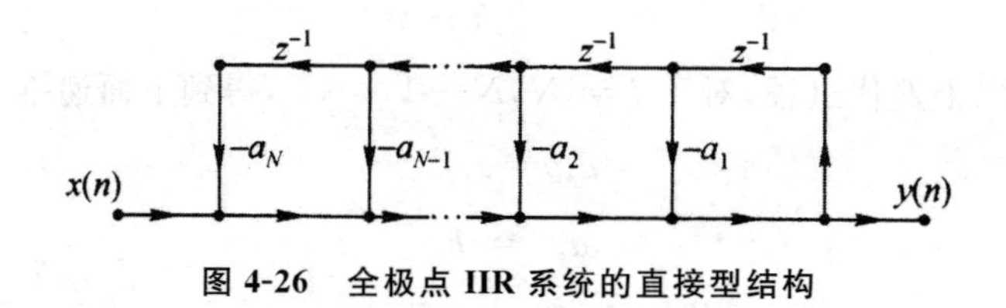

图 4-26 全极点 IIR 系统的直接型结构

基于上面的事实，我们将 FIR 格型结构通过交换公式中输入和输出的作用，形成它的逆系统，即全极点 IIR 系统。

重新定义输入和输出为

$$x(n) = e_N(n), \; y(n) = e_0(n)$$

再将 FIR 格型结构的基本单元表达式，即式(4-4-1)和式(4-4-2)重写如下

$$e_l(n) = e_{l-1}(n) + r_{l-1}(n-1)k_l$$

$$r_l(n) = e_{l-1}(n)k_l + r_{l-1}(n-1)$$

由于重新定义了输入和输出，将 $e_l(n)$ 按降序运算，$r_l(n)$ 不变，即

$$x(n) = e_N(n) \tag{4-4-34}$$

$$e_{l-1}(n) = e_l(n) - r_{l-1}(n-1)k_l, l = N, N-1, \cdots, 1 \tag{4-4-35}$$

$$r_l(n) = e_{l-1}(n)k_l + r_{l-1}(n-1), l = N, N-1, \cdots, 1 \tag{4-4-36}$$

$$y(n) = e_0(n) = r_0(n) \tag{4-4-37}$$

按照上面四个方程画出它的结构如图 4-27 所示。

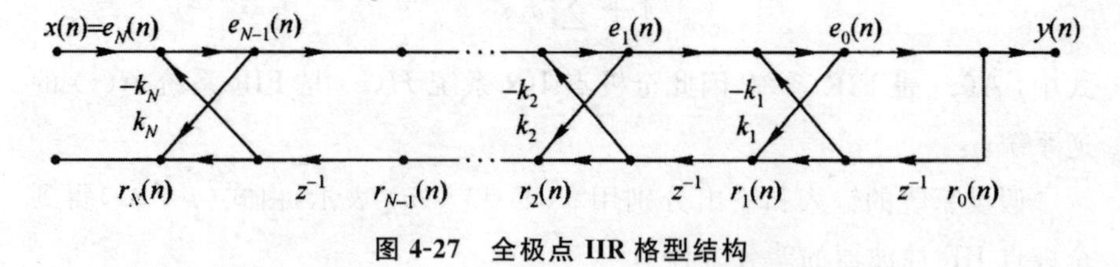

图 4-27 全极点 IIR 格型结构

4.4.3　零极点 IIR 格型滤波器

一般的 IIR 滤波器既包含零点，又包含极点，因此可用全极点格型作为基本构造模块，用所谓的格型梯形结构实现。设 IIR 系统的系统函数可以写成如下形式：

$$H(z) = \frac{B(z)}{A(z)} = \frac{1 + \sum_{i=1}^{M} b_i z^{-i}}{1 + \sum_{i=1}^{N} a_i z^{-i}}, N \geqslant M \tag{4-4-38}$$

为构造函数式(4-4-38)的格型结构，先根据其分母构造系统为 k_m 的全极点格型网络如图 4-28 所示，然后再增加一个梯形部分，将 r_n 的线性组合作为输出 $y(n)$，图 4-28 为 $N = M$ 时的零极点格型滤波器结构。

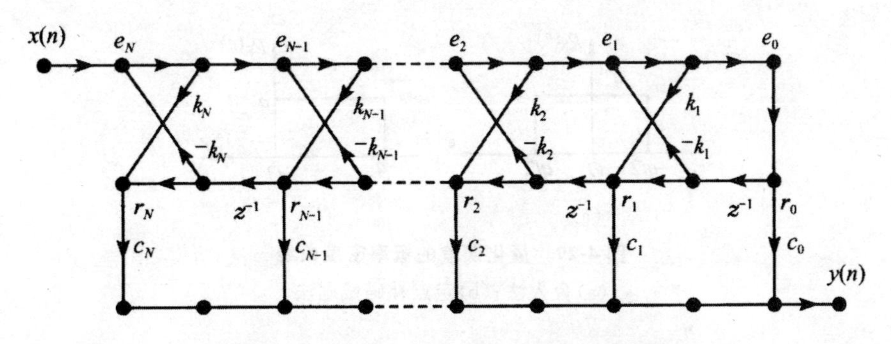

图 4-28　当 $N=M$ 时零极点格型滤波器结构

如图 4-28 所示的是具有零极点的 IIR 系统，其输出为

$$y(n) = \sum_{m=0}^{M} c_m r_m(n) \tag{4-4-39}$$

式中，c_m 为系数确定系统函数的分子，也称梯形系数。

$$B_M(z) = \sum_{m=0}^{M} c_m J_M(z) \tag{4-4-40}$$

由式(4-4-39)可以递推得到

$$B_M(z) = B_{M-1}(z) + c_m J_M(z), m = 1,2,\cdots,M \tag{4-4-41}$$

或相应的由 $A_M(z)$ 和 $B_M(z)$ 的定义可以得到

$$c_m = b_m + \sum_{i=m+1}^{M} c_i a_i(i-m), m = M, M-1,\cdots,1,0 \tag{4-4-42}$$

4.5 数字信号处理中的量化效应

4.5.1 量化及量化误差

一般要处理的信号 $x(n)$ 都是随机序列，因此量化误差 $e(n)$ 也是随机序列，关系为

$$e(n)=Q[x(n)]-x(n)$$

式中，$Q[x(n)]$ 表示量化后的值。为了简单地进行统计分析，假设 $e(n)$ 是一个平稳随机序列，且是均匀分布的白噪声，并与输入信号不相关。这种假设对于比较复杂、变化激烈的信号，比较符合实际。如果信号变化很缓慢，则不适合。按照对 $e(n)$ 的假设，画出它的概率密度曲线如图 4-29 所示。

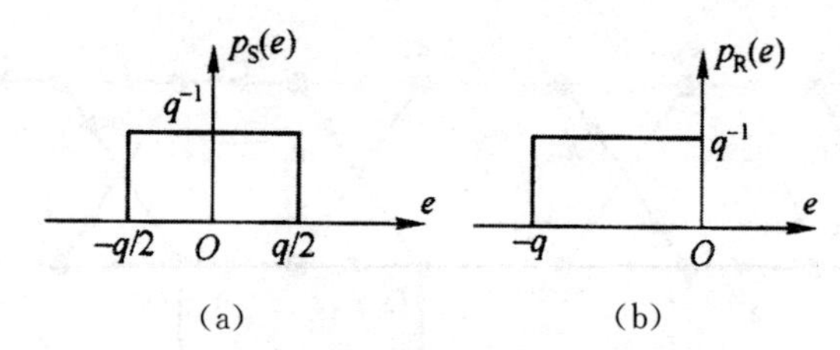

图 4-29 量化误差的概率密度曲线

(a)舍入法；(b)定点补码截尾法

可以计算出 $e(n)$ 的统计平均值和方差如下。

舍入法：

$$m_e=\int_{-\frac{q}{2}}^{\frac{q}{2}} e p_{\mathrm{S}}(e)\mathrm{d}e=0 \tag{4-5-1}$$

$$\sigma_e^2=\int_{-\frac{q}{2}}^{\frac{q}{2}}(e-m_e)^2 p_{\mathrm{S}}(e)\mathrm{d}e=\frac{1}{12}q^2 \tag{4-5-2}$$

定点补码截尾法：

$$m_e=\int_{-q}^{0} e p_{\mathrm{R}}(e)\mathrm{d}e=-\frac{1}{2}q \tag{4-5-3}$$

$$\sigma_e^2=\int_{-q}^{0}(e-m_e)^2 p_{\mathrm{R}}(e)\mathrm{d}e=\frac{1}{12}q^2 \tag{4-5-4}$$

一般称量化误差 $e(n)$ 为量化噪声。由以上推导可知，定点补码截尾法量化噪声的统计平均值为 $-\frac{q}{2}$，相当于给信号增加了一个直流分量，从而

改变了信号的频谱结构；而舍入法的统计平均值为0，这一点比定点补码截尾法好。另外，噪声的方差（即功率）和量化的位数有关，如要求量化噪声小，必然要求量化的位数要多。

4.5.2 A/D变换器中的量化效应

A/D变换器具体完成将模拟信号转换成数字信号的作用，它的位数是有限长的，因此存在量化误差。假设量化误差用 $e(n)$ 表示，用 $x(n)$ 表示没有量化误差的数字信号（即无限精度），量化编码以后的信号用 $\hat{x}(n)$ 表示，这样得到

$$\hat{x}(n) = x(n) + e(n) \tag{4-5-5}$$

一般A/D变换器的输入信号 $x_a(t)$ 是随机信号，那么 $x(n)$ 和 $e(n)$ 也都是随机信号，$x(n)$ 是有用信号，$e(n)$ 呈现出噪声的特点，相当于在A/D变换器中引入一个噪声源。这样A/D变换器的输出 $\hat{x}(n)$ 中除了有用信号以外，还增加了一个噪声信号。将A/D变换器用统计模型表示，如图4-30所示。

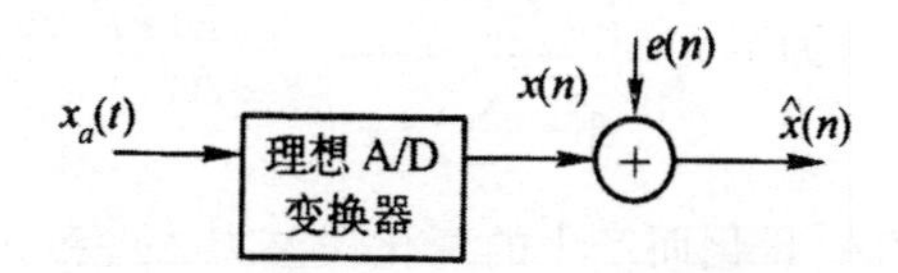

图4-30 A/D变换器的统计模型

图4-30中理想A/D变换器表示没有量化误差，实际中的量化误差等效为噪声源 $e(n)$ 。如果 $x_a(t)$ 中有一定的噪声，通过A/D变换器以后又增加一部分噪声，会使信号的信噪比降低。下面分析信噪比降低与哪些因素有关。

一般A/D变换器采用定点制，尾数采用舍入法。假设有 $b+1$ 位数，符号占1位，尾数长为6位，量化阶为 $q = 2^{-b}$ 。为分析简单，假设 $x_a(t)$ 中没有噪声，且 $e(n)$ 是一个与信号无关的平稳随机噪声，具有白噪声的性质，且服从均匀分布，概率密度用 $p(e)$ 表示，如图4-29(a)所示。按照式(4-5-1)和式(4-5-2)，$e(n)$ 的统计平均值为 $m_e = 0$ ，平均功率（即均方差）为 $\sigma_e^2 = \frac{1}{12}q^2$ 。A/D变换器的输出信噪比 S/N 用信号的平均功率 σ_x^2 与噪声功率 σ_e^2 之比表示，即

$$\frac{S}{N} = \frac{\sigma_x^2}{\sigma_e^2} = \frac{\sigma_x^2}{q^2/12}$$

或者用 dB 表示成

$$\frac{S}{N}=10\lg\frac{\sigma_x^2}{\sigma_e^2}=6.02b+10.79+10\lg\sigma_x^2 \tag{4-5-6}$$

式(4-5-6)表明 A/D 变换器输出的信噪比和 A/D 变换器的字长 b 及输入信号的平均功率有关。A/D 变换器的字长每增加 1 位，输出信噪比约增加 6dB。输入信号越大输出信噪比越高。但是一般 A/D 变换器的输入都规定了一定的动态范围，例如，限定动态范围为 0～1V。如果输入信号超出规定的动态范围，会发生限幅，产生更大的失真。如给定需求的信噪比，式(4-5-6)可用来估计所需 A/D 变换器的位数，当然需要预先确定信号的平均功率。

4.5.3 系统量化效应

4.5.3.1 系数量化对系统频率特性的影响

N 阶系统函数用下式表示

$$H(z)=\frac{\sum_{r=0}^{M}b_r z^{-r}}{1-\sum_{r=1}^{N}a_r z^{-r}}=\frac{B(z)}{A(z)} \tag{4-5-7}$$

由于系数 a_r 和 b_r 量化而产生的量化误差为 Δa_r 和 Δb_r，量化后的系数用 $\hat{a}_r$ 和 $\hat{b}_r$ 表示，则

$$\hat{a}_r=a_r+\Delta a_r \tag{4-5-8}$$

$$\hat{b}_r=b_r+\Delta b_r \tag{4-5-9}$$

实际的系统函数用 $\hat{H}(z)$ 表示，即

$$\hat{H}(z)=\frac{\sum_{r=0}^{M}\hat{b}_r z^{-r}}{1-\sum_{r=1}^{N}\hat{a}_r z^{-r}} \tag{4-5-10}$$

显然，系数量化后的频率响应不同于原来设计的频率响应。

4.5.3.2 极点位置灵敏度

如果零、极点位置发生改变，那么 IIR 系统的频率自然就会发生变化。特别是极点位置的改变，不仅会影响系统的频率特性，甚至可能引起系统的不稳定。所以应重视系统极点位置的改变。那么系统量化会给极点的位置带来什么样的影响呢？

式(4-5-7)中，分母多项式 $A(z)$ 有 N 个根，$H(z)$ 有 N 个极点，用 $p_k(k=1,2,\cdots,N)$ 表示，系数量化后的极点用 $\hat{p}_k(k=1,2,\cdots,N)$ 表示，那么

$$\hat{p}_k = p_k + \Delta p_k \tag{4-5-11}$$

式中，Δp_k 表示第 k 个极点的偏差，它应该和各个系数偏差都有关，即

$$\Delta p_k = \sum_{i=1}^{N} \frac{\partial p_k}{\partial a_i} \Delta a_i \tag{4-5-12}$$

式中，$\dfrac{\partial p_k}{\partial a_i}$ 的大小直接影响第 i 个系数偏差 Δa_i 所引起的第 k 个极点偏差 Δp_k 的大小：$\dfrac{\partial p_k}{\partial a_i}$ 越大，Δp_k 越大；$\dfrac{\partial p_k}{\partial a_i}$ 越小，Δp_k 越小。称 $\dfrac{\partial p_k}{\partial a_i}$ 为极点 p_k 对系数 a_i 变化的灵敏度。下面推导该灵敏度和极点的关系。

$$\left.\frac{\partial A(z)}{\partial p_k}\right|_{z=p_k} \frac{\partial p_k}{\partial a_i} = \left.\frac{\partial A(z)}{\partial a_i}\right|_{z=p_k}$$

$$\frac{\partial p_k}{\partial a_i} = \left.\frac{\partial A(z)/\partial a_i}{\partial A(z)/\partial p_k}\right|_{z=p_k} \tag{4-5-13}$$

式中

$$A(z) = 1 - \sum_{i=1}^{N} a_i z^{-i} = \prod_{k=1}^{N}(1 - p_k z^{-1}) \tag{4-5-14}$$

$$\frac{\partial A(z)}{\partial a_i} = -z^{-i} \tag{4-5-15}$$

$$\frac{\partial A(z)}{\partial p_k} = -z^{-1}\prod_{\substack{l=1\\ l\neq k}}^{N}(1 - p_l z^{-1}) = z^{-N}\prod_{\substack{l=1\\ l\neq k}}^{N}(z - p_l) \tag{4-5-16}$$

将式(4-5-15)和式(4-5-16)代入式(4-5-13)中，得到

$$\frac{\partial p_k}{\partial a_i} = \frac{p_k^{N-i}}{\prod\limits_{\substack{l=1\\ l\neq k}}^{N}(p_k - p_l)} \tag{4-5-17}$$

式(4-5-17)即是第 k 个极点对系数 a_i 的极点位置灵敏度。将式(4-5-17)代入式(4-5-12)，得到

$$\Delta p_k = \sum_{i=1}^{N} \frac{p_k^{N-i}}{\prod\limits_{\substack{l=1\\ l\neq k}}^{N}(p_k - p_l)} \Delta a_i \tag{4-5-18}$$

式(4-5-18)即是系数量化偏差引起的第 k 个极点的偏差。

4.5.4　运算中的量化效应

假设定点乘法运算按 b 位进行量化，量化误差用 $e(n)$ 表示。对于一个

乘法支路,如图 4-31(a)所示,图中结点变量 $v_2(n) = av_1(n)$,经过量化后用 $\hat{v}_2(n) = Q[av_1(n)]$ 表示,则

$$e(n) = Q[av_1(n)] - v_2(n)$$

$$\hat{v}_2(n) = Q[av_1(n)] = v_2(n) + e(n)$$

这样量化以后乘法支路的统计模型如图 4-31(b)所示。因此系统中所有的乘法支路都和图 4-31(b)一样引入一个噪声源。下面分析不同的结构因乘法量化效应而导致系统输出噪声的大小。

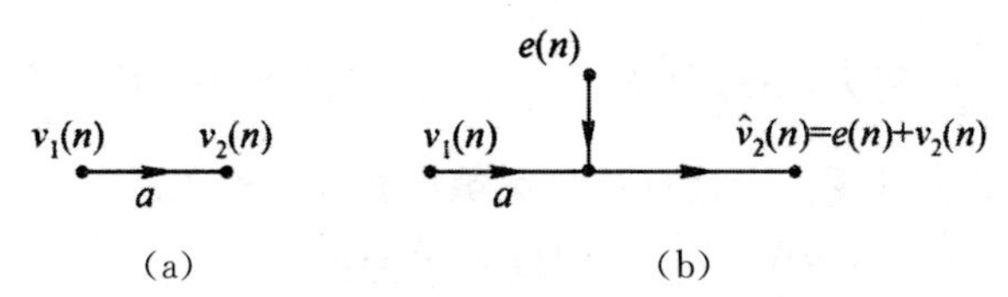

图 4-31 乘法支路及其量化模型

首先采用直接型结构,分析求解系统输出噪声的方法。假设二阶直接型网络结构如图 4-32(a)所示。图中在每一个乘法支路的输出端引入一个噪声源,有五个乘法支路,因此引入五个噪声源,如图 4-32 (b)所示。但五个噪声源经过不同的路径到达输出端,其中 $e_0(n)$,$e_1(n)$ 经过整个网络到达输出端,而 $e_2(n)$,$e_3(n)$,$e_4(n)$ 直接连到输出端。输出噪声用 $e_f(n)$ 表示,它和以上各个噪声源的关系为

$$e_f(n) = [e_0(n) + e_1(n)] * h(n) + [e_2(n) + e_3(n) + e_4(n)]$$

式中, $h(n)$ 是系统的单位脉冲响应。

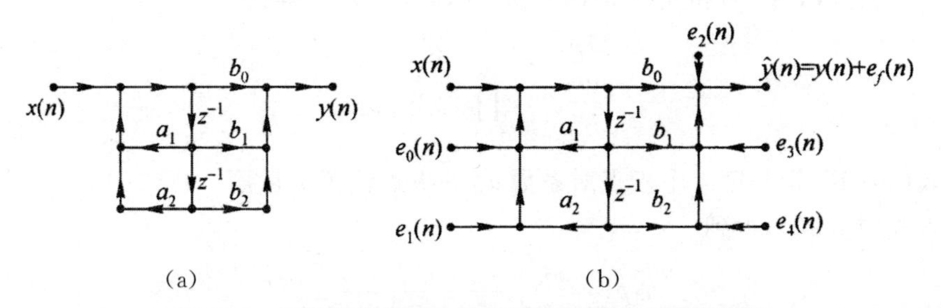

图 4-32 二阶直接型结构及其乘法量化效应统计模型

令

$$e'(n) = e_0(n) + e_1(n)$$

$$e''(n) = e_2(n) + e_3(n) + e_4(n)$$

则

$$e_f(n) = e'(n) * h(n) + e''(n)$$

按照上式,可以画出二阶直接型结构的乘法量化效应简化统计模型如图 4-

33 所示。由该图可以看出噪声 $e'(n)=e_0(n)+e_1(n)$ 经过整个系统，由于有反馈回路，具有噪声的积累作用；而 $e''(n)=e_2(n)+e_3(n)+e_4(n)$ 直接输出没有噪声的积累作用。

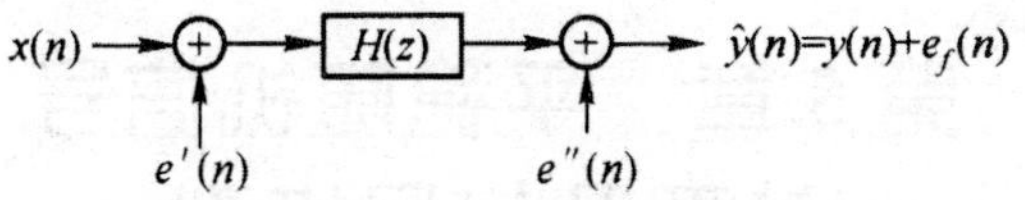

$x(n)$ → ⊕ → $H(z)$ → ⊕ → $\hat{y}(n)=y(n)+e_f(n)$

$e'(n)$　　$e''(n)$

图 4-33　二阶直接型结构的乘法量化效应的简化统计模型

下面推导输出端的噪声均值 m_f 及噪声输出功率 σ_f^2 。

$$
\begin{aligned}
m_f &= E[e_f(n)] = E[e'(n) * h(n)] + E[e''(n)] \\
&= E\Big[\sum_{m=0}^{\infty} h(m)e'(n-m)\Big] + E[e''(n)]
\end{aligned}
$$

假设系统采用定点舍入法进行处理，因此均值为零，得到

$$
m_f = m_e E\Big[\sum_{m=0}^{\infty} h(m)\Big] = 0
$$

输出方差为

$$
\sigma_f^2 = E[(e_f - m_f)^2] = E[e_f^2]
$$

由于各个噪声源互不相关，可以先求一个噪声源通过系统的输出方差。假设 $e_0(n)$ 通过系统的方差为

$$
\begin{aligned}
\sigma_{0f}^2 &= E\Big[\sum_{m=0}^{\infty} h(m)e_0(n-m)\sum_{l=0}^{\infty} h(l)e_0(n-l)\Big] \\
&= \sum_{m=0}^{\infty}\sum_{l=0}^{\infty} h(m)h(l)E[e_0(n-m)e_0(n-l)] \qquad (4\text{-}5\text{-}19) \\
&= \sigma_0^2 \sum_{m=0}^{\infty} h^2(m)
\end{aligned}
$$

按照假设，每一个乘法量化噪声源的方差都一样，均用 σ_0^2 表示，即 $\sigma_0^2=\frac{1}{12}q^2$ 。共有两个乘法量化噪声源通过系统，这两个噪声源在系统的输出方差便为 $2\sigma_{0f}^2$ ，再考虑有三个噪声源直接输出，因此输出噪声方差为

$$
\sigma_{0f}^2 = 2\sigma_0^2 \sum_{m=0}^{\infty} h^2(m) + 3\sigma_0^2 \qquad (4\text{-}5\text{-}20)
$$

根据傅里叶变换中的巴塞伐尔定理，式(4-5-19)可以用下式计算

$$
\sigma_{0f}^2 = \frac{1}{2\pi} 2\sigma_0^2 \int_{-\pi}^{\pi} \left| H(e^{j\omega}) \right|^2 d\omega \qquad (4\text{-}5\text{-}21)
$$

也可以用 Z 变换中的巴塞伐尔定理计算，有

$$
\sigma_{0f}^2 = \frac{\sigma_0^2}{2\pi j} \oint_c H(z)H(z^{-1}) \frac{dz}{z} \qquad (4\text{-}5\text{-}22)
$$

第5章　平稳随机信号处理及信号模型

在工程和生活实际中，随机信号的例子很多。例如，各种无线电系统及电子装置中的噪声与干扰，建筑物所承受的风载，船舶航行时所受到的波浪冲击，许多生物医学信号[如心电图(ECG)、脑电图(EEG)、肌电图(EMG)、心音图(PCG)等]及我们天天都在发出的语音信号等都是随机的。因此，研究随机信号的分析与处理方法有着重要的理论意义与实际意义。

5.1　随机信号及其处理

5.1.1　随机变量

由概率论可知，我们可以用一个随机变量 X 来描述自然界中的随机事件，若 X 的取值是连续的，则 X 是连续型随机变量。若 X 的取值是离散的，则 X 是离散型随机变量，如服从二项式分布、泊松分布的随机变量。对随机变量 X，一般用它的分布函数、概率密度及数字特征来描述。

5.1.1.1　分布函数

对随机变量 X，实函数

$$P(x) = \text{Probability}(X \leqslant x) = \text{Probability}(X \in (-\infty, x)) \tag{5-1-1}$$

称为 X 的概率分布函数，简称分布函数。$P(x)$ 有如下一些最基本的性质：

(1) $0 \leqslant P(x) \leqslant 1$。

(2) $P(-\infty) = 0$。

(3) $P(\infty) = 1$。

(4)若 $x < y$，则 $P(x) \leqslant P(y)$。

若 X 为连续随机变量，则定义

$$p(x)=\frac{\mathrm{d}P(x)}{\mathrm{d}x} \tag{5-1-2}$$

为 X 的概率密度函数(pdf)。显然，分布函数和密度函数还有如下关系

$$P(x)=\int_{-\infty}^{x}p(v)\mathrm{d}v \tag{5-1-3}$$

密度函数有如下的基本性质：

(1) $p(x)\geqslant 0$ 。

(2) $\int_{-\infty}^{\infty}p(x)\mathrm{d}x=1$ 。

(3) $P(b)-P(a)=\int_{a}^{b}p(x)\mathrm{d}x$ 。

5.1.1.2　均值与方差

定义

$$\mu_X=E[X]=\int_{-\infty}^{\infty}xp(x)\mathrm{d}x \tag{5-1-4}$$

为 X 的数学期望值，或简称为均值。定义

$$D_X^2=E[|X|^2]=\int_{-\infty}^{\infty}|x|^2p(x)\mathrm{d}x \tag{5-1-5}$$

$$\sigma_X^2=E[|X-\mu_X|^2]=\int_{-\infty}^{\infty}|x-\mu_X|^2p(x)\mathrm{d}x \tag{5-1-6}$$

分别为 X 的均方值和方差。式中，$E\{\}$ 表示求均值运算。若 X 是离散型数据变量，则上述的求均值运算将由积分改为求和。例如，对均值，有

$$\mu_X=E[X]=\sum_{k}x_kp_k \tag{5-1-7}$$

式中，p_k 是 X 取值为 x_k 时的概率。

5.1.1.3　矩

定义

$$\eta_X^m=E[|X|^m]=\int_{-\infty}^{\infty}|x|^mp(x)\mathrm{d}x \tag{5-1-8}$$

为 X 的 m 阶原点矩，显然，$\eta_X^0=1,\eta_X^1=\mu_X,\eta_X^2=D_X^2$ 。再定义

$$\gamma_X^m=E[|X-\mu_X|^m]=\int_{-\infty}^{\infty}|x-\mu_X|^mp(x)\mathrm{d}x \tag{5-1-9}$$

为 X 的 m 阶中心矩，显然 $\gamma_X^0=1,\gamma_X^1=0,\gamma_X^2=\sigma_X^2$ 。矩、均值和方差都称为随机变量的数字特征，它们是描述随机变量的重要工具。例如，均值表示 X 取值的中心位置，方差表示其取值相对均值的分散程度。$\sigma_X=\sqrt{\gamma_X^2}$ 又称为

标准差，它同样表示了 X 的取值相对均值的分散程度。

均值称为一阶统计量，均方值和方差称为二阶统计量。同样可以定义更高阶的统计量。定义

$$\text{Skew} = E\left\{\left[\frac{E-\mu_X}{\sigma_X}\right]^3\right\} = \frac{1}{\sigma_X^3}\gamma_X^3 \tag{5-1-10}$$

为 X 的斜度(Skewness)。它是一个无量纲的量，用来评价分布函数相对均值的对称性。再定义

$$\text{Kurtosis} = E\left\{\left[\frac{X-\mu_X}{\sigma_X}\right]^4\right\} - 3 = \frac{1}{\sigma_X^4}\gamma_X^4 - 3 \tag{5-1-11}$$

为 X 的峰度(Kurtosis)。它也是一个无量纲的量，用来表征分布函数在均值处的峰值特性。式中减 3 是为了保证正态分布的峰度为零。

5.1.1.4 随机向量

N 个随机变量组成的向量

$$\boldsymbol{X} = [X_1 \quad X_2 \quad \cdots \quad X_N]^{\mathrm{T}} \tag{5-1-12}$$

称为随机向量。随机向量是研究多个随机变量的联合分布及进一步将随机变量理论推广到随机信号的重要工具。$\boldsymbol{X}$ 的均值是由其各个分量的均值所组成的均值向量，即

$$\boldsymbol{\mu}_X = [\mu x_1 \quad \mu x_2 \quad \cdots \quad \mu x_N]^{\mathrm{T}}, \mu x_i = E[X_i] \tag{5-1-13}$$

其方差是由各个分量之间互相求方差所形成的方差矩阵，即

$$\begin{aligned}\boldsymbol{\Sigma} &= E[(\boldsymbol{X}-\boldsymbol{\mu}_X)^* \ (\boldsymbol{X}-\boldsymbol{\mu}_X)^{\mathrm{T}}] \\ &= \begin{bmatrix} \sigma_1^2 & \mathrm{cov}(X_1,X_2) & \cdots & \mathrm{cov}(X_1,X_N) \\ \mathrm{cov}(X_2,X_1) & \sigma_2^2 & \cdots & \mathrm{cov}(X_2,X_N) \\ \vdots & \vdots & & \vdots \\ \mathrm{cov}(X_N,X_1) & \mathrm{cov}(X_N,X_2) & \cdots & \sigma_N^2 \end{bmatrix}\end{aligned} \tag{5-1-14}$$

式中

$$\mathrm{cov}(X_i,X_j) = \sum\nolimits_{ij} = E[(X_i-\mu_{X_i})^* (X_j-\mu_{X_j})] \tag{5-1-15}$$

称为分量 X_i 和 X_j 之间的协方差。

对 N 维正态分布，其联合概率密度函数是

$$p(\boldsymbol{X}) = [(2\pi)^N |\boldsymbol{\Sigma}|]^{-1/2} \exp\left[-\frac{1}{2}(\boldsymbol{X}-\boldsymbol{\mu}_X)^{\mathrm{T}} \boldsymbol{\Sigma}^{-1} (\boldsymbol{X}-\boldsymbol{\mu}_X)\right] \tag{5-1-16}$$

它也完全由其均值向量和方差矩阵所决定。

两个随机变量 X 和 Y，记其联合概率密度为 $p(x,y)$，其边缘概率密度分别为 $p(x)$ 和 $p(y)$，若

$$p(x,y)=p(x)p(y) \tag{5-1-17}$$

则称 X 和 Y 是相互独立的。这一概念可推广到更高维的联合分布。若

$$\mathrm{cov}(X,Y)=E[(X-\mu_X)^*(Y-\mu_Y)]=E[X^*Y]-E[X^*]E[Y]=0 \tag{5-1-18}$$

则必有 $E[X^*Y]=E[X^*]E[Y]$，这时，我们说 X 和 Y 是不相关的。两个独立的随机变量必然是互不相关的，但反之并不一定成立，即两个互不相关的随机变量不一定是相互独立的。对于正态分布，独立和不相关是等效的。因此，若式(5-1-12)的 X 的各个分量都服从正态分布，且各分量之间互不相关，那么式(5-1-14)的方差阵将变成对角阵。

可以证明，4 个零均值高斯型的随机变量的联合高阶矩

$$\begin{aligned}E[X_1X_2X_3X_4]=&E[X_1X_2]E[X_3X_4]\\&+E[X_1X_3]E[X_2X_4]+E[X_1X_4]E[X_2X_3]\end{aligned} \tag{5-1-19}$$

我们在后面将用到这一关系。

以上有关随机变量、随机向量的描述方法可推广到随机信号。

5.1.2　随机信号及其特征的描述

现在让我们来观察一个晶体管直流放大器的输出。当输入对地短路时，其输出应为零。但是由于组成放大器各元件中的热噪声致使输出并不为零，产生了“温漂”。该温漂电压就是一个随机信号。从概念上讲，在同一时刻，对尽可能多的同样的放大器各做一次观察。这样，我们每一次观察都可以得到一个记录 $x_i(t)$，其中 $i=1,2,\cdots,N$，而 $N\to\infty$，如图 5-1 所示。

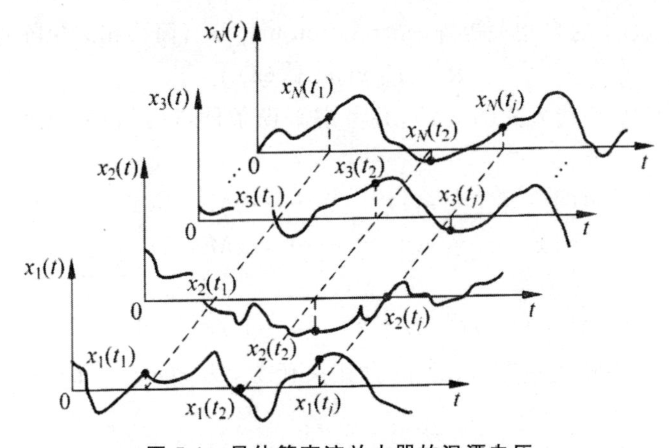

图 5-1　晶体管直流放大器的温漂电压

如果把对温漂电压的观察看作一个随机试验，那么，每一次的记录，就是该随机试验的一次实现，相应的结果 $x_i(t)$ 就是一个样本函数。所有样本函数的集合 $x_i(t)$ ，$i=1,2,\cdots,N$ ，而 $N\to\infty$ ，就构成了温漂电压可能经历的整个过程，该集合就是一个随机过程，也即随机信号，记为 $X(t)$ 。

对一个特定的时刻，例如 $t=t_1$ ，显然 $x_1(t_1),x_2(t_1),\cdots,x_N(t_1)$ 是一个随机变量，它相当于在某一固定的时刻同时测量无限多个相同放大器的输出值。当 $t=t_j$ 时，$x_1(t_j),x_2(t_j),\cdots,x_N(t_j)$ 也是一个随机变量。因此，一个随机信号 $X(t)$ 是依赖于时间 t 的随机变量。

当 t 在时间轴上取值 $t_1,t_2,\cdots,t_m$ 时，我们可得到 m 个随机变量 $X(t_1)$，$X(t_2),\cdots,X(t_m)$ 。显然，描述这 m 个随机变量最全面的方法是利用其 m 维的概率分布函数（或概率密度）

$$\begin{aligned}&P_X(x_1,x_2,\cdots,x_m;t_1,t_2,\cdots,t_m)\\&=P[X(t_1)\leqslant x_1,X(t_2)\leqslant x_2,\cdots X(t_m)\leqslant x_m]\end{aligned}\tag{5-1-20}$$

当 m 趋近无穷时，式(5-1-20)完善地描述了随机信号 $X(t)$ 。

5.2 平稳随机过程的自相关矩阵及其性质

5.2.1 自相关矩阵的定义

对离散时间平稳随机过程，用 M 个时刻的随机变量 $x(n),x(n-1),\cdots,x(n-M+1)$ 构造随机向量

$$\boldsymbol{x}(n)=[x(n)\quad x(n-1)\quad\cdots\quad x(n-M+1)]^{\mathrm{T}}\tag{5-2-1}$$

随机过程 $x(n)$ 的自相关矩阵(correlation matrix)（简称相关矩阵）定义为

$$\boldsymbol{R}=E[\boldsymbol{x}(n)\,\boldsymbol{x}^{\mathrm{H}}(n)]\tag{5-2-2}$$

将式(5-2-1)代入式(5-2-2)，并考虑平稳条件，得到相关矩阵的展开形式为

$$\boldsymbol{R}=\begin{bmatrix}r(0)&r(1)&\cdots&r(M-1)\\r(-1)&r(0)&\cdots&r(M-2)\\\vdots&\vdots&\ddots&\vdots\\r(-M+1)&r(-M+2)&\cdots&r(0)\end{bmatrix}\in\mathbb{C}^{M\times M}\tag{5-2-3}$$

式中，$r(m)$ 是随机过程 $x(n)$ 的自相关函数，为 $r(m)=E\{x(n)x^*(n-m)\}$ 。

根据相关函数共轭对称性，即 $r(-m)=r^*(m)$ ，式(5-2-3)又可重写为

$$R = \begin{bmatrix} r(0) & r(1) & \cdots & r(M-1) \\ r^*(1) & r(0) & \cdots & r(M-2) \\ \vdots & \vdots & \ddots & \vdots \\ r^*(M-1) & r^*(M-2) & \cdots & r(0) \end{bmatrix} \tag{5-2-4}$$

因此，对于一个平稳随机过程，只需自相关函数 $r(m)(m = 0,1,\cdots,M-1)$ 的 M 个值就可以完全确定相关矩阵 $\boldsymbol{R}$。

5.2.2　自相关矩阵的基本性质

自相关矩阵在离散时间统计信号处理中具有极其重要的作用，由式(5-2-2)给出的定义，可以得到平稳离散时间随机过程相关矩阵的一些基本性质。

性质 5.1　平稳离散时间随机过程的相关矩阵是 Hermite 矩阵，即有

$$\boldsymbol{R}^{\mathrm{H}} = \boldsymbol{R} \tag{5-2-5}$$

证明：由自相关矩阵定义，有

$$\begin{aligned} \boldsymbol{R}^{\mathrm{H}} &= E\left[\boldsymbol{x}(n)\,\boldsymbol{x}^{\mathrm{H}}(n)\right]^{\mathrm{H}} = E\{\left[\boldsymbol{x}(n)\,\boldsymbol{x}^{\mathrm{H}}(n)\right]^{\mathrm{H}}\} \\ &= E\left[\boldsymbol{x}(n)\,\boldsymbol{x}^{\mathrm{H}}(n)\right] = \boldsymbol{R} \end{aligned}$$

该结论也可直接从式(5-2-4)中得到。

对于实随机过程，自相关矩阵是对称矩阵，即 $\boldsymbol{R}^{\mathrm{H}} = \boldsymbol{R}$ 。

性质 5.2　平稳离散时间随机过程的相关矩阵是 Toeplitz 矩阵。

若一个方阵的主对角线元素相等，且平行于主对角线的斜线上的元素也相等，则称其具有 Toeplitz 性，称该方阵为 Toeplitz 矩阵。由自相关矩阵的定义式(5-2-3)易得该性质成立。

可以得出以下结论：如果离散时间随机过程是广义平稳的，则它的自相关矩阵 $\boldsymbol{R}$ 一定是 Toeplitz 矩阵；反之，如果自相关矩阵 $\boldsymbol{R}$ 为 Toeplitz 矩阵，则该离散时间随机过程一定是广义平稳的。

性质 5.3　平稳离散时间随机过程的相关矩阵 $\boldsymbol{R}$ 是非负定的，且几乎总是正定的。

证明：设 $\boldsymbol{a} \in \mathbb{C}^{M\times 1}$ 为任意非零向量，由于二次型

$$\begin{aligned} \boldsymbol{a}^{\mathrm{H}}\boldsymbol{R}\boldsymbol{a} &= \boldsymbol{a}^{\mathrm{H}}E\{\boldsymbol{x}(n)\,\boldsymbol{x}^{\mathrm{H}}(n)\}\boldsymbol{a} = E\{\boldsymbol{a}^{\mathrm{H}}\boldsymbol{x}(n)\,\boldsymbol{x}^{\mathrm{H}}(n)\boldsymbol{a}\} \\ &= E\{\boldsymbol{a}^{\mathrm{H}}\boldsymbol{x}(n)\,[\boldsymbol{a}^{\mathrm{H}}\boldsymbol{x}(n)]^{\mathrm{H}}\} = E\{|\,\boldsymbol{a}^{\mathrm{H}}\boldsymbol{x}(n)\,|^2\} \geqslant 0 \end{aligned}$$

故相关矩阵 $\boldsymbol{R}$ 总是非负定的。当且仅当观测向量的每个随机变量间存在线性关系时等式成立，这种情况仅出现在随机过程 $x(n)$ 是由 $K(K \leqslant M)$ 个纯复正弦信号之和组成。实际中，由于不可避免地存在加性噪声，故平稳离散时间随机过程的相关矩阵几乎总是正定的。

如果相关矩阵 $\boldsymbol{R}$ 为正定矩阵，它的各阶顺序主子式都大于零，所以，相关矩阵 $\boldsymbol{R}$ 是可逆的。例如，对于相关矩阵 $\boldsymbol{R} \in \mathbb{C}^{3\times 3}$，即

$$\boldsymbol{R} = \begin{bmatrix} r(0) & r(1) & r(2) \\ r(-1) & r(0) & r(1) \\ r(-2) & r(-1) & r(0) \end{bmatrix}$$

其一阶顺序主子式 $r(0)$ 是正实数，二阶顺序主子式

$$\begin{vmatrix} r(0) & r(1) \\ r(-1) & r(0) \end{vmatrix} > 0, \begin{vmatrix} r(0) & r(2) \\ r(-2) & r(0) \end{vmatrix} > 0$$

三阶顺序主子式 $|\boldsymbol{R}| > 0$，即 $\boldsymbol{R}$ 的行列式大于零，所以，相关矩阵 $\boldsymbol{R}$ 是可逆的。

性质 5.4 将观测向量 $\boldsymbol{x}(n)$ 元素倒排，定义向量

$$\boldsymbol{x}_B(n) = [x(n-M+1) \quad x(n-M+2) \quad \cdots \quad x(n)]^{\mathrm{T}}$$

这里，下标 B 表示对向量 $\boldsymbol{x}(n)$ 内各分量做反序排列，则向量 $\boldsymbol{x}_B(n)$ 的相关矩阵可以表示如下式

$$\begin{aligned} \boldsymbol{R}_B &= E\{x_B(n)\, x_B{}^{\mathrm{H}}(n)\} \\ &= \begin{bmatrix} r(0) & r^*(1) & \cdots & r^*(M-1) \\ r^*(1) & r(0) & \cdots & r^*(M-2) \\ \vdots & \vdots & \ddots & \vdots \\ r(M-1) & r(M-2) & \cdots & r(0) \end{bmatrix} \\ &= \boldsymbol{R}^{\mathrm{T}} \in \mathbb{C}^{M\times M} \end{aligned} \tag{5-2-6}$$

性质 5.5 平稳离散时间随机过程的自相关矩阵 $\boldsymbol{R}$ 从 M 维扩展为 $M+1$ 维，有如下递推关系：

$$\boldsymbol{R}_{M+1} = \begin{bmatrix} r(0) & \boldsymbol{r}^{\mathrm{H}} \\ \boldsymbol{r} & \boldsymbol{R}_M \end{bmatrix} \tag{5-2-7}$$

或等价地，有

$$\boldsymbol{R}_{M+1} = \begin{bmatrix} \boldsymbol{R}_M & \boldsymbol{r}_{\mathrm{B}}^* \\ \boldsymbol{r}_{\mathrm{B}}^{\mathrm{T}} & r(0) \end{bmatrix} \tag{5-2-8}$$

式中

$$\boldsymbol{r}^{\mathrm{H}} = [r(1) \quad r(2) \quad \cdots \quad r(M)]$$
$$\boldsymbol{r}_B^{\mathrm{T}} = [r(-M) \quad r(-M+1) \quad \cdots \quad r(-1)]$$

证明：设 M 维观测向量为

$$\boldsymbol{x}_M(n) = [x(n) \quad x(n-1) \quad \cdots \quad x(n-M+1)]^{\mathrm{T}}$$

其自相关矩阵为

$$\boldsymbol{R}_M = E\{\boldsymbol{x}_M(n)\, \boldsymbol{x}_M^{\mathrm{H}}(n)\}$$

将 M 维观测向量扩展为 $M+1$ 维，有

$$\begin{aligned} \boldsymbol{x}_{M+1}(n) &= [x(n) \quad x(n-1) \quad \cdots \quad x(n-M+1) \quad x(n-M)]^{\mathrm{T}} \\ &= [\boldsymbol{x}_M^{\mathrm{T}}(n) \quad x(-M)]^{\mathrm{T}} \end{aligned} \tag{5-2-9}$$

则 $M+1$ 维向量的自相关矩阵为

$$\boldsymbol{R}_{M+1} = E\{\boldsymbol{x}_{M+1}(n)\, \boldsymbol{x}_{M+1}^{\mathrm{H}}(n)\} \tag{5-2-10}$$

将式(5-2-9)代入式(5-2-10),易得式(5-2-8),同理有式(5-2-7)的结论。

5.2.3 自相关矩阵的特征值与特征向量的性质

对平稳随机过程的自相关矩阵 $\boldsymbol{R}$ 进行特征值分解,设向量 $\boldsymbol{q}_1,\boldsymbol{q}_2,\cdots,\boldsymbol{q}_M$ 分别是特征值 $\lambda_1,\lambda_2,\cdots,\lambda_M$ 所对应的特征向量,即

$$\boldsymbol{R}\boldsymbol{q}_i = \lambda_i \boldsymbol{q}_i, i=1,2,\cdots M \tag{5-2-11}$$

通过对自相关矩阵 $\boldsymbol{R}$ 进行特征值分解,可以得到随机过程 $x(n)$ 的某些统计信息,这便是离散时间随机过程的特征值分析方法,是统计信号处理的基础。

下面介绍自相关矩阵 $\boldsymbol{R}$ 的特征值和特征向量的性质。

性质 5.6 特征值 $\lambda_1,\lambda_2,\cdots,\lambda_M$ 都是实数,且是非负的。

证明:在式(5-2-11)两边左乘 $\boldsymbol{q}_i^{\mathrm{H}}$,可得

$$\boldsymbol{q}_i^{\mathrm{H}}\boldsymbol{R}\boldsymbol{q}_i = \lambda_i \boldsymbol{q}_i^{\mathrm{H}}\boldsymbol{q}_i, i=1,2,\cdots M$$

$\boldsymbol{q}_i^{\mathrm{H}}\boldsymbol{q}_i$ 为向量 $\boldsymbol{q}_i$ 的欧氏长度的平方,故有 $\boldsymbol{q}_i^{\mathrm{H}}\boldsymbol{q}_i > 0$,则有

$$\lambda_i = \frac{\boldsymbol{q}_i^{\mathrm{H}}\boldsymbol{R}\boldsymbol{q}_i}{\boldsymbol{q}_i^{\mathrm{H}}\boldsymbol{q}_i}, i=1,2,\cdots M$$

由5.2.2节中自相关矩阵 $\boldsymbol{R}$ 的性质5.3可知,$\boldsymbol{R}$ 几乎总是正定,上式中分子分母均为实数且非负,故性质5.1得证。

前文已介绍,除随机过程 $x(n)$ 是无噪声正弦信号外(此种情况在实际工程中几乎不可能),相关矩阵 $\boldsymbol{R}$ 总是正定的,即有 $\boldsymbol{q}_i^{\mathrm{H}}\boldsymbol{R}\boldsymbol{q}_i > 0$,故对于所有 i,有 $\lambda_i > 0$,也就是说,实际工程中,相关矩阵的所有特征值总为正实数。

性质 5.7 对任意整数 $k>0$,矩阵 $\boldsymbol{R}^k$ 的特征值为 $\lambda_1^k,\lambda_2^k,\cdots,\lambda_M^k$。

证明:在式(5-2-11)两边,同时重复左乘矩阵 $\boldsymbol{R}$,有

$$\boldsymbol{R}^k\boldsymbol{q}_i = \lambda_i^k \boldsymbol{q}_i, i=1,2,\cdots M \tag{5-2-12}$$

故 $\lambda_1^k,\lambda_2^k,\cdots,\lambda_M^k$ 为 $\boldsymbol{R}^k$ 的特征值,$\boldsymbol{q}_1,\boldsymbol{q}_2,\cdots,\boldsymbol{q}_M$ 是其对应的特征向量。

性质 5.8 若特征值 $\lambda_1,\lambda_2,\cdots,\lambda_M$ 各不相同,则特征向量 $\boldsymbol{q}_1,\boldsymbol{q}_2,\cdots,\boldsymbol{q}_M$ 相互正交。

证明:设 $\boldsymbol{q}_i$ 和 $\boldsymbol{q}_j$ 分别为相关矩阵特征值 λ_i 和 λ_j 对应的特征向量($\lambda_i \neq \lambda_j$),则有

$$\boldsymbol{R}\boldsymbol{q}_i = \lambda_i \boldsymbol{q}_i$$

两边左乘 $\boldsymbol{q}_j^{\mathrm{H}}$,有

$$\boldsymbol{q}_j^{\mathrm{H}}\boldsymbol{R}\,\boldsymbol{q}_i = \lambda_i\,\boldsymbol{q}_j^{\mathrm{H}}\,\boldsymbol{q}_i$$

又因为 $\boldsymbol{R}\boldsymbol{q}_j = \lambda_i\boldsymbol{q}_j$,利用 $\boldsymbol{R}$ 的 Hermite 对称性,其共轭转置为

$$\boldsymbol{q}_j^{\mathrm{H}}\boldsymbol{R} = \lambda_j\,\boldsymbol{q}_j^{\mathrm{H}}$$

两边右乘 $\boldsymbol{q}_i$,得

$$\boldsymbol{q}_j^{\mathrm{H}}\boldsymbol{R}\,\boldsymbol{q}_i = \lambda_j\,\boldsymbol{q}_j^{\mathrm{H}}\,\boldsymbol{q}_i$$

所以有

$$(\lambda_i - \lambda_j)\,\boldsymbol{q}_j^{\mathrm{H}}\,\boldsymbol{q}_i = 0$$

由于 $\lambda_i \neq \lambda_j$,故有

$$\boldsymbol{q}_j^{\mathrm{H}}\,\boldsymbol{q}_i = 0, i \neq j$$

即当 $i \neq j$ 时,特征向量 $\boldsymbol{q}_i$ 和 $\boldsymbol{q}_j$ 相互正交。在实际工程中,由于噪声的存在,通常 $\boldsymbol{R}$ 的特征值是各不相同的,故特征向量间总是相互正交的。

性质 5.9 若特征值 $\lambda_1,\lambda_2,\cdots,\lambda_M$ 各不相同, $\boldsymbol{q}_1,\boldsymbol{q}_2,\cdots,\boldsymbol{q}_M$ 是相应的归一化特征向量,即

$$\boldsymbol{q}_i^{\mathrm{H}}\,\boldsymbol{q}_j = \begin{cases} 1, i = j \\ 0, i \neq j \end{cases} \tag{5-2-13}$$

定义矩阵

$$\boldsymbol{Q} = [\boldsymbol{q}_1 \quad \boldsymbol{q}_2 \quad \cdots \quad \boldsymbol{q}_M]$$
$$\boldsymbol{\Lambda} = \mathrm{diag}\{\lambda_1,\lambda_2,\cdots,\lambda_M\}$$

则矩阵 $\boldsymbol{Q}$ 是酉矩阵(unitary matrix),且相关矩阵 $\boldsymbol{R}$ 可对角化为

$$\boldsymbol{Q}^{\mathrm{H}}\boldsymbol{R}\boldsymbol{Q} = \boldsymbol{\Lambda} \tag{5-2-14}$$

证明:由式(5-2-11),可以得到下面的矩阵方程:

$$\begin{aligned}\boldsymbol{R}[\boldsymbol{q}_1 \quad \boldsymbol{q}_2 \quad \cdots \quad \boldsymbol{q}_M] &= [\lambda_1\,\boldsymbol{q}_1 \quad \lambda_2\,\boldsymbol{q}_2 \quad \cdots \quad \lambda_M\,\boldsymbol{q}_M] \\ &= [\boldsymbol{q}_1 \quad \boldsymbol{q}_2 \quad \cdots \quad \boldsymbol{q}_M]\mathrm{diag}\{\lambda_1,\lambda_2,\cdots,\lambda_M\}\end{aligned}$$

$$\boldsymbol{R}\boldsymbol{Q} = \boldsymbol{Q}\boldsymbol{\Lambda} \tag{5-2-15}$$

由式(5-2-13),有 $\boldsymbol{Q}^{\mathrm{H}}\boldsymbol{Q} = \boldsymbol{I}$,再右乘 $\boldsymbol{Q}^{-1}$,得 $\boldsymbol{Q}^{\mathrm{H}} = \boldsymbol{Q}^{-1}$,即矩阵 $\boldsymbol{Q}$ 是酉矩阵,且

$$\boldsymbol{Q}^{\mathrm{H}}\boldsymbol{Q} = \boldsymbol{Q}\boldsymbol{Q}^{\mathrm{H}} = I$$

在式(5-2-15)两边同时左乘 $\boldsymbol{Q}^{\mathrm{H}}$,有

$$\boldsymbol{Q}^{\mathrm{H}}\boldsymbol{R}\boldsymbol{Q} = \boldsymbol{\Lambda} \tag{5-2-16}$$

上式为自相关矩阵 $\boldsymbol{R}$ 的对角化。

式(5-2-15)两边右乘 $\boldsymbol{Q}^{\mathrm{H}}$,则有

$$\boldsymbol{R} = \boldsymbol{Q}\boldsymbol{\Lambda}\boldsymbol{Q}^{\mathrm{H}} = \sum_{i=1}^{M}\lambda_i\,\boldsymbol{q}_i\,\boldsymbol{q}_i^{\mathrm{H}} \tag{5-2-17}$$

令 $\boldsymbol{S}_i = \boldsymbol{q}_i\,\boldsymbol{q}_i^{\mathrm{H}}$,则称 $\boldsymbol{S}_i$ 为单秩投影矩阵,容易证明该矩阵满足

$$\boldsymbol{S}_i = \boldsymbol{S}_i^{\ 2} = \boldsymbol{S}_i^{\mathrm{H}}$$

因此，式(5-2-17)表明平稳随机过程的相关矩阵是单秩投影矩阵的线性组合，每一项都被各自的特征值加权。这就是 Mercer 定理，也称作谱定理。

性质 5.10　特征值之和等于相关矩阵 $\boldsymbol{R}$ 的迹，即

$$\mathrm{tr}(\boldsymbol{R}) = Mr(0) = \sum_{i=1}^{M} \lambda_i$$

证明：对式(5-2-14)两边进行求迹运算，有

$$\mathrm{tr}(\boldsymbol{Q}^{\mathrm{H}}\boldsymbol{R}\boldsymbol{Q}) = \mathrm{tr}(\boldsymbol{\Lambda}) = \sum_{i=1}^{M} \lambda_i$$

交换矩阵顺序得

$$\mathrm{tr}(\boldsymbol{Q}^{\mathrm{H}}\boldsymbol{R}\boldsymbol{Q}) = \mathrm{tr}(\boldsymbol{R}\boldsymbol{Q}\,\boldsymbol{Q}^{\mathrm{H}}) = \sum_{i=1}^{M} \lambda_i = Mr(0)$$

所以有

$$\mathrm{tr}(\boldsymbol{R}) = \sum_{i=1}^{M} \lambda_i$$

即相关矩阵 $\boldsymbol{R}$ 的迹等于 $\boldsymbol{R}$ 的特征值之和。

性质 5.11　Karhunen-Loeve 展开

设零均值平稳随机过程 $x(n)$ 构成的 M 维随机向量为 $\boldsymbol{x}(n)$，相应的相关矩阵为 $\boldsymbol{R}$，则向量 $\boldsymbol{x}(n)$ 可以表示为 $\boldsymbol{R}$ 的归一化特征向量 $\boldsymbol{q}_1, \boldsymbol{q}_2, \cdots, \boldsymbol{q}_M$ 的线性组合，即

$$\boldsymbol{x}(n) = \sum_{i=1}^{M} c_i \boldsymbol{q}_i \tag{5-2-18}$$

式中，展开式的系数 c_i 是由内积

$$c_i = \boldsymbol{q}_i^{\mathrm{H}} \boldsymbol{x}(n), i = 1, 2, \cdots M \tag{5-2-19}$$

定义的随机变量，且有

$$E\{c_i\} = 0 \tag{5-2-20}$$

$$E[c_i c_l^*] = \begin{cases} \lambda_i, i = l \\ 0, i \neq l \end{cases} \tag{5-2-21}$$

式(5-2-18)称为 $\boldsymbol{x}(n)$ 的 Karhunen-Loeve 展开式。

证明：对式(5-2-18)两边左乘 $\boldsymbol{q}_i^{\mathrm{H}}$，有

$$\boldsymbol{q}_i^{\mathrm{H}} \boldsymbol{x}(n) = \boldsymbol{q}_i^{\mathrm{H}} \sum_{i=1}^{M} c_i \boldsymbol{q}_i = \sum_{i=1}^{M} c_i \boldsymbol{q}_i^{\mathrm{H}} \boldsymbol{q}_i, i = 1, 2, \cdots M$$

由式(5-2-19)可得

$$c_i = \boldsymbol{q}_i^{\mathrm{H}} \boldsymbol{x}(n), i = 1, 2, \cdots M \tag{5-2-22}$$

因随机过程 $x(n)$ 的均值为零，所以，展开式系数 c_i 的均值为零，而

$$E[c_i c_l^*] = E\{\boldsymbol{q}_i^{\mathrm{H}} \boldsymbol{x}(n) [\boldsymbol{q}_l^{\mathrm{H}} \boldsymbol{x}(n)]^*\}$$

$$= E[\boldsymbol{q}_i^{\mathrm{H}}\boldsymbol{x}(n)\,\boldsymbol{q}_l^{\mathrm{T}}\,\boldsymbol{x}^*(n)]$$
$$= E[\boldsymbol{q}_i^{\mathrm{H}}\boldsymbol{x}(n)\boldsymbol{x}(n)\,\boldsymbol{q}_l]$$
$$= \boldsymbol{q}_i^{\mathrm{H}}E[\boldsymbol{x}(n)\,\boldsymbol{x}^{\mathrm{H}}(n)]\boldsymbol{q}_l$$
$$= \boldsymbol{q}_i^{\mathrm{H}}\boldsymbol{R}\,\boldsymbol{q}_l$$

将式(5-2-17)代入上式，得

$$E[c_i c_l^*] = \boldsymbol{q}_i^{\mathrm{H}}\boldsymbol{R}\,\boldsymbol{q}_l = \boldsymbol{q}_i^{\mathrm{H}}\left(\sum_{i=1}^{M} c_k\,\boldsymbol{q}_k\,\boldsymbol{q}_k^{\mathrm{H}}\right)\boldsymbol{q}_l = \sum_{i=1}^{M}\lambda_k(\boldsymbol{q}_i^{\mathrm{H}}\,\boldsymbol{q}_k)(\boldsymbol{q}_k^{\mathrm{H}}\,\boldsymbol{q}_l)$$

由式(5-2-13)可得

$$E[c_i c_l^*] = \begin{cases}\lambda_i, i = l \\ 0, i \neq l\end{cases}$$

即 M 个展开式系数 $c_i(i = 1,2,\cdots,M)$ 是互不相关的。

5.3 平稳随机信号的描述

5.3.1 平稳随机信号的定义

平稳随机信号是指对于时间的变化具有某种平稳性质的一类信号。若随机信号 $X(n)$ 的概率密度函数满足

$$p_X(x_1,x_2,\cdots,x_N;n_1,n_2,\cdots,n_N)$$
$$= p_X(x_1,x_2,\cdots,x_N;n_{1+k},n_{2+k},\cdots,n_{N+k})$$

对任意的 k 则称 $X(n)$ 是 N 阶平稳的。如果上式对 $N = 1,2,\cdots,\infty$ 都成立，则称 $X(n)$ 是严平稳(strict-sense stationary)，或狭义平稳的随机信号，但该信号基本不存在，因此人们研究和应用最多的是宽平稳(wide-sense stationary，WSS)信号，又称广义平稳信号。对随机信号 $X(n)$，若其均值为常数，即

$$\mu_N(n) = E[X(n)] = \mu_X \tag{5-3-1}$$

其方差为有限值且也为常数，即

$$\sigma_X^2(n) = E[|X(n) - \mu_X|^2] = \sigma_X^2 \tag{5-3-2}$$

其自相关函数 $r_X(n_1,n_2)$ 与 n_1,n_2 的选取起点无关，而仅与 n_1,n_2 之差有关，即

$$r_X(n_1,n_2) = E[X^*(n)X(n+m)] = r_X(m), m = n_2 - n_1 \tag{5-3-3}$$

则称 $X(n)$ 是宽平稳的随机信号。

由上述定义，还可得到均方值

$$D_X^2(n) = E[|X(n)|^2] = D_X^2 \tag{5-3-4}$$

及自协方差

$$\mathrm{cov}_X(n_1,n_2) = E\{[X(n)-\mu_X]^*[X(n+m)-\mu_X]\} = \mathrm{cov}_X(m) \tag{5-3-5}$$

两个宽平稳随机信号 $X(n)$ 和 $Y(n)$ 的互相关函数及互协方差可分别表示为

$$r_{XY}(m) = E[X^*(n)Y(n+m)] \tag{5-3-6}$$

$$\mathrm{cov}_{XY}(m) = E\{[X(n)-\mu_X]^*[Y(n+m)-\mu_Y]\} \tag{5-3-7}$$

宽平稳随机信号是一类重要的随机信号。

5.3.2　平稳随机信号的自相关函数

平稳随机信号自相关函数的定义已由式(5-3-3)给出，现讨论它的一些主要性质。

性质 5.12

$$r_X(0) \geqslant |r_X(m)| \tag{5-3-8}$$

对所有的 m 及

$$r_X(0) = \sigma_X^2 + |\mu_X|^2 \geqslant 0 \tag{5-3-9}$$

这一性质说明，自相关函数在 $m=0$ 处取得最大值，并且 $r_X(0)$ 是非负的。$|\mu_X|^2$ 代表了信号 $X(n)$ 中直流分量的平均功率，σ_X^2 代表了 $X(n)$ 中交流分量的平均功率，因此，$r_X(0)$ 代表了 $X(n)$ 的总的平均功率。现证明性质 5.12。

若 $X(n)$ 是实信号，由

$$E\{[X(n) \pm X(n+m)]^2\} \geqslant 0 \tag{5-3-10}$$

可得 $r_X(0) \geqslant |r_X(m)|$；若 $X(n)$ 是复信号，由

$$\begin{aligned} |r_X(m)|^2 &= |E[X^*(n)X(n+m)]|^2 \\ &\leqslant E[|X(n)|^2]E[|X(n+m)|^2] = r^2{}_X(0) \end{aligned} \tag{5-3-11}$$

也可得到同样的结论。

性质 5.13　若 $X(n)$ 是实信号，则 $r_X(m) = r_X(-m)$，即 $r_X(m)$ 为实偶函数；若 $X(n)$ 是复信号，则 $r_X(-m) = r_X^*(m)$，即 $r_X(m)$ 是 Hermitian 对称的。

性质 5.14　$r_{XY}(-m) = r_{YX}^*(m)$。若 $X(n)$、$Y(n)$ 是实信号，则 $r_{XY}(-m) = r_{YX}(m)$，该结果说明，即使 $X(n)$、$Y(n)$ 是实信号，$r_{XY}(m)$ 也不是偶对称的。

性质 5.15　$r_X(0)r_Y(0) \geqslant |r_{XY}(m)|^2$。

性质 5.16　由 $r_X(-M),\cdots,r_X(0),\cdots r_X(M)$ 这 $2M+1$ 个自相关函数组成的矩阵

$$\boldsymbol{R}_M = \begin{bmatrix} r_X(0) & r_X - 1 & \cdots & r_X(-M) \\ r_X(1) & r_X(0) & \cdots & r_X(-M-1) \\ \vdots & \vdots & \ddots & \vdots \\ r_X(M) & r_X(M-1) & \cdots & r_X(0) \end{bmatrix} \tag{5-3-12}$$

是非负定的。

现证明性质 5.16。

设 $\boldsymbol{a}$ 是任一个 $(M+1)$ 维非零向量，$\boldsymbol{a} = [a_0 \quad a_1 \quad \cdots \quad a_M]^{\mathrm{T}}$，由于

$$\boldsymbol{a}^{\mathrm{H}} \boldsymbol{R}_M \boldsymbol{a} = \sum_{m=0}^{M} \sum_{N=0}^{M} a_m a_n^* r_X(m-n) = E\left[\left|\sum_{N=0}^{M} a_n^* X(n)\right|^2\right] \geqslant 0 \tag{5-3-13}$$

故性质 5.16 成立(式中上标 H 代表共轭转置)。

$\boldsymbol{R}_M$ 称为 Hermitian 对称的 Toeplitz 矩阵。若 $X(n)$ 为实信号，那么 $r_X(m) = r_X(-m)$，则 $\boldsymbol{R}_M$ 的主对角线及与主对角线平行的对角线上的元素都相等，而且各元素相对主对角线是对称的，这时 $\boldsymbol{R}_M$ 称为实对称的 Toeplitz 矩阵。

5.3.3 平稳随机信号的功率谱

对自相关函数和互相关函数作 Z 变换，有

$$P_X(z) = \sum_{m=-\infty}^{\infty} r_X(m) z^{-m}$$

$$P_{XY}(z) = \sum_{m=-\infty}^{\infty} r_{XY}(m) z^{-m}$$

令 $z = \mathrm{e}^{\mathrm{j}\omega}$，得到

$$P_X(\mathrm{e}^{\mathrm{j}\omega}) = \sum_{m=-\infty}^{\infty} r_X(m) \mathrm{e}^{-\mathrm{j}\omega m}$$

$$P_{XY}(\mathrm{e}^{\mathrm{j}\omega}) = \sum_{m=-\infty}^{\infty} r_{XY}(m) \mathrm{e}^{-\mathrm{j}\omega m}$$

我们称 $P_X(\mathrm{e}^{\mathrm{j}\omega})$ 为随机信号 $X(n)$ 的自功率谱，$P_{XY}(\mathrm{e}^{\mathrm{j}\omega})$ 为随机信号 $X(n)$，$Y(n)$ 的互功率谱。功率谱反映了信号的功率在频域随频率 ω 的分布，因此，$P_X(\mathrm{e}^{\mathrm{j}\omega})$，$P_{XY}(\mathrm{e}^{\mathrm{j}\omega})$ 又称功率谱密度。所以，$P_X(\mathrm{e}^{\mathrm{j}\omega})\mathrm{d}\omega$ 表示信号 $X(n)$ 在 $\omega \sim \omega + \mathrm{d}\omega$ 之间的平均功率。我们知道，对随机信号的频域分析，不再简单的是频谱，而是功率谱。假定 $X(n)$ 的功率是有限的，那么其功率谱密度的反变换必然存在，其反变换就是自相关函数，即有

$$r_X(m) = \frac{1}{2\pi}\int_{-\pi}^{\pi} P_X(e^{j\omega})e^{j\omega m}d\omega \tag{5-3-14}$$

而

$$r_X(0) = \frac{1}{2\pi}\int_{-\pi}^{\pi} P_X(e^{j\omega})e^{j\omega m}d\omega = E[|X(n)|^2] \tag{5-3-15}$$

反映了信号的平均功率。

5.3.4　一阶马尔可夫过程

在信号与图像处理中经常用到的另一个概率模型是马尔可夫(Markov)过程。一个随机信号 $\{X(t),t \in T\}$,若其概率密度函数满足

$$\begin{aligned} p[X(t_{n+1}) \leqslant x_{n+1} | X(t_n) = x_n, X(t_{n-1}) = x_{n-1}, \cdots, X(t_0) = x_0] \\ = p[X(t_{n+1}) \leqslant x_{n+1} | X(t_n) = x_n], X(t_n) = X(n) \end{aligned} \tag{5-3-16}$$

则称 $X(t)$ 为马尔可夫过程。式中 $t_0 \leqslant t_1 \leqslant \cdots \leqslant t_n \leqslant t_{n+1}, X(0), X(1), \cdots, X(n)$ 称为过程在各个时刻的状态。式(5-3-16)的含义是:已知过程在现在时刻 t_n 的状态 $X(n)$,那么,下一个时刻 t_{n+1} 的状态 $X(n+1)$ 只与现在的状态有关,而与过去的状态 $X(n-1),\cdots,X(0)$ 无关。如果 t 和 X 都取离散值,则马尔可夫过程又称为马尔可夫链(Markov chain)。

令 $u(n)$ 是一均值为零、方差为 σ_u^2 的白噪声序列, $X(n)$ 是 $u(n)$ 激励一个 LSI 系统

$$H(z) = \frac{1}{1-\rho z^{-1}} \tag{5-3-17}$$

的输出,对应的时域差分方程是

$$X(n) = \rho X(n-1) + u(n) \tag{5-3-18}$$

显然, $X(n)$ 是一随机信号。由式(5-3-18)可知, $n-1$ 时刻的状态 $X(n-1)$ 完全决定了行时刻的状态 $X(n)$,同理, n 时刻的状态 $X(n)$ 又完全决定了 $n+1$ 时刻的状态 $X(n+1)$,因此,式(5-3-18)给出的过程是一个马尔可夫过程,又称为一阶马尔可夫(Markov-Ⅰ)过程。

现在我们来推导 $X(n)$ 的一阶及二阶数字特征。不难导出式(5-3-16) $X(n)$ 的又一表示形式是

$$X(n) = \sum_{i=0}^{\infty}\rho^i u(n-1)$$

因为 $u(n)$ 是 $\mu_n = 0$ 、方差为 σ_u^2 的白噪声序列,所以 $\mu_X = 0$,其方差

$$\sigma_X^2 = E[|X(n)|^2] = \sum_{i=0}^{\infty}\sum_{j=0}^{\infty}\rho^i\rho^j E[u(n-i)u(n-j)]$$

$$= \sum_{i=0}^{\infty} \sum_{j=0}^{\infty} \rho^i \rho^j \sigma_u^2 \delta(i-j) = \sigma_u^2 \sum_{i=0}^{\infty} \rho^{2i} = \frac{\sigma_u^2}{1-\rho^2}$$

其自相关函数

$$r_X(m) = E[X(n)X(n+m)] = \sum_{i=0}^{\infty} \sum_{j=0}^{\infty} \rho^i \rho^j E[u(n-i)u(n-j+m)]$$

$$= \sigma_u^2 \rho^{|m|} \sum_{i=0}^{\infty} \rho^{2i} = \frac{\sigma_u^2}{1-\rho^2} \rho^{|m|}$$

利用，$r_X(-N) \sim r_X(N)$ 可构成 $N \times N$ 的 Toeplitz 自相关矩阵，即有

$$\boldsymbol{R}_X = \frac{\sigma_u^2}{1-\rho^2} \begin{bmatrix} 1 & \rho & \rho^2 & \cdots & \rho^{N-1} \\ \rho & 1 & \rho & \cdots & \rho^{N-2} \\ \rho^2 & \rho & 1 & \cdots & \rho^{N-3} \\ \vdots & \vdots & \vdots & \ddots & \vdots \\ \rho^{N-1} & \rho^{N-2} & \rho^{N-3} & \cdots & 1 \end{bmatrix}$$

5.4 随机序列数字特征的估计

5.4.1 估计准则

假定对随机变量 x 观测了 N 次，得到 N 个观测值：$x_0, x_1, x_2, \cdots, x_{N-1}$。希望通过这 N 个观测值估计参数 α，称 α 为真值，它的估计值用 $\hat{\alpha}$ 表示。$\hat{\alpha}$ 是观测值的函数，假定该函数关系用 $F[\cdot]$ 表示为

$$\hat{\alpha} = F[x_0, x_1, x_2, \cdots, x_{N-1}] \tag{5-4-1}$$

估计误差用 $\tilde{\alpha}$ 表示，$\tilde{\alpha} = \hat{\alpha} - \alpha$，这里 $\hat{\alpha}$ 和 $\tilde{\alpha}$ 都是随机变量。作为随机变量，就存在一定的统计分布规律。设 $\hat{\alpha}$ 的概率密度曲线如图 5-2 所示，图中 α 是要估计的参数，如果估计值 $\hat{\alpha}$ 接近 α 的概率很大，则说这是一种比较好的估计方法。图中 $P_1(\hat{\alpha})$ 比 $P_2(\hat{\alpha})$ 要好。一般来说，一个好的估计值，其概率密度曲线必须窄，且比较集中在其估计量的真值附近。

通常，评价估计性能好坏的标准有以下三种。

5.4.1.1 偏移性

令估计量的统计平均值与真值之间的差值为偏移 B。其公式为

$$B = \alpha - E[\hat{\alpha}] \tag{5-4-2}$$

如果 $B=0$，称为无偏估计。无偏估计表示估计量仅在它的真值附近摆动，这是我们希望有的估计特性。如果 $B \neq 0$，则称为有偏估计。如果随

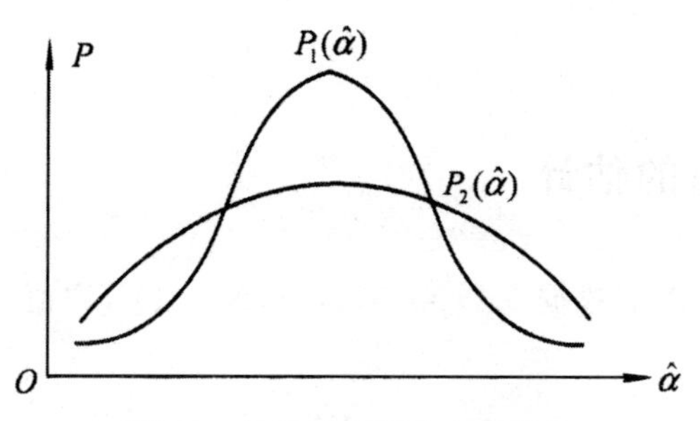

图 5-2　估计量的概率密度曲线

着观察次数 N 的增大，能够满足下式：

$$\lim_{N\to\infty} E[\hat{\alpha}] = \alpha \tag{5-4-3}$$

则称为渐进无偏估计，这种情况在实际中是经常有的。

5.4.1.2　估计量的方差

如果 $\hat{\alpha}$ 和 $\hat{\alpha}'$ 都是 x 的两个无偏估计值，对任意 N，它们的方差满足下式：

$$\sigma_{\hat{\alpha}}^2 < \sigma_{\hat{\alpha}'}^2 \tag{5-4-4}$$

式中

$$\sigma_{\hat{\alpha}}^2 = E\{(\hat{\alpha} - E[\hat{\alpha}])^2\}$$
$$\sigma_{\hat{\alpha}'}^2 = E\{(\hat{\alpha}' - E[\hat{\alpha}'])^2\}$$

则称 $\hat{\alpha}$ 比 $\hat{\alpha}'$ 更有效。一般希望当 $N\to\infty$ 时，$\sigma_{\hat{\alpha}}^2\to 0$。

5.4.1.3　一致性——均方误差

在许多情况下，偏移较小的估计值可能有较大的方差。而方差较小的估计值可能有较大的偏移，此时使用与估计值有关的均方误差会更方便。估计量的均方误差用下式表示：

$$E[\tilde{\alpha}^2] = E[(\alpha' - \alpha)^2] \tag{5-4-5}$$

如果估计量的均方误差随着观察次数的增加趋于 0，即估计量随着 N 的增大，在均方意义上趋于它的真值，则称该估计是一致估计。估计量的均方误差与估计量的方差和偏移的关系推导如下：

$$\begin{aligned} E[\tilde{\alpha}^2] &= E[(\alpha' - \alpha)^2] = E[((\hat{\alpha} - E[\hat{\alpha}]) - (\hat{\alpha} - E[\hat{\alpha}]))^2] \\ &= E[((\hat{\alpha} - E[\hat{\alpha}])^2 + (\hat{\alpha} - E[\hat{\alpha}])^2)] \\ &\quad - 2E[(\hat{\alpha} - E[\hat{\alpha}]) - (\hat{\alpha} - E[\hat{\alpha}])] \\ &= B^2 + \sigma_{\hat{\alpha}}^2 \end{aligned}$$

上式表示，随着 N 的增大，偏移和估计量方差都趋于零，是一致估计的充分必要条件。

5.4.2 均值的估计

假设已取得样本数据 $x_i(i=0,1,\cdots,N-1)$，均值的估计量用下式计算：

$$\hat{m}_x = \frac{1}{N}\sum_{i=0}^{N-1} x_i \tag{5-4-6}$$

式中，N 是观察次数。下面用已介绍的方法评价它的估计量。

5.4.2.1 偏移

$$\begin{cases} B = m_x - E[\hat{m}_x] \\ E[\hat{m}_x] = E\left[\frac{1}{N}\sum_{i=0}^{N-1} x_i = \frac{1}{N}\sum_{i=0}^{N-1} E[x_i]\right] \end{cases} \tag{5-4-7}$$

因此，$B=0$ 说明这种估计方法是无偏估计。

5.4.2.2 估计量的方差与均方误差

$$\sigma_{\hat{m}_x}^2 = E[(\hat{m}_x - E[\hat{m}_x])^2] = E[\hat{m}_x] - m_x^2$$

$$E[\hat{m}_x^2] = \frac{1}{N^2}\sum_{i=0}^{N-1}\sum_{j=0}^{N-1} E[x_i x_j]$$

在计算上式时，与数据内部的相关性有关，先假设数据内部不相关，那么

$$E[x_i x_j] = E[x_i]E[x_j]$$

$$E[\hat{m}_x^2] = \frac{1}{N}E[x_i^2] + \frac{N-1}{N}m_x^2$$

$$\sigma_{\hat{m}_x}^2 = \frac{1}{N}E[x_i^2] - \frac{1}{N}m_x^2 = \frac{1}{N}\sigma_x^2$$

上式表明，估计量的方差随着观察次数 N 的增加而减少，当 $N\to\infty$ 时，估计量的方差趋于 0。这种情况下估计量的均方误差为

$$E[\hat{m}_x^2] = B^2 + \sigma_{\hat{m}_x}^2 \tag{5-4-8}$$

这样，当 $N\to\infty$ 时，$B=0$，$\sigma_{\hat{m}_x}\to 0$，$E[\hat{m}_x^2]\to 0$，是一致估计。

如果数据内部存在关联性，会使一致性的效果下降，估计量的方差比数据内部不存在相关情况的方差要大，达不到信号方差的 $1/N$。此时

$$
\begin{aligned}
\sigma_{m_x}^2 &= E[(\hat{m}_x - m_x)^2] = E\left[\left(\frac{1}{N}\sum_{i=0}^{N-1} x_i - m_x\right)^2\right] \\
&= \frac{1}{N^2} E\left[\sum_{i=0}^{N-1} (x_i - m_x)^2\right] \\
&= \frac{1}{N^2}\left\{\sum_{i=0}^{N-1} E[(x_i - m_x)^2] + \sum_{\substack{n=0 \\ n\neq i}}^{N-1} \sum_{i=0}^{N-1} E[(x_n - m_x)(x_i - m_x)]\right\}
\end{aligned} \tag{5-4-9}
$$

当序列的 n 与 i 相差 m 时，$E[(x_n - m_x)(x_i - m_x)] = \text{cov}(m)$ ，而 N 点数据中相距 m 点的样本有 $N - m$ 对，因此

$$
\begin{aligned}
\sigma_{m_x}^2 &= \frac{1}{N^2}\left[N\text{cov}(0) + 2\sum_{m=1}^{N-1} (N - m)\text{cov}(m)\right] \\
&= \sigma_x^2 \frac{1 + 2\sum_{m=1}^{N-1} \dfrac{N-m}{N}\rho_x(m)}{N}
\end{aligned} \tag{5-4-10}
$$

式中

$$
\sigma_x^2 = \text{cov}(0)
$$

$$
\rho_x(m) = \frac{\text{cov}(m)}{\text{cov}(0)}
$$

式(5-4-10)表明当数据之间存在相关性时，其估计量的方差下降不到真值的 $1/N$ 。也可将式(5-4-10)表示成

$$
\frac{\sigma_x^2}{\sigma_{\hat{m}_x}^2} = \frac{N}{1 + 2\sum_{m=1}^{N-1} \dfrac{N-m}{N}\rho_x(m)} \tag{5-4-11}
$$

如果希望估计量的方差改进 K 倍，令 $K = \dfrac{\sigma_x^2}{\sigma_{\hat{m}_x}^2}$ ，则可以利用式(5-4-11)估计需要的样本数据的点数 N。

5.4.3　随机序列自相关函数的估计

设只观测到实随机序列 $x(n)$ 的一段样本数据，$n = 0,1,\cdots,N-1$ ，利用这一段样本数据估计自相关函数的方法有两种，即无偏自相关函数估计和有偏自相关函数估计。

5.4.3.1　无偏自相关函数的估计

无偏自相关函数的估计公式为

$$\hat{r}_{xx}(m)=\frac{1}{N-m}\sum_{n=0}^{N-m-1}x(n)x(n+m),0\leqslant m\leqslant N-1$$

$$\hat{r}_{xx}(m)=\hat{r}_{xx}(-m),1-N<m<0$$

将上面两式写成一个表达式：

$$\hat{r}_{xx}(m)=\frac{1}{N-|m|}\sum_{N=0}^{N-|m|-1}x(n)x(n+m) \tag{5-4-12}$$

下面分析这种自相关函数的估计质量，首先分析偏移性：

$$B=E[\hat{r}_{xx}(m)]-r_{xx}(m)$$

$$E[\hat{r}_{xx}(m)]=\frac{1}{N-|m|}\sum_{n=0}^{N-|m|-1}E[x(n)x(n+m)]=r_{xx}(m)$$

因此 $B=0$，这是一种无偏估计。下面推导估计量的方差：

$$\begin{aligned}\mathrm{var}[\hat{r}_{xx}(m)]&=E[(\hat{r}_{xx}(m)-E[\hat{r}_{xx}(m)])^2]\\&=E[\hat{r}^2{}_{xx}(m)]-r_{xx}^2(m)\end{aligned}$$

$$E[\hat{r}^2{}_{xx}(m)]=\frac{1}{(N-|m|)^2}\cdot\sum_{n=0}^{N-|m|-1}\sum_{k=0}^{N-|m|-1}E[x(n)x(n+m)x(k)x(k+m)]$$

为了分析简单，假设 $x(n)$ 是实的、均值为 0 的高斯随机信号，求和号内的部分可以写成下式：

$$\begin{aligned}&E[x(n)x(n+m)x(k)x(k+m)]\\&=r_{xx}^2(m)+r_{xx}(k-n)r_{xx}(k-n)+r_{xx}(k+m-n)r_{xx}(k-m-n)\\&=r_{xx}^2(m)+r_{xx}^2(k-n)+r_{xx}(k+m-n)r_{xx}(k-m-n)\end{aligned} \tag{5-4-13}$$

$$E[\hat{r}^2{}_{xx}(m)]=r_{xx}^2(m)+\frac{1}{(N-|m|)^2}\cdot\sum_{n=0}^{N-|m|-1}\sum_{k=0}^{N-|m|-1}\cdot[r_{xx}^2(k-n)+r_{xx}(k+m-n)r_{xx}(k-m-n)] \tag{5-4-14}$$

$$\mathrm{var}[\hat{r}_{xx}(m)]=\frac{1}{(N-|m|)^2}\cdot\sum_{n=0}^{N-|m|-1}\sum_{k=0}^{N-|m|-1}\cdot[r_{xx}^2(k-n)+r_{xx}(k+m-n)r_{xx}(k-m-n)] \tag{5-4-15}$$

式中，令 $r=k-n$，此时求和域发生了变化，如图 5-3 所示。

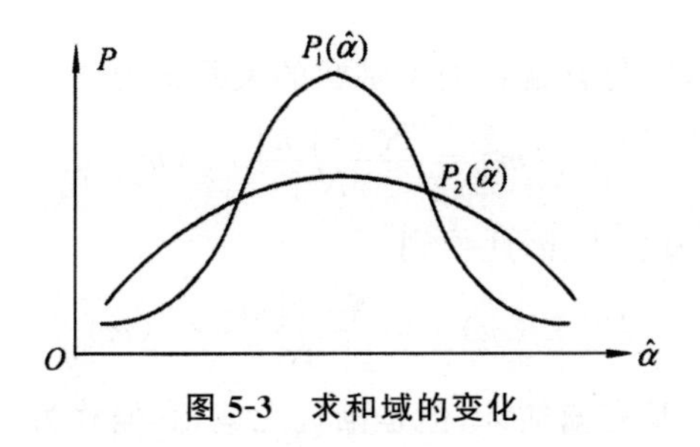

图 5-3　求和域的变化

根据变化后的求和域 (k,r)，估计量的方差推导如下：

$$\mathrm{var}[\hat{r}_{xx}(m)] = \frac{1}{(N-|m|-1)^2}\left\{\sum_{k=0}^{r+N-|m|-1}[r_{xx}^2(r)+r_{xx}(r+m)r_{xx}(r-m)]\right.$$

$$\left.+\sum_{r=0}^{N-|m|-1}\sum_{k=r}^{N-|m|-1}[r_{xx}^2(r)+r_{xx}(r+m)r_{xx}(r-m)]\right\}$$

$$=\frac{1}{(N-|m|-1)^2}\sum_{k=1+|m|-N}^{N-|m|-1}[r_{xx}^2(r)$$

$$+r_{xx}(r-m)r_{xx}(r+m)][N-|m|-|r|]$$

一般观测数据量 N 很大，则有

$$N-|m|-|r| = N\left(1-\frac{|m|-|r|}{N}\right)\approx N \tag{5-4-16}$$

$$\mathrm{var}[\hat{r}_{xx}(m)]\leqslant\frac{1}{(N-|m|)^2}\sum_{k=1+|m|-N}^{N-|m|-1}[r_{xx}^2(r)+r_{xx}(r-m)r_{xx}(r+m)] \tag{5-4-17}$$

上式中，只有当 $N\geqslant m$，$N\to\infty$ 时，估计量的方差才趋于 0。但是当 $m\to N$ 时，方差将很大，因此，这种估计方法在一般情况下不是一种好的估计方法；虽然是无偏估计，也不能算是一致估计。在推导过程中，曾假设信号为高斯信号，对于非高斯信号该结论也正确。

5.4.3.2　有偏自相关函数的估计

有偏自相关函数用 $\hat{r}'_{xx}(m)$ 表示，计算公式如下：

$$\hat{r}'_{xx}(m)=\frac{1}{N}\sum_{n=0}^{N-|m|-1}x(n)x(n+m) \tag{5-4-18}$$

对比式(5-4-12)，不同点是求平均时只用 N 去除，这是不合理的，但下面可推导出它服从渐近一致估计的原则，比无偏自相关函数的估计误差小，因此以后需要由观测数据估计自相关函数时，均用上式进行计算。下面先分析它的偏移性。

无偏自相关函数与有偏自相关函数的关系式为

$$\hat{r}'_{xx}(m)=\frac{N-|m|}{N}\hat{r}_{xx}(m) \tag{5-4-19}$$

因为 $\hat{r}_{xx}(m)$ 是无偏估计,因此得到

$$E[\hat{r}'_{xx}(m)]=\frac{N-|m|}{N}\hat{r}_{xx}(m) \tag{5-4-20}$$

上式说明 $\hat{r}'_{xx}(m)$ 是有偏估计,但是渐近无偏,其偏移为

$$B=\frac{|m|}{N}r_{xx}(r) \tag{5-4-21}$$

在式(5-4-20)中,$\hat{r}_{xx}(m)$ 的统计平均值等于其真值乘以三角窗函数 $\omega_B(m)$(或称巴特利特窗函数),即

$$\omega_B(m)=\frac{N-|m|}{N}$$

三角窗函数的波形如图 5-4 所示。只有当 $m=0$ 时,$\hat{r}'_{xx}(m)$ 才是无偏的,其他 m 值都是有偏的,但当 $N\to\infty$ 时,$\omega_B(m)\to 1, B\to 0$,因此 $\hat{r}'_{xx}(m)$ 是渐近无偏。

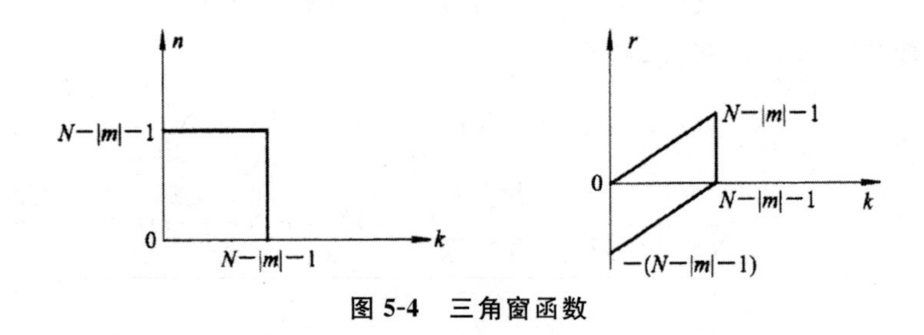

图 5-4　三角窗函数

5.5　线性系统对随机信号的响应

对已知概率特性的随机序列,对其作某种数学运算,使之变换成一个新的随机序列,探讨新序列的统计规律以及它与原序列之间的关系,无论对理论的发展还是对实际应用都是极有意义的。在科技领域中,常常需要讨论一个平稳随机序列通过某线性系统之后的输出序列的统计特性。为此,我们先对线性系统作一简要的介绍。

所谓系统,用数学语言来表述,就是从输入序列 $\{x(n), n\in \mathbf{Z}\}$ 到输出序列 $\{y(n), n\in \mathbf{Z}\}$ 的映射,记为 L,如果输入序列 $\{x(n), n\in \mathbf{Z}\}$ 和输出

序列 $\{y(n),n\in\mathbf{Z}\}$ 满足如下关系：

$$y(n)=\sum_{k=-\infty}^{\infty}h(k)x(n-k),n\in\mathbf{Z} \tag{5-5-1}$$

则称 L 为线性(时不变)系统；称 $\{h(k),k\in\mathbf{Z}\}$ 为线性系统的冲激响应，它是线性系统的时域表征。如果 $k<0$ 时的 $h(k)=0$，则 L 是因果的。此时

$$y(n)=0 \tag{5-5-2}$$

若冲激响应 $\{h(k),k\in\mathbf{Z}\}$ 满足条件

$$\sum_{k=-\infty}^{\infty}|h(k)|<\infty \tag{5-5-3}$$

就称 L 是稳定的，稳定意味着有界的输入导致了有界的输出。事实上，若有正数 M 使得对一切 $n\in\mathbf{Z}$，都有 $|x(n)|<M$，那么

$$|y(n)|\leqslant\sum_{k=-\infty}^{\infty}|h(k)|\cdot|x(n-k)|\leqslant M\sum_{k=-\infty}^{\infty}|h(k)|<\infty \tag{5-5-4}$$

在实践中，常见的系统都是稳定和因果的线性系统。

5.5.1　线性时不变系统对随机输入的响应

定理 5.1　设输入 $\{x(n),n\in\mathbf{Z}\}$ 是平稳序列，$\varphi_{xx}(m)$ 和 $P_{xx}(\omega)$ 分别为其自相关函数和功率谱密度，且 $\varphi_{xx}(m)$ 绝对可和，L 是线性时不变系统，其冲激响应为 $h(n)$，响应频率为 $H(\omega)$，且满足

$$\sum_{k=-\infty}^{\infty}|h(n)|<\infty$$

$$\sum_{k=-\infty}^{\infty}\sum_{n=-\infty}^{\infty}h^{*}(k)h(n)\varphi_{xx}(n-k)<\infty$$

则有：

1)L 的输出 $\{y(n),n\in\mathbf{Z}\}$ 为

$$\begin{aligned}y(n)&=\lim_{\substack{k\to-\infty\\ l\to+\infty}}\sum_{m=k}^{l}h(n-m)x(m)=\sum_{k=-\infty}^{\infty}h(n-k)x(k)\\&=\sum_{k=-\infty}^{\infty}h(k)x(n-k)=h(n)*x(n)\end{aligned}$$

2) $\{y(n)\}$ 的均值函数和相关函数分别为

$$m_y=m_x\sum_{n=-\infty}^{\infty}h(n)$$

$$\varphi_{xy}(n,n+m)=\sum_{k=-\infty}^{\infty}h(k)\sum_{r=-\infty}^{\infty}h(r)\varphi_{xx}(k+m-r)\triangleq\varphi_{xy}(m)$$

3) $\{y(n)\}$ 的功率谱密度存在，且

$$P_{yy}(\omega) = |H(\omega)|^2 P_{xx}(\omega)$$

5.5.2 系统输入、输出的互相关函数与互谱密度

现在让我们来讨论关于线性非时变系统的输入和输出之间的互相关函数 $\varphi_{xy}(\omega)$ 及互谱密度 $P_{xx}(\omega)$ 。

定理 5.2 设线性时不变系统 L 的输入和输出分别为平稳序列 $\{x(n), n \in \mathbf{Z}\}$ 和 $\{y(n), n \in \mathbf{Z}\}$ ，且 $\{x(n)\}$ 存在谱密度 $P_{xx}(\omega)$ ，则系统的输入 $\{x(n)\}$ 与输出 $\{y(n)\}$ 平稳相关，且它们的互谱密度函数为

$$P_{xy}(\omega) = H(\omega)P_{xx}(\omega), P_{yx}(\omega) = H^*(\omega)P_{xx}(\omega)$$

其中 $H(\omega)$ 为 L 的频率响应。

5.6 随机过程高阶累积量和高阶谱的概念

在信号处理中，经常假设信号或噪声服从高斯分布，对高斯分布的随机变量（向量）或随机过程，用一阶（均值）和二阶统计量（方差或协方差）就可以完全表示其分布函数和所有统计数字特征。本节将介绍随机过程高阶统计量的一些概念。

5.6.1 高阶矩和高阶累积量

考虑单个实随机变量 T，定义其第一特征函数，也称为矩生成函数(moment generating function)为概率密度函数 $p(x)$ 的傅里叶变换（与标准的傅里叶变换差一个负号），即

$$\Phi(\omega) = \int p(x) e^{j\omega x} dx = E[e^{j\omega x}] \tag{5-6-1}$$

对上式关于 ω 求 k 阶导数，有

$$\frac{d^k \Phi(\omega)}{d\omega^k} = j^k E[x^k e^{j\omega x}] \tag{5-6-2}$$

由概率论可知，随机变量 x 的 k 阶（原点）矩 m_k 定义为

$$m_k = E[x^k] = \int x^k p(x) dx \tag{5-6-3}$$

显然，在式(5-6-2)中令 $\omega = 0$ ，即可求出 x 的 k 阶矩为

$$m_k = E[x^k] = (-\mathrm{j})^k \frac{\mathrm{d}^k \Phi(\omega)}{\mathrm{d}\omega^k}\Big|_{\omega=0} \tag{5-6-4}$$

随机变量 x 的第二特征函数，也称为累积量生成函数（cumulant generating function）定义为

$$\psi(\omega) = \ln\Phi(\omega) = \ln\left[\int p(x)\mathrm{e}^{\mathrm{j}\omega x}\mathrm{d}x\right] = \ln E[\mathrm{e}^{\mathrm{j}\omega x}] \tag{5-6-5}$$

与式(5-6-4)类似，随机变量 x 的 k 阶累积量（cumulant）c_k 由累积量生成函数定义为

$$c_k = (-\mathrm{j})^k \frac{\mathrm{d}^k \Phi(\omega)}{\mathrm{d}\omega^k}\Big|_{\omega=0} \tag{5-6-6}$$

例如，对于零均值、方差为 σ^2 的高斯平稳随机过程 x，其概率密度函数为

$$p(x) = \frac{1}{\sqrt{2\pi\sigma}}\mathrm{e}^{-\frac{x^2}{2\sigma^2}}$$

其矩生成函数为

$$\Phi(\omega) = E[\mathrm{e}^{\mathrm{j}\omega x}] = \int p(x)\mathrm{e}^{\mathrm{j}\omega x}\mathrm{d}x = \mathrm{e}^{-\frac{\sigma^2\omega^2}{2}} \tag{5-6-7}$$

累积量生成函数为

$$\psi(\omega) = \ln\Phi(\omega) = -\frac{\sigma^2\omega^2}{2} \tag{5-6-8}$$

由式(5-6-4)可得 k 阶矩为

$$m_k = \begin{cases} 0, k = 1,3,5,\cdots \\ 1\times 3\cdots(k-1)\sigma^k, k = 2,4,\cdots \end{cases} \tag{5-6-9}$$

由式(5-6-6)可得高斯随机变量的 k 阶累积量为

$$c_k = \begin{cases} 0, k = 1 \\ \sigma^2, k = 2 \\ 0, k > 2 \end{cases} \tag{5-6-10}$$

可见，高斯随机变量的3阶以上累积量为零。

将一组实随机变量 $x_1, x_2, \cdots, x_l$，构成随机向量 $x = [x_1 \quad x_2 \quad \cdots \quad x_l]^{\mathrm{T}}$，定义随机向量 x 的矩生成函数为

$$\Phi(\omega_1, \omega_2, \cdots, \omega_l) = E\{\mathrm{e}^{\mathrm{j}(\omega_1 x_1 + \omega_2 x_2 + \cdots + \omega_l x_l)}\} = E\{\mathrm{e}^{\mathrm{j}\omega^{\mathrm{T}} x}\} \tag{5-6-11}$$

x 的累积量生成函数定义为

$$\psi(\omega_1, \omega_2, \cdots, \omega_l) = \ln(\omega_1, \omega_2, \cdots, \omega_l)$$

其中，$\omega = [\omega_1 \quad \omega_2 \quad \cdots \quad \omega_l]^{\mathrm{T}}$。

与单个随机变量类似，利用矩生成函数和累积量生成函数，可以定义 x 的 $(r_1, r_2, \cdots, r_l)$ 阶矩和累积量分别为

$$m_{r_1,r_2,\cdots,r_l} = E[x_1^{r_1}x_2^{r_2}\cdots x_l^{r_l}]$$
$$= (-\mathrm{j})^r \frac{\partial^r \Phi(\omega_1,\omega_2,\cdots,\omega_l)}{\partial\omega_1^{r_1}\partial\omega_2^{r_2}\cdots\partial\omega_l^{r_l}}\Big|_{\omega_1=\omega_2=\cdots=\omega_l=0}$$
$$c_{r_1,r_2,\cdots,r_l} = \mathrm{cum}\{x_1^{r_1}x_2^{r_2}\cdots x_l^{r_l}\}$$
$$= (-\mathrm{j})^r \frac{\partial^r \Psi(\omega_1,\omega_2,\cdots,\omega_l)}{\partial\omega_1^{r_1}\partial\omega_2^{r_2}\cdots\partial\omega_l^{r_l}}\Big|_{\omega_1=\omega_2=\cdots=\omega_l=0}$$

式中

$$r = r_1 + r_2 + \cdots + r_l$$

实际上，当取 $r = r_1 = r_2 = \cdots = r_l = 1$ 时，则 l 个随机变量的 l 阶矩和 l 阶累积量分别为

$$m_{1\cdots l} = \mathrm{mom}\{x_1,x_2\cdots,x_l\}$$
$$= (-\mathrm{j})^l \frac{\partial^r \Phi(\omega_1,\omega_2,\cdots,\omega_l)}{\partial\omega_1^{r_1}\partial\omega_2^{r_2}\cdots\partial\omega_l^{r_l}}\Big|_{\omega_1=\omega_2=\cdots=\omega_l=0}$$
$$c_{1\cdots l} = \mathrm{cum}\{x_1,x_2,\cdots,x_l\}$$
$$= (-\mathrm{j})^l \frac{\partial^l \Psi(\omega_1,\omega_2,\cdots,\omega_l)}{\partial\omega_1^{r_1}\partial\omega_2^{r_2}\cdots\partial\omega_l^{r_l}}\Big|_{\omega_1=\omega_2=\cdots=\omega_l=0}$$

对于离散时间随机过程 $x(n)$，其 l 个不同时刻的取值 $x(n)$，$x(n-k_1),\cdots,x(n-k_{l-1})$ 的高阶矩和高阶累积量分别定义为

$$m_1(k_1,k_2,\cdots,k_{l-1}) = \mathrm{mom}\{x(n),x(n-k_1),\cdots,x(n-k_{l-1})\}$$
$$c_1(k_1,k_2,\cdots,k_{l-1}) = \mathrm{cum}\{x(n),x(n-k_1),\cdots,x(n-k_{l-1})\}$$

高阶累积量和高阶矩之间可以互相转换。高阶累积量可以通过矩-累积量转换公式（M-C，moment-cumulant），从高阶矩转换得到；而高阶矩可以通过累积量-矩转换公式（C-M，cumulant-moment），从高阶累积量转换得到。一般的 M-C 公式和 C-M 公式比较复杂，本书不作详细介绍。但对零均值实平稳随机过程，一阶到四阶累积量可以表示为

$$c_1 = m_1 = E[x(n)] = 0$$
$$c_2(k_1) = m_2(k_1) = r(k_1) = E[x(n)x(n-k_1)]$$
$$c_3(k_1,k_2) = m_3(k_1,k_2) = E[x(n)x(n-k_1)x(n-k_2)]$$
$$c_4 = (k_1,k_2,k_3) = m_4(k_1,k_2,k_3) - r(k_1)r(k_3-k_2)$$
$$- r(k_2)r(k_3-k_1) - r(k_3)r(k_2-k_1)$$

式中，

$$m_4(k_1,k_2,k_3) = E[x(n)x(n-k_1)x(n-k_2)x(n-k_3)]$$
$$r(k_l) = E[x(n)x(n-k_l)], l = 1,2,3$$
$$r(k_i - k_l) = E[x(n-k_i)x(n-k_l)]$$

5.6.2　高阶谱的概念

若随机过程 $x(n)$ 的 l 阶累积量 $\mathrm{cum}\{x_1,x_2,\cdots,x_l\}$ 是绝对可和的，即

$$\sum_{k_1=-\infty}^{\infty}\cdots\sum_{k_{l-1}=-\infty}^{\infty}|c_l(k_1,k_2,\cdots,k_{l-1})|<\infty$$

则 $x(n)$ 的 l 阶累积量谱定义为 l 阶累积量的 $(l-1)$ 维离散时间傅里叶变换，有

$$S_l(\omega_1,\omega_2,\cdots,\omega_{l-1})=\sum_{k_1=-\infty}^{\infty}\cdots\sum_{k_{l-1}=-\infty}^{\infty}c_l(k_1,k_2,\cdots,k_{l-1})\cdot\exp[-\mathrm{j}(\omega_1k_1+\cdots+\omega_{l-1}k_{l-1})]$$

同样可以定义 l 阶高阶矩谱是 Z 阶高阶矩的 $(l-1)$ 维离散傅里叶变换，由于高阶累积量比高阶矩拥有更优越的性质，所以，在实际工程中，高阶累积量谱的应用更为广泛。

高阶累积量谱也常被称为高阶谱或多谱。在高阶谱中，二阶谱就是功率谱，三阶谱和四阶谱又分别称为双谱和三谱。

1)二阶谱(功率谱)

$$S(\omega)=\sum_{m=-\infty}^{\infty}c_2(m)\exp(-\mathrm{j}\omega m)=\sum_{m=-\infty}^{\infty}r(m)\exp(-\mathrm{j}\omega m),|\omega|\leqslant\pi$$

2)三阶谱(双谱，bispectrum)

$$\begin{aligned}B(\omega_1,\omega_2)&=S(\omega_1,\omega_2)\\&=\sum_{k_1=-\infty}^{\infty}\sum_{k_2=-\infty}^{\infty}c_3(k_1,k_2)\exp[-\mathrm{j}(\omega_1k_1+\omega_2k_2)]\end{aligned}$$

$$|\omega_1|\leqslant\pi,|\omega_2|\leqslant\pi,|\omega_1+\omega_2|\leqslant\pi$$

3)四阶谱(三谱，trispectrum)

$$\begin{aligned}T(\omega_1,\omega_2,\omega_3)&=S_4(\omega_1,\omega_2,\omega_3)\\&=\sum_{k_1=-\infty}^{\infty}\sum_{k_2=-\infty}^{\infty}\sum_{k_3=-\infty}^{\infty}c_4(k_1,k_2,k_3)\cdot\exp[-\mathrm{j}(\omega_1k_1+\omega_2k_2+\omega_3k_3)]\end{aligned}$$

$$|\omega_1|\leqslant\pi,|\omega_2|\leqslant\pi,|\omega_3|\leqslant\pi,|\omega_1+\omega_2+\omega_3|\leqslant\pi$$

对于高斯随机过程，其双谱、三谱及更高阶的谱恒为零。由高阶谱定义可知，高阶谱是以 2π 为周期的周期函数，即

$$S_l(\omega_1,\cdots,\omega_{l-1})=S_l(\omega_1+2k_1\pi,\cdots,\omega_{l-1}+2k_{l-1}\pi)$$

与二阶功率谱不包含信号的相位信息不同，高阶谱一般既有幅度信息也有相位信息，即

$$S_l(\omega_1,\cdots,\omega_{l-1})=|S_l(\omega_1,\cdots,\omega_{l-1})|\exp[\mathrm{j}\theta_l(\omega_1,\omega_2,\cdots,\omega_l)]$$

式中，$|S_l|$ 称为高阶谱的幅度谱，θ_l 称为高阶谱的相位谱。

由于高阶谱可以保留信号的相位特征，所以高阶谱可以重建信号或者系统的相位和幅度响应，且能自动抑制加性高斯噪声。另外，由于高阶谱包含了比功率谱更多的随机过程的信息，在信号检测、参数估计和信号重建等领域得到应用。

第 6 章　功率谱估计和信号频率估计方法

根据所用理论的不同，通常将基于相关函数傅里叶变换的估计方法称为经典功率谱估计，而将参数模型估计方法和基于相关矩阵特征分解的信号频率估计方法，称为现代功率谱估计方法，下面分别进行介绍。

6.1　经典功率谱估计的方法及其改进

经典功率谱估计是基于传统傅里叶变换的思想，其中的典型代表有 Blackman 和 Tukey 提出的自相关谱估计法（简称为 BT 法），以及周期图法。

6.1.1　BT 法

根据维纳-辛钦定理，1958 年 Blackman 和 Tukey 给出了这一方法的具体实现，即先由观测数据 $x_N(N)$ 估计出自相关函数，然后对其求傅里叶变换，以此变换作为对功率谱的估计。

6.1.1.1　自相关函数的估计与傅里叶变换

设 $x(0), x(1), \cdots, x(N-1)$ 为广义平稳随机过程 $x(n)$ 的 N 个观测值，令

$$x_N(n) = a(n) \cdot x(n)$$

其中，$a(n)$ 是数据窗。且设 $x(N)$ 其他时刻的值为零，则 $x(N)$ 可表示为

$$x(N) = \begin{cases} x(n), 0 \leqslant n \leqslant N-1 \\ 0, \text{其他} \end{cases} \tag{6-1-1}$$

$x(n)$ 的自相关函数 $r(m)$ 可用时间平均进行估计，即

$$\hat{r}(m)=\frac{1}{N}\sum_{n=0}^{N-1}x_N(n)x_N(n-m),|m|\leqslant N-1 \tag{6-1-2}$$

根据维纳-辛钦定理,对由式(6-1-2)估计得到的自相关函数 $\hat{r}(m)$ 求傅里叶变换,可得功率谱的估计为

$$\hat{P}_{BT}(\omega)=\sum_{m=-\infty}^{\infty}\hat{r}(m)\mathrm{e}^{-\mathrm{j}\omega m}=\sum_{m=-N+1}^{N-1}\hat{r}(m)\mathrm{e}^{-\mathrm{j}\omega m} \tag{6-1-3}$$

考虑到自相关函数 $\hat{r}(m)$ 在 $|m|>N-1$ 时为零,$\hat{r}(m)$ 在 m 接近 $N-1$ 时性能较差,式(6-1-3)经常表示为

$$\hat{P}_{BT}(\omega)=\sum_{m=-M}^{M}\hat{r}(m)\mathrm{e}^{-\mathrm{j}\omega m},0\leqslant M\leqslant N-1 \tag{6-1-4}$$

以此结果作为对理论功率谱 $P(\omega)$ 的估计,因为这种方法估计出的功率谱是通过自相关函数间接得到的,所以此方法又称为间接法。

式(6-1-2)的自相关函数 $\hat{r}(m)$ 可用有限长序列 $x_N(m)$ 的卷积表示为

$$\hat{r}(m)=\frac{1}{N}x_N(m)*x_N^*(-m) \tag{6-1-5}$$

设序列 $x_N(m)$ 的傅里叶变换为 $X_N(\omega)$,则 $x_N^*(-m)$ 的傅里叶变换应为 $X_N^*(\omega)$,再根据傅里叶变换的时域卷积特性,当 $M=N-1$ 时,式(6-1-4)的功率谱估计可表示为

$$\hat{P}_{BT}(\omega)=\frac{1}{N}|X_N(\omega)|^2,M=N-1 \tag{6-1-6}$$

其中,$X_N(\omega)=\sum_{n=0}^{N-1}x_N(n)\mathrm{e}^{-\mathrm{j}\omega n}$。

实际工程中,除按式(6-1-2)的定义式直接计算自相关函数 $\hat{r}(m)$ 外,还可用 DFT 或 FFT 实现式(6-1-5)自相关函数 $\hat{r}(m)$ 的卷积计算,首先将 $x_N(n)$ 补 N 个零,得 $x_{2N}(n)$,即

$$x_{2N}(n)=\begin{cases}x_N(n),0\leqslant n\leqslant N-1\\0,N\leqslant n\leqslant 2N-1\end{cases} \tag{6-1-7}$$

记 $x_{2N}(n)$ 的 DFT 为 $x_{2N}(k)$,则 $x_{2N}^*(-n)$ 的 DFT 应为 $X_{2N}^*(k)$。所以,由 FFT 计算自相关函数的一般步骤如下:

算法 6.1(用 FFT 计算自相关函数的方法)

步骤 1 对 $x_N(n)$ 补 N 个零,得 $x_{2N}(n)$,对 $x_{2N}(n)$ 进行 FFT 得 $X_{2N}(k)$,$k=0,1,\cdots,2N-1$。

步骤 2 计算功率谱的估计 $\left|\frac{1}{N}X_{2N}(k)\right|^2$。

步骤 3 对 $\left|\frac{1}{N}X_{2N}(k)\right|^2$ 进行 IFFT,得 $\hat{r}_0(m)$,$m=0,1,\cdots,2N-1$。

$\hat{r}_0(m)$ 与 $\hat{r}(m)$ 的关系为

$$\hat{r}(m)=\begin{cases}\hat{r}_0(m), 0\leqslant m\leqslant N-1\\ \hat{r}_0(m+2N), -N+1\leqslant m\leqslant -1\end{cases}\tag{6-1-8}$$

6.1.1.2　自相关函数的估计性能

下面讨论 $\hat{r}(m)$ 对 $r(m)$ 的估计性能。

1)均值

当时延 $m\geqslant 0$ 时，$\hat{r}(m)$ 的均值可以表示为

$$\begin{aligned}E[\hat{r}(m)]&=E\left[\frac{1}{N}\sum_{n=0}^{N-1}x_N(n)x_N^*(n-m)\right]\\&=\frac{1}{N}\sum_{n=m}^{N-1}E[x_N(n)x_N^*(n-m)]\\&=\frac{1}{N}\sum_{n=m}^{N-1}r(m)\\&=\frac{N-m}{N}r(m)\end{aligned}$$

考虑到 m 的取值可正可负，所以有

$$E[\hat{r}(m)]=\frac{N-|m|}{N}r(m)\tag{6-1-9}$$

因此，对于固定的时延 $|m|$，$\hat{r}(m)$ 是有偏估计，但当 $N\to\infty$ 时，有 $\lim\limits_{N\to\infty}E[\hat{r}(m)]=r(m)$，即 $\hat{r}(m)$ 是对 $r(m)$ 的渐近无偏估计；对于固定的 N，当 $|m|$ 越接近于 N 时，估计的偏差越大；$\hat{r}(m)$ 的均值是 $r(m)$ 和三角窗函数

$$w_{2N-1}^{(\mathrm{T})}(m)=\begin{cases}1-\dfrac{|m|}{N}, |m|\leqslant N-1\\ 0, 其他\end{cases}$$

的乘积，$w_{2N-1}^{(\mathrm{T})}(m)$ 的长度为 $2N-1$。三角窗又称 Bartlett 窗，它对 $r(m)$ 的加权，导致 $\hat{r}(m)$ 产生偏差。

2)方差

根据方差的定义，$\hat{r}(m)$ 的方差为

$$\mathrm{var}[\hat{r}(m)]=E[|\hat{r}(m)-E\{\hat{r}(m)\}|^2]=E[|\hat{r}(m)|^2]-|E[\hat{r}(m)]|^2$$

将式(6-1-2)代入上式，并假定信号 $u(n)$ 是零均值的实高斯随机信号，经过推导，$\hat{r}(m)$ 的方差为

$$\mathrm{var}[\hat{r}(m)]=\frac{1}{N}\sum_{l=-(N-1-|m|)}^{N-1-|m|}\left[-\frac{|m|+|l|}{N}\right][r^2(l)+r(l+m)r(l-m)]\tag{6-1-10}$$

由于自相关函数值 $r(m)$ 是有限的,显然当 $N \to \infty$ 时,$\hat{r}(m)$ 的方差将趋近于零。所以,对于固定的延时 $|m|$,$\hat{r}(m)$ 是 $r(m)$ 的渐近一致估计。

另外,还有一种常用的自相关函数 $r(m)$ 的估计 $\hat{r}(m)$,有

$$\hat{r}(m) = \frac{1}{N-|m|}\sum_{n=0}^{N-1} x_N(n)x_N^*(n-m), |m| \leqslant N-1 \quad (6\text{-}1\text{-}11)$$

其均值为

$$E[\hat{r}(m)] = r(m) \quad (6\text{-}1\text{-}12)$$

若信号 $u(n)$ 是零均值的实高斯随机信号,则式(6-1-11)的方差为

$$\mathrm{var}[\hat{r}(m)] = \frac{1}{N-|m|}\sum_{l=-(N-1-|m|)}^{N-1-|m|}\left[1-\frac{|l|}{N-|m|}\right][r^2(l)+r(l+m)r(l-m)] \quad (6\text{-}1\text{-}13)$$

由式(6-1-12)和式(6-1-13)可以看出,式(6-1-11)给出的自相关函数的估计 $\hat{r}(m)$ 为无偏估计,当 $|m|$ 接近于 N 时,由式(6-1-11)给出的估计 $\hat{r}(m)$ 的方差很大,但当 $N \geqslant |m|$ 时,$\hat{r}(m)$ 是 $r(m)$ 的渐近一致估计。

对由式(6-1-2)得到的自相关函数估计 $\hat{r}(m)$ 进行傅里叶变换:

$$\hat{P}_{\mathrm{BT}}(\omega) = \sum_{m=-M}^{M} v(m)\hat{r}(m)\mathrm{e}^{-\mathrm{j}\omega n}, |M| \leqslant N-1 \quad (6\text{-}1\text{-}14)$$

其中,$v(m)$ 是平滑窗,其密度为 $2M+1$,以此作为功率谱估计,即为 BT 谱估计,也称为间接法。

6.1.2 周期图法

6.1.2.1 周期图法的概述

周期图法是把随机信号的 N 个观察值 $x_N(n)$ 直接进行傅里叶变换,得到 $X_N(\mathrm{e}^{\mathrm{j}\omega})$,然后取其幅值的平方,再除以 N ,作为对 $x(n)$ 真实功率谱 $S(\omega)$ 的估计。以 $\hat{P}_{\mathrm{PER}}(\omega)$ 表示周期图法估计的功率谱,则

$$\hat{P}_{\mathrm{PER}}(\omega) = \frac{1}{N}|X_N(\mathrm{e}^{\mathrm{j}\omega})|^2 \quad (6\text{-}1\text{-}15)$$

其中

$$X_N(\mathrm{e}^{\mathrm{j}\omega}) = \sum_{N=0}^{N-1} x_N(n)\mathrm{e}^{-\mathrm{j}\omega n} = \sum_{n=0}^{N-1} x(n)a(n)\mathrm{e}^{-\mathrm{j}\omega n}$$

$a(n)$ 为所加的数据窗,若 $a(n)$ 为矩形窗,则

$$X_N(\mathrm{e}^{\mathrm{j}\omega}) = \sum_{N=0}^{N-1} x(n)\mathrm{e}^{-\mathrm{j}\omega n}$$

因为这种功率谱估计的方法是直接通过观察数据的傅里叶变换求得的,所以习惯上又称之为直接法。周期图法功率谱估计的均值为

$$E[\hat{P}_{\text{PER}}(\omega)]=\frac{1}{2\pi}\int_{-\pi}^{\pi}P(\lambda)\theta(\omega-\lambda)\mathrm{d}\lambda \tag{6-1-16}$$

其中
$$\theta(\omega)=\frac{1}{N}\left[\frac{\sin\frac{N\omega}{2}}{\sin\frac{\omega}{2}}\right]^2 \tag{6-1-17}$$

6.1.2.2　周期图法与 BT 法的关系

式(6-1-14)中取 M 为其最大值 $N-1$，且平滑窗 $v(m)$ 为矩形窗，则

$$\begin{aligned}\hat{P}_{\text{BT}}(\omega)&=\sum_{m=-(N-1)}^{N-1}\hat{r}(m)\mathrm{e}^{-\mathrm{j}\omega n}\\&=\frac{1}{N}\sum_{m=-(N-1)}^{N-1}\sum_{n=0}^{N-1}a(n)a(n+m)x(n)x(n+m)\mathrm{e}^{-\mathrm{j}\omega n}\\&=\frac{1}{N}\sum_{n=0}^{N-1}a(n)x(n)\mathrm{e}^{\mathrm{j}\omega n}\sum_{m=-(N-1)}^{N-1}a(n+m)x(n+m)\mathrm{e}^{-\mathrm{j}\omega(n+m)}\end{aligned}$$

令 $n+m=l$，上式可变成

$$\hat{P}_{\text{BT}}(\omega)=\frac{1}{N}\sum_{n=0}^{N-1}a(n)x(n)\mathrm{e}^{\mathrm{j}\omega n}\sum_{l=0}^{N-1}a(l)x(l)\mathrm{e}^{-\mathrm{j}\omega l}=\frac{1}{N}\left|X_N(\mathrm{e}^{\mathrm{j}\omega})\right|^2$$

所以

$$\hat{P}_{\text{BT}}(\omega)\big|_{M=N-1}=\hat{P}_{\text{PER}}(\omega) \tag{6-1-18}$$

由此可见，周期图法功率谱估计是 BT 法功率谱估计的一个特例，当间接法中使用的自相关函数延迟 $M=N-1$ 时，二者是相同的。

6.1.2.3　周期图的改进

周期图的改进方法一般有两种：一种是所分的数据段互不重叠，选用的数据窗口为矩形窗，称为 Bartlett 法；另一种是所分的数据段可以互相重叠，选用的数据窗可以是任意窗，称为 Welch 法。Welch 法实际上是 Bartlett 法的一种改进，换句话说，Bartlett 法只是 Welch 法的一种特例。

1) Welch 法

假定观察数据是 $x(n)$，$N=0,1,\cdots,M-1$，现将其分段。每段长度为 M，段与段之间的重叠为 $M-k$。如图 6-1 所示，第 i 个数据段经加窗后可表示为

$$x_M^i(n)=a(n)x(n+ik),i=0,1,\cdots,L-1;n=0,1,\cdots,M-1$$

其中，k 为一整数，L 为分段数，它们之间满足如下关系：

$$(L-1)k+M\leqslant N$$

该数据段的周期图为

$$\hat{P}_{\text{PER}}^{i}(\omega)=\frac{1}{MU}\left|X_{M}^{i}(\omega)\right| \tag{6-1-19}$$

其中

$$X_{M}^{i}(\omega)=\sum_{n=0}^{M-1}X_{M}^{i}(n)\mathrm{e}^{-\mathrm{j}\omega n} \tag{6-1-20}$$

U 为归一化因子,使用它是为了保证所得到的谱是真正功率谱的渐近无偏估计。由此得到平均周期图

$$\overline{P}_{\text{PER}}(\omega)=\frac{1}{L}\sum_{i=0}^{L-1}\hat{P}_{\text{PER}}^{i}(\omega) \tag{6-1-21}$$

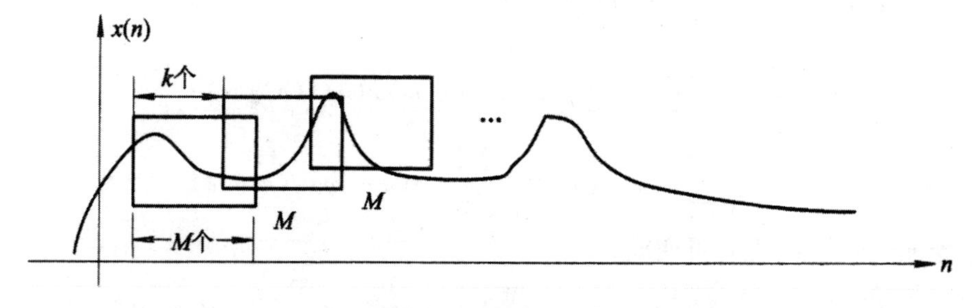

图 6-1　数据分段方法

如果 $x(n)$ 是一个平稳随机过程,每个独立的周期图的期望值是相等的,根据式(6-1-19)和式(6-1-20)有

$$E[\overline{P}_{\text{PER}}(\omega)]=E[\hat{P}_{\text{PER}}^{i}(\omega)]=\frac{1}{2\pi}\int_{-\pi}^{\pi}P(\lambda)Q(\omega-\lambda)\mathrm{d}\lambda \tag{6-1-22}$$

其中

$$Q(\omega)=\frac{1}{MU}\left|A(\omega)\right|^{2} \tag{6-1-23}$$

$A(\omega)$ 是对应 M 个点数据窗 $a(n)$ 的傅里叶变换,若 M 值较大,则 $Q(\omega)$ 主瓣宽度较窄,如果 $P_x(\omega)$ 是一慢变的谱,那么认为 $P_x(\omega)$ 在 $Q(\omega)$ 的主瓣内为常数,这样式(6-1-21)可以写成

$$E[\overline{P}_{\text{PER}}(\omega)]\cong P_x(\omega)\cdot\frac{1}{2\pi}\int_{-\pi}^{\pi}Q(\omega)\mathrm{d}\omega \tag{6-1-24}$$

为了保证 Welch 法估计的谱是渐近无偏的,必须保证

$$\frac{1}{2\pi}\int_{-\pi}^{\pi}Q(\omega)\mathrm{d}\omega=1 \tag{6-1-25}$$

或

$$\frac{1}{MU}\cdot\frac{1}{2\pi}\int_{-\pi}^{\pi}\left|A(\omega)\right|^{2}\mathrm{d}\omega=1 \tag{6-1-26}$$

根据 Parseval 定理,式(6-1-26)可写成

$$\frac{1}{MU}\cdot\sum_{n=0}^{M-1}a^2(n)=1 \tag{6-1-27}$$

所以归一化因子 U 应取成

$$U=\frac{1}{M}\sum_{n=0}^{M-1}a^2(n) \tag{6-1-28}$$

$\bar{P}_{\mathrm{PER}}(\omega)$ 的方差表达式为

$$\mathrm{var}[\bar{P}_{\mathrm{PER}}(\omega)]=\frac{1}{L^2}\sum_{i=0}^{L-1}\sum_{l=0}^{L-1}\mathrm{cov}[\hat{P}_{\mathrm{PER}}^{i}(\omega),\hat{P}_{\mathrm{PER}}^{l}(\omega)] \tag{6-1-29}$$

如果 $x(n)$ 是一个平稳随机过程，令

$$\Gamma_r(\omega)=\mathrm{cov}[\hat{P}_{\mathrm{PER}}^{i}(\omega),\hat{P}_{\mathrm{PER}}^{l}(\omega)] \tag{6-1-30}$$

式(6-1-29)可写成单求和表达式

$$\mathrm{var}[\bar{P}_{\mathrm{PER}}(\omega)]=\frac{1}{L}\mathrm{var}[\hat{P}_{\mathrm{PER}}^{i}(\omega)]\sum_{r=-(L-1)}^{L-1}\left(1-\frac{|r|}{L}\right)\frac{\Gamma_r(\omega)}{\Gamma_0(\omega)} \tag{6-1-31}$$

其中 $\mathrm{var}[\hat{P}_{\mathrm{PER}}(\omega)]$ 表示某一数据段的周期图方差，即

$$\mathrm{var}[\hat{P}_{\mathrm{PER}}(\omega)]=\mathrm{var}[\hat{P}_{\mathrm{PER}}^{i}(\omega)]=\Gamma_0(\omega),i=0,1,\cdots,L-1 \tag{6-1-32}$$

而 $\dfrac{\Gamma_r(\omega)}{\Gamma_0(\omega)}$ 是 $\hat{P}_{\mathrm{PER}}^{i}(\omega)$ 与 $\hat{S}_{\mathrm{PER}}^{i+r}(\omega)$ 的归一化协方差，如果各个数据段的周期图之间的相关性很小，那么式(6-1-31)可近似写成

$$\mathrm{var}[\bar{P}_{\mathrm{PER}}(\omega)]\cong\frac{1}{L}\mathrm{var}[\hat{P}_{\mathrm{PER}}^{i}(\omega)] \tag{6-1-33}$$

这也就是说，平均周期图的方差减小为单数据段图方差的 $1/L$ 。

2) Bartlett 法

对应 Welch 法，如果段与段之间互不重叠，且数据窗选用的是矩形窗，此时得到的周期图求平均的方法即为 Bartlett 法。可以从上面讨论的 Welch 法得到 Bartlett 法有关计算公式，第 i 个数据段可表示为

$$x_M^i(M)=x(n+iM),i=0,1,\cdots,L-1;n=0,1,\cdots,M-1 \tag{6-1-34}$$

其中，$LM\leqslant N$ 。该数据段的周期图为

$$\hat{P}_{\mathrm{PER}}^{i}(\omega)=\frac{1}{M}\left|X_M^i(\omega)\right|^2 \tag{6-1-35}$$

其中

$$X_M^i(\omega)=\sum_{n=0}^{M-1}x_M^i(n)\mathrm{e}^{-\mathrm{j}\omega n} \tag{6-1-36}$$

平均周期图为

$$\bar{P}_{\mathrm{PER}}(\omega)=\frac{1}{L}\sum_{i=0}^{L-1}\hat{P}_{\mathrm{PER}}^{i}(\omega) \tag{6-1-37}$$

其数学期望为

$$E[\bar{P}_{\text{PER}}(\omega)] = E[\hat{P}^{i}_{\text{PER}}(\omega)] = \frac{1}{2\pi}\int_{-\pi}^{\pi} P_x(\lambda)Q(\omega-\lambda)\mathrm{d}\lambda \tag{6-1-38}$$

其中

$$Q(\omega) = \frac{1}{M}\left|\frac{\sin\frac{\omega M}{2}}{\sin\frac{\omega}{2}}\right|^2 \tag{6-1-39}$$

由上述讨论可知，在 N 一定的情况下，此时所能分的段数比 Welch 法有重叠情况下所能分的段数 L 小，因此总的来说，Welch 法的计算结果要比 Bartlett 法好。

6.2 AR 模型功率谱估计的方法和性质

AR 模型参数的精确估计可以用解一组线性方程的方法求得，而对于后面要讨论的 MA 或 ARMA 模型功率谱估计来说，其参数的精确估计需要解一组高阶的非线性方程或者可以通过 AR 模型估计得到。所以本章的现代谱估计内容以 AR 模型谱估计为主来进行讨论。

6.2.1 AR 模型功率谱估计的引出

假定 p 阶 AR 模型满足如下差分方程：

$$x_{An} + a_1 x_{An-1} + \cdots + a_p x_{An-p} = \varepsilon_n$$

其中，$a_1, a_2, \cdots, a_p$ 为实常数，且及 $a_p \neq 0$；ε_n 是均值为 0、方差为 σ_ε^2 的白噪声序列，也就是说，随机信号 x_{An} 可以看成是白噪声 ε_n 通过一个系统的输出，如图 6-2 所示。

ε_n → $H(z)$ → x_{An}

图 6-2　AR 模型信号

在图 6-2 中

$$H(z) = \frac{1}{A(z)} \tag{6-2-1}$$

而

$$A(z) = 1 + a_1 z^{-1} + \cdots + a_p z^{-p} \tag{6-2-2}$$

已经证明

$$r_A(m)=\begin{cases}-\sum\limits_{k-1}^{p}a_k r_A(m-k),m>0\\-\sum\limits_{k-1}^{p}a_k r_A(k)+\sigma_\varepsilon^2,m=0\end{cases}\tag{6-2-3}$$

其中，$r_A(m)$ 是 AR 模型的自相关函数，尤其对于 $0\leqslant m\leqslant p$，由式(6-2-3)可写出矩阵方程为

$$\begin{bmatrix}r_A(0)&r_A(1)&\cdots&r_A(p)\\r_A(1)&r_A(0)&\cdots&r_A(p-1)\\\vdots&\vdots&&\vdots\\r_A(p)&r_A(p-1)&\cdots&r_A(0)\end{bmatrix}\begin{bmatrix}1\\a_1\\\vdots\\a_p\end{bmatrix}=\begin{bmatrix}\sigma_\varepsilon^2\\0\\\vdots\\0\end{bmatrix}\tag{6-2-4}$$

这就是 AR 模型的正则方程，又称 Yule-Walker 方程。

对于一个 $p-1$ 阶预测器，预测值为

$$\hat{x}(n)=\sum_{k=1}^{p}a(k)x(n-k)=\sum_{k=1}^{p}h(k)x(n-k)\tag{6-2-5}$$

其中，$h(k)=-a(k)$，预测误差为

$$e(n)=x(n)-\hat{x}(n)=\sum_{k=0}^{p}a(k)x(n-k)\tag{6-2-6}$$

其中，$a(0)=1$。p 阶预测误差滤波器 $A_p(z)$ 如图 6-3 所示。

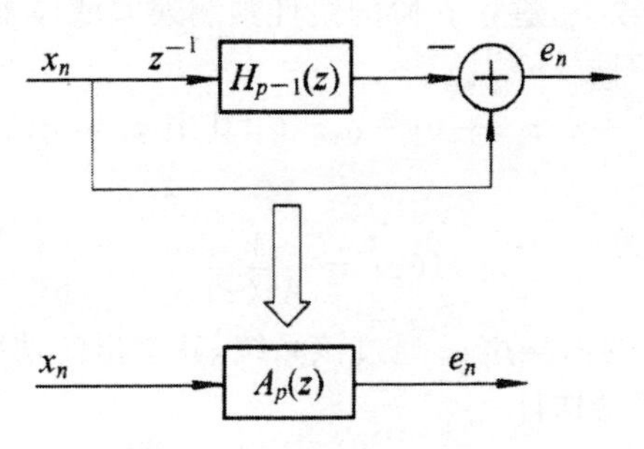

图 6-3　p 阶预测误差滤波器

图中，

$$A_p(z)=1+a(1)z^{-1}+\cdots+a(p)z^{-1}$$

当 $E[e^2(n)]$ 达到其最小值 $E[e^2(n)]_{\min}$ 时，必满足 Yule-Walker 方程

$$\begin{bmatrix}r_x(0)&r_x(1)&\cdots&r_x(p)\\r_x(1)&r_x(0)&\cdots&r_x(p-1)\\\vdots&\vdots&&\vdots\\r_x(p)&r_x(p-1)&\cdots&r_x(0)\end{bmatrix}\begin{bmatrix}1\\a(1)\\\vdots\\a(p)\end{bmatrix}=\begin{bmatrix}E[e^2(n)]_{\min}\\0\\\vdots\\0\end{bmatrix}\tag{6-2-7}$$

当 $x(n)$ 就是图 6-3 所产生的 p 阶 AR 过程 x_{An}，也即 $x_n = x_{An}$ 或 $r_x(m) = r_A(m)$ 时，$m = 0,1,\cdots,p$，必满足关系式

$$\begin{cases} a_k = a(k) \\ \sigma_\varepsilon^2 = E\left[e^2(n)\right]_{\min} \end{cases}, k = 1,2,\cdots,p \tag{6-2-8}$$

或

$$A(z) = A_p(z) \tag{6-2-9}$$

此时，预测误差滤波器 $A_p(z)$ 就是 AR 模型 $H(z)$ 的逆滤波器，实际上也就是一个白化滤波器，而且它的输出 e_n 得到了完全的白化，也即 e_n 是一个方差为 σ_ε^2 的白噪声 ε_n。

通过上面的分析可以看出，对于一个 p 阶的 AR 过程 x_n 如果首先建立阶数等于 p 或大于 p 的预测误差滤波器 $A_p(z)$，然后以 $\frac{1}{A_p(z)}$ 构成一个 AR 模型，那么以方差为 $E\left[e^2(n)\right]_{\min}$ 的白噪声 ε_n 通过此线性系统，其输出功率谱必定与待估计的随机信号的功率谱完全相同，因此，模型 $H(z)$ 可以完全表示出 AR(p) 过程的 x_n 功率谱，它们的关系即是

$$P_x(\omega) = P_{\mathrm{AR}}(\omega) = \frac{\sigma_\varepsilon^2}{\left|1 + \sum_{k=1}^{p} a_k \mathrm{e}^{-\mathrm{j}\omega k}\right|^2} \tag{6-2-10}$$

采用上述方法建立一个 p 阶的 AR 模型，作为对随机信号 x_n 的功率谱估计，此功率谱估计可作为 x_n 真实功率谱的一个近似，其步骤是：

1)对此随机信号 x_n 建立 p 阶的线性预测误差滤波器，求得系数 $a(1)$，$a(2)$，$\cdots$，$a(p)$ 和 $E\left[e^2(n)\right]_{\min}$。

2)令 $A(z) = 1 + a_1 z^{-1} + \cdots + a_p z^{-p}$，其中 $a_1 = a(1)$，$\cdots$，$a_p = a(p)$，并构成一线性系统

$$H(z) = \frac{1}{A_p(z)} \tag{6-2-11}$$

那么将一方差为 σ_ε^2 的白噪声 ε_n 通过该系统，其输出的功率谱可作为待估计随机信号 x_n 的功率谱估计

$$\hat{P}_x(\omega) = \frac{\sigma_\varepsilon^2}{\left|1 + \sum_{k=1}^{p} a_k \mathrm{e}^{-\mathrm{j}\omega k}\right|^2} \tag{6-2-12}$$

其中，$\sigma_\varepsilon^2 = E\left[e^2(n)\right]_{\min}$。

6.2.2 AR 模型谱估计的性质

6.2.2.1 隐含的自相关函数延拓的特性

在前面讨论的经典 BT 法功率谱估计中，假定由给定的数据 $x_N(n)$，

$n=0,1,\cdots,N-1$，可估计出自相关函数 $\hat{r}_x(m)$，$m=-(N-1)\sim(N-1)$，在这个区间以外，用补零的方法将其外推，对此求其傅里叶变换

$$\hat{P}_{\mathrm{BT}}(\omega)=\sum_{m=-(N-1)}^{N-1}\hat{r}_x(m)\mathrm{e}^{-\mathrm{j}\omega m} \tag{6-2-13}$$

就可得到BT法的功率谱估计 $\hat{S}_{\mathrm{BT}}(\omega)$，此 $\hat{S}_{\mathrm{BT}}(\omega)$ 的分辨率虽然是随着信号长度 N 的增加而提高的。

而在AR模型谱估计中，上述限制不再存在。虽然给定的数据 $x_N(n)$，$n=0,1,\cdots,N-1$ 是有限长度，但现代谱估计的一些方法，包括AR模型谱估计法，隐含着数据和自相关函数的外推，使其可能的长度超过给定的长度。前面讨论的AR模型的建立，用到了单步预测的概念，预测值为

$$\hat{x}(n)=-\sum_{k=1}^{p}a_kx(n-k) \tag{6-2-14}$$

这样 $\hat{x}(n)$ 可能达到的长度是 $1\sim(N-1+p)$，如果在递推的过程中，用 $\hat{x}(n)$ 代替 $x(n)$，那么还可继续不断地外推。

同样，从AR模型的建立过程来看，AR过程的自相关函数必满足

$$r_A(m)=\begin{cases}r_x(m),0\leqslant|m|\leqslant p\\-\sum_{k-1}^{p}a_kr_A(m-k),|m|>p\end{cases} \tag{6-2-15}$$

由此式可见，AR模型的自相关函数在 $0\sim p$ 范围内与 $r_x(m)$ 完全匹配，而在这区间外，可用递推的方法求得。自相关函数 $r_A(m)$ 实际上就是被估计信号 x_n 的自相关函数的估计

$$\hat{r}_x(m)=r_A(m) \tag{6-2-16}$$

将其进行傅里叶变换，就可得到随机信号 x_n 的功率谱(PSD)估计，即

$$\hat{P}_x(\omega)=\sum_{m=-\infty}^{+\infty}\hat{r}_x(m)\mathrm{e}^{-\mathrm{j}\omega m}=\sum_{m=-\infty}^{+\infty}\hat{r}_A(m)\mathrm{e}^{-\mathrm{j}\omega m} \tag{6-2-17}$$

比较式(6-2-13)和式(6-2-17)可见，AR模型法避免了窗函数的影响，因此它可得到高的谱分辨率，同时它所得出的功率谱估计 $\hat{P}_x(\omega)$ 与真实的功率谱 $P_x(\omega)$ 偏差较小。图6-4示出了AR模型谱估计和BT谱估计法的比较。

6.2.2.2 谱的平坦度

前面的讨论已经指出，AR(p)的系数 a_k 就是预测误差功率最小时的 p 阶线性预测误差滤波器的系数，由于预测误差滤波器是一个白化滤波器，它的作用是去掉随机信号 $x(n)$ 的相关性，在其的输出端得到白噪声 ε_n，因此在这一节中，把白化的概念加以推广，表明AR参数也可以使用预测误差滤

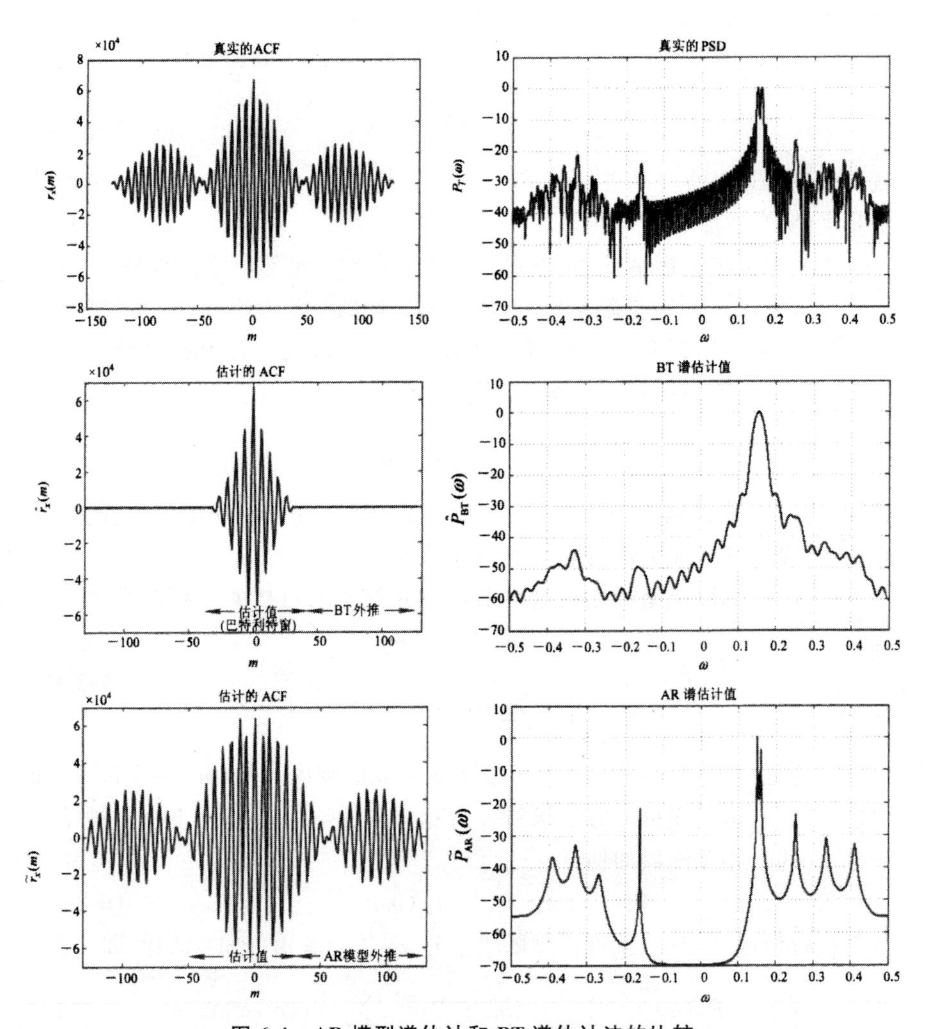

图 6-4　AR 模型谱估计和 BT 谱估计法的比较

波器 $A_p(z)$ 的输出过程具有最大的谱平坦度的方法得到。利用谱平坦度的概念可以把 AR 谱估计得到的结果看成是最佳白化处理的结果。

功率谱密度的谱平坦度可定义为

$$\varepsilon_x = \frac{e^{\frac{1}{2\pi}\int_{-\pi}^{\pi}\ln P_x(\omega)\mathrm{d}\omega}}{\frac{1}{2\pi}\int_{-\pi}^{\pi}P_x(\omega)\mathrm{d}\omega} \tag{6-2-18}$$

它是 $P_x(\omega)$ 的几何均值与算术均值之比，可以证明

$$0 \leqslant \varepsilon_x \leqslant 1$$

如果 $P_x(\omega)$ 有很多峰（也就是它的动态范围很大），例如，在由 p 个复正弦

所组成的随机信号

$$x(n)=\sum_{k=1}^{p}A_k e^{jk(\omega_k n+\varphi_k)}$$

的式子中，A_k 、ω_k 为常量，φ_k 是在 $(-\pi,+\pi)$ 范围内均匀分布的随机变量，则

$$r_x(m)=\sum_{k=1}^{p}A_k^2 e^{j\omega_k m}$$

$$P_x(m)=\sum_{k=1}^{p}A_k^2\delta(\omega-\omega_k)$$

此种信号的功率谱具有最大的动态范围。将上式代入式(6-2-18)，分子显见为零，因此 $\varepsilon_x=0$ 。但如果 $P_x(\omega)$ 是一个常数（也就是它的动态范围为零），也即相当于 x_n 是一个白噪声，则由式(6-2-18)显见 $\varepsilon_x=1$，由此可见，谱平坦度 ε_x 直接度量了谱的平坦程度。

现设预测误差滤波器

$$A_p(z)=1+\sum_{k=1}^{p}a_k(k)z^{-k}$$

为最小相位，输入时间序列 $x(n)$ 是任意的（不一定是 AR 过程），按照使输出误差序列 $e(n)$ 的谱平坦度最大的准则来确定预测系数，为此，引入下述结果：如果 $A_p(z)$ 是最小相位，则

$$\frac{1}{2\pi}\int_{-\pi}^{\pi}\ln|A_p(\omega)|^2 d\omega=0 \tag{6-2-19}$$

计算预测误差滤波器输出过程 $e(n)$ 的平坦度。因为

$$\frac{1}{2\pi}\int_{-\pi}^{\pi}\ln P_e(\omega)d\omega=\frac{1}{2\pi}\int_{-\pi}^{\pi}\ln[|A_{p(\omega)}|^2\cdot P_x(\omega)]d\omega$$
$$=\frac{1}{2\pi}\int_{-\pi}^{\pi}\ln P_x(\omega)d\omega$$

对上式两端取指数并除以 $\frac{1}{2\pi}\int_{-\pi}^{\pi}\ln P_e(\omega)d\omega$，得

$$\xi_e=\frac{e^{\frac{1}{2\pi}\int_{-\pi}^{\pi}\ln P_e(\omega)d\omega}}{\frac{1}{2\pi}\int_{-\pi}^{\pi}\ln P_e(\omega)d\omega}=\xi_x\frac{\frac{1}{2\pi}\int_{-\pi}^{\pi}\ln P_x(\omega)d\omega}{\frac{1}{2\pi}\int_{-\pi}^{\pi}\ln P_e(\omega)d\omega}=\xi_x\cdot\frac{r_x(0)}{r_e(0)}$$

由于对于随机信号 $x(n)$ 来说，ξ_x 和 $r_x(0)$ 均是固定的，因此要使 ξ_e 最大，必须使 $r_e(0)$ 最小，因为 $r_e(0)=E[e^2(n)]$，因此使预测误差 $e(n)$ 的功率谱平坦度最大和使 p 阶预测误差滤波器输出的误差功率最小是等效的，亦即条件 $\max\limits_{a}\xi_e$ 和条件

$$\min_{a}E[e^2(n)]=\min_{B}E[x(n)-x(n)^2]$$

完全等效。

如果 $x(n)$ 本身就是一个 AR(p)过程,也即

$$P_x(\omega)=\frac{\sigma_e^2}{|A(\omega)|^2}$$

其中,$A(\omega)=1+a_1\mathrm{e}^{-\mathrm{j}\omega}+\cdots+a_p\mathrm{e}^{-\mathrm{j}p\omega}$ 。现使其通过一个 p 阶预测误差滤波器

$$A_p(\omega)=1+a(1)\mathrm{e}^{-\mathrm{j}\omega}+\cdots+a(p)\mathrm{e}^{-\mathrm{j}p\omega}$$

在满足 $\max\limits_a \xi_e$ 的条件下,一定有 $A(\omega)=A_p(\omega)$,也即

$$a_k=a(k),k=1,2,\cdots,p$$

此时预测误差滤波器输出的误差序列 $e(n)$ 一定是一个白噪声序列。反之,如果将 AR(p)通过一个 k 阶预测误差滤波器 $k<p$,同样在满足 $\max\limits_a \xi_e$ 的条件下,误差序列 $e(n)$ 不可能是一个白噪声序列,这一结果与前面讨论的 AR 模型谱估计的引出中所得的结果是完全一致的。

6.2.3 AR 模型参数提取方法

由前面所讨论的 AR 模型建立过程可知,AR 模型参数必满足 Yule-Walker 方程:

$$\begin{bmatrix} r_x(0) & r_x(1) & \cdots & r_x(p) \\ r_x(1) & r_x(0) & \cdots & r_x(p-1) \\ \vdots & \vdots & & \vdots \\ r_x(p) & r_x(p-1) & \cdots & r_x(0) \end{bmatrix}\begin{bmatrix} 1 \\ a(1) \\ \vdots \\ a(p) \end{bmatrix}=\begin{bmatrix} \sigma_\varepsilon^2 \\ 0 \\ \vdots \\ 0 \end{bmatrix}$$

对于某随机过程来说,如果已知 $r_x(0)$、$r_x(1)$、$\cdots$、$r_x(p)$,就可由上式求解出 $(\sigma_\varepsilon^2,a_1,\cdots,a_p)$,但实际上,对于一个所要估计的随机过程来说,需要得到 AR 模型参数的估计值。下面讨论常用的几种 AR 模型参数的提取方法。

6.2.3.1 自相关法

假定观察到的数据是 $x(0),x(1),\cdots,x(N-1)$,而对于无法观察到的区间(即 $n<0$ 和 $n>N-1$),$x(n)$ 的样本假定为零,预测误差功率的表达式为

$$\begin{aligned}\hat{\rho}&=\frac{1}{N}\sum_{n=-\infty}^{+\infty}\left[x(n)+\sum_{k=1}^{p}a(k)x(n-k)\right]^2\\&=\frac{1}{N}\sum_{n=0}^{N-1+p}\left[x(n)+\sum_{k=1}^{p}a(k)x(n-k)\right]^2\end{aligned}\tag{6-2-20}$$

式(6-2-20)的求和限又可以写为 $[0,N-1+p]$，这是因为在此区间外误差表达式总为 0 的缘故。为了得到预测误差功率的极小值，将式(6-2-20)对 $a(l)$ 求微分并令其等于 0，得

$$\frac{1}{N}\sum_{n=0}^{N-1+p}\left[x(n)+\sum_{k=1}^{p}\hat{a}(k)x(n-k)\right][x(n-l)]=0, l=1,2,\cdots,p \tag{6-2-21}$$

令

$$\hat{r}_x(k)=\begin{cases}\dfrac{1}{N}\displaystyle\sum_{n=0}^{N-1+p}x(n)x(n-k), k=0,1,\cdots,p\\ \hat{r}_x(-k), k=-1,-2,\cdots,-p\end{cases} \tag{6-2-22}$$

代入式(6-2-21)得

$$\hat{r}_x(l)=-\sum_{k=1}^{p}\hat{a}(k)\hat{r}_x(l-k), l=1,2,\cdots,p \tag{6-2-23}$$

写成矩阵形式，这组方程为

$$\begin{bmatrix} r_x(0) & r_x(1) & \cdots & r_x(p-1)\\ r_x(1) & r_x(0) & \cdots & r_x(p-2)\\ \vdots & \vdots & & \vdots\\ r_x(p-1) & r_x(p-2) & \cdots & r_x(0)\end{bmatrix}\begin{bmatrix}\hat{a}(1)\\ \hat{a}(2)\\ \vdots\\ \hat{a}(p)\end{bmatrix}=\begin{bmatrix}\hat{r}_x(1)\\ \hat{r}_x(2)\\ \vdots\\ \hat{r}_x(p)\end{bmatrix} \tag{6-2-24}$$

求出白噪声方差 σ_ε^2 的估计值 $\hat{\sigma}_\varepsilon^2$，它是

$$\sigma_\varepsilon^2=\hat{\rho}_{\min}=\frac{1}{N}\sum_{n=-\infty}^{+\infty}\left[x(n)+\sum_{k=1}^{p}\hat{a}(k)x(n-k)\right]\left[x(n)+\sum_{l=1}^{p}\hat{a}(k)x(n-l)\right]$$

将式(6-2-21)代入上式，得

$$\begin{aligned}\sigma_\varepsilon^2=\hat{\rho}_{\min}&=\frac{1}{N}\sum_{n=-\infty}^{+\infty}\left[x(n)+\sum_{k=1}^{p}\hat{a}(k)x(n-k)\right]x(n)\\ &=\hat{r}_x(0)+\sum_{k=1}^{p}\hat{a}(k)\hat{r}_x(k)\end{aligned} \tag{6-2-25}$$

将式(6-2-25)与式(6-2-23)合并，得

$$\begin{bmatrix} r_x(0) & r_x(1) & \cdots & r_x(p)\\ r_x(1) & r_x(0) & \cdots & r_x(p-1)\\ \vdots & \vdots & & \vdots\\ r_x(p) & r_x(p-1) & \cdots & r_x(0)\end{bmatrix}\begin{bmatrix}1\\ \hat{a}(1)\\ \vdots\\ \hat{a}(p)\end{bmatrix}=\begin{bmatrix}\hat{\rho}_{\min}\\ 0\\ \vdots\\ 0\end{bmatrix} \tag{6-2-26}$$

或写成

$$\hat{\boldsymbol{R}}_p\cdot\hat{\boldsymbol{a}}=\begin{bmatrix}\hat{\rho}_{\min}\\ \boldsymbol{0}_p\end{bmatrix} \tag{6-2-27}$$

此式即是 Yule-Walker 方程表达式，所不同的是用自相关矩阵的估计 $\hat{\boldsymbol{R}}_p$ 代

替了 $\boldsymbol{R}_p$ 。

6.2.3.2 协方差法

假定观察到的数据是 $x(0),x(1),\cdots,x(N-1)$,写出预测误差功率的表达式为

$$\hat{\rho}=\frac{1}{N-p}\sum_{n=p}^{N-1}\left[x(n)+\sum_{k=1}^{p}a(k)x(n-k)\right]^2 \tag{6-2-28}$$

比较式(6-2-28)和式(6-2-20)可见,协方差法与自相关法的区别主要在于预测误差功率求和式的上下限取的不同。由于协方差法对于观察区间 $[0,N-1]$ 外的 $x(n)$ 样本并未假定为零,这就要求式(6-2-28)中 $x(n-k)$ 总是落在观察区间 $[0,N-1]$ 中,为此预测误差功率的求和上下限必须取在 $[p,N-1]$ 之间。

将式(6-2-28)对 $a(l)$ 求微分,并令其等于 0,以得到预测误差功率的极小值,得

$$\frac{1}{N-p}\sum_{n=p}^{N-1}\left[x(n)+\sum_{k=1}^{p}\hat{a}(k)x(n-k)\right]x(n-l),l=1,2,\cdots,p \tag{6-2-29}$$

令

$$\hat{r}_x(l,k)=\begin{cases}\dfrac{1}{N-p}\displaystyle\sum_{n=p}^{N-1}x(n-l)x(n-k)\\ \hat{r}_x(k,l)\end{cases},l,k=1,2,\cdots,p$$

将其代入式(6-2-29),得

$$\sum_{k=1}^{p}\hat{a}(k)\,\hat{r}_x(l,k)=-\hat{r}_x(l,0),l=1,2,\cdots,p$$

写成矩阵形式,这组方程为

$$\begin{bmatrix}\hat{r}_x(1,1) & \hat{r}_x(1,2) & \cdots & \hat{r}_x(1,p)\\ \hat{r}_x(2,1) & \hat{r}_x(2,2) & \cdots & \hat{r}_x(2,p)\\ \vdots & \vdots & & \vdots\\ \hat{r}_x(p,1) & \hat{r}_x(p,2) & \cdots & \hat{r}_x(p,p)\end{bmatrix}\begin{bmatrix}\hat{a}(1)\\ \hat{a}(2)\\ \vdots\\ \hat{a}(p)\end{bmatrix}=-\begin{bmatrix}\hat{r}_x(1,0)\\ \hat{r}_x(2,0)\\ \vdots\\ \hat{r}_x(p,0)\end{bmatrix} \tag{6-2-30}$$

求出白噪声方程 σ_ε^2 的估计值 $\hat{\sigma}_\varepsilon^2$

$$\begin{aligned}\hat{\sigma}_\varepsilon^2&=\hat{\rho}_{\min}\\ &=\frac{1}{N-p}\sum_{n=p}^{N-1}\left[x(n)+\sum_{k=1}^{p}\hat{a}(k)x(n-k)\right]\left[x(n)+\sum_{l=1}^{p}\hat{a}(l)x(n-l)\right]\end{aligned}$$

将式(6-2-29)代入上式,得

$$\hat{\sigma}_{\varepsilon}^2 = \hat{\rho}_{\min} = \frac{1}{N-p}\sum_{n=p}^{N-1}\Big[x(n) + \sum_{k=1}^{p}\hat{a}(k)x(n-k)\Big]x(n)$$
$$= \hat{r}_x(0,0) + \sum_{k=1}^{p}\hat{a}(k)\,\hat{r}_x(0,k)$$

将上式与式(6-2-30)合并,得

$$\begin{bmatrix} \hat{r}_x(0,0) & \hat{r}_x(0,1) & \cdots & \hat{r}_x(0,p) \\ \hat{r}_x(1,0) & \hat{r}_x(1,1) & \cdots & \hat{r}_x(1,p) \\ \vdots & \vdots & & \vdots \\ \hat{r}_x(p,0) & \hat{r}_x(p,1) & \cdots & \hat{r}_x(p,p) \end{bmatrix} \begin{bmatrix} 1 \\ \hat{a}(1) \\ \vdots \\ \hat{a}(p) \end{bmatrix} = -\begin{bmatrix} \hat{\rho}_{\min} \\ 0 \\ \vdots \\ 0 \end{bmatrix}$$

或写成

$$\hat{\boldsymbol{R}}_p \cdot \hat{\boldsymbol{a}} = \begin{bmatrix} \hat{\rho}_{\min} \\ \boldsymbol{0}_p \end{bmatrix} \tag{6-2-31}$$

比较式(6-2-31)和式(6-2-27),从表面上看,协方差法和自相关法最终所得到的正则方程具有相同的形式。

6.3　最大熵谱估计方法

最大熵谱估计(Maximum Entropy Spectral Estimation,MESE)方法是由 Burg 于 1967 年提出的。MESE 方法的基本思想是,已知 $p+1$ 个自相关函数 $r_x(0),r_x(1),\cdots,r_x(p)$,现在希望利用这 $p+1$ 个值对 $m>p$ 时未知的自相关函数予以外推。下面介绍最大谱估计的方法。

设信源是由属于集合 $X=\{x_1,x_2,\cdots,x_M\}$ 的 M 个事件所组成的,信源产生事件 x_j 的概率分布函数为 $P(x_j)$,则

$$\sum_{j=1}^{M}P(x_j) = 1$$

定义在集合 X 中事件 x_j 的信息量为

$$I(x_j) = -\ln P(x_j)$$

上式中的对数以 e 为底,$I(x_j)$ 的单位为奈特(net)。

定义整个信源 M 个事件的平均信息量为

$$H(X) = -\sum_{j=1}^{M}p(x_j)\ln p(x_j) \tag{6-3-1}$$

$H(X)$ 被称为信源 X 的熵。

若信源 X 是一个连续型的随机变量,其概率密度 $p(x)$ 也是连续函数,模仿式(6-3-1),信源 X 的熵定义为

$$H(X)=-\int_{-\infty}^{\infty}P_{\mathrm{MEM}}(\mathrm{e}^{\mathrm{j}\omega})\mathrm{d}x \tag{6-3-2}$$

假定信源 X 是一个高斯随机过程,则它的每个样本的熵正比于

$$\int_{-\pi}^{\pi}P_{\mathrm{MEM}}(\mathrm{e}^{\mathrm{j}\omega})\mathrm{d}\omega \tag{6-3-3}$$

式中,$P_{\mathrm{MEM}}(\mathrm{e}^{\mathrm{j}\omega})$ 为信源 X 的最大熵功率谱。

Burg 对 $P_{\mathrm{MEM}}(\mathrm{e}^{\mathrm{j}\omega})$ 施加了一个制约条件,即它的傅里叶反变换所得到的前 $p+1$ 个自相关函数应等于所给定的信源 X 的前 $p+1$ 个自相关函数;即

$$\int_{-\pi}^{\pi}P_{\mathrm{MEM}}(\mathrm{e}^{\mathrm{j}\omega})\mathrm{d}\omega=r_x(m),0\leqslant m\leqslant p \tag{6-3-4}$$

若 X 为高斯型随机信号,则利用 Lagrange 乘子法,在式(6-3-4)的制约下令式(6-3-3)最大,得到最大熵功率谱,即

$$P_{\mathrm{MEM}}(\mathrm{e}^{\mathrm{j}\omega})=\frac{\sigma^2}{\left|1+\sum_{k=1}^{p}a_k\mathrm{e}^{\mathrm{j}\omega k}\right|^2}$$

式中,σ^2 ,$a_1,a_2,\cdots,a_p$ 为通过 Yule-Walker 方程求出的 AR 模型的参数。

6.4 其他谱估计方法

6.4.1 最大似然谱估计

MVSE(Minimum Variance Spectral Estimation) 最早由 Capon 于 1979 年 提出,用于多维地震阵列传感器的频率-波数分析。Capon 称此方法为“高分辨率”谱估计方法。

当信号形式为 $y(t)=A\mathrm{e}^{\mathrm{j}\omega_0 t}$ 时,第 k 个传感器的接收信号为

$$z_k(t)=y_k(t+\tau_k)+v_k(t),1\leqslant k\leqslant p \tag{6-4-1}$$

式中,τ_k 为在第 k 个传感器上的传输延迟;$v_k(t)$ 为在第 k 个传感器上的白噪声过程。传输延迟为

$$\tau_k=\frac{\boldsymbol{z}_k\cdot\boldsymbol{k}_0}{c} \tag{6-4-2}$$

式中,· 为向量的点积;$\boldsymbol{z}_k$ 为第 k 个传感器的位置;$\boldsymbol{k}_0$ 为被传输的信号的方向,c 为光速。对于一个均匀线性传感器阵列(图 6-5),有

$$\boldsymbol{z}_k=kd\,\boldsymbol{l}_x \tag{6-4-3}$$

式中,$\boldsymbol{l}_x$ 为沿 x 轴的单位向量;d 为传感器之间的距离。

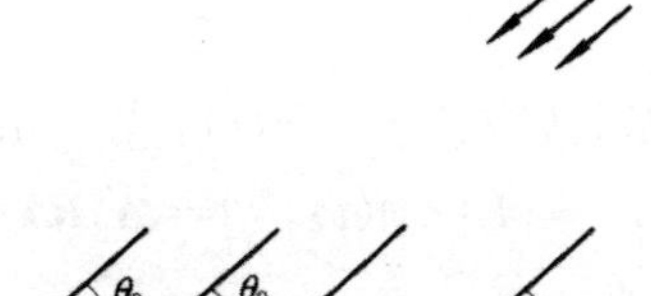

图 6-5　传感器阵列

由图 6-5 可知

$$z_k \cdot \boldsymbol{k}_0 = kd\sin\theta_0 \tag{6-4-4}$$

式中，θ_0 为接收信号的到达角。该传感器的输出延迟 τ_ms 后，再乘以权系数 a_m，将乘积项求和，可得如下形式的输出：

$$x(t) = \sum_{m=1}^{p} a_m z_m(t-\tau_m) \tag{6-4-5}$$

第 m 个传感器的输出为

$$z_m(t-\tau_m) = y(t) + v_m(t-\tau_m) \tag{6-4-6}$$

且有

$$\begin{aligned} x(t) &= \sum_{m=1}^{p} a_m [y(t) + v_m(t-\tau_m)] \\ &= py(t) + v\sum_{m=1}^{p} {}_m(t-\tau_m), a_m = 1 \end{aligned} \tag{6-4-7}$$

若 v_m，$m=(1,2,\cdots,p)$ 是互不相关的均值为 0、方差为 σ_v^2 的随机过程，则均方功率为（σ_y^2 为信号功率）

$$E[x^2(t)] = p^2\sigma_y^2 + p^2\sigma_v^2 \tag{6-4-8}$$

因此在理想情况下，输出信噪比是任一传感器上的信噪比的 p 倍。波束形成的目的之一是通过调节延迟来收集来自该信号源的信号能量，而拒绝所有其他信号（包括噪声在内）。

若定义 $\boldsymbol{A} = [a_1 \quad \cdots \quad a_p]^{\mathrm{T}}$，$\boldsymbol{Z} = [z_n \quad \cdots \quad z_{n-p}]^{\mathrm{T}}$，则其采样输出为

$$x(n\Delta t) = \sum_{j=1}^{p} a_j z[(n+1)\Delta t] = \boldsymbol{A}^{\mathrm{T}}\boldsymbol{Z} \tag{6-4-9}$$

其方差为

$$E[x^2(n\Delta t)] = \sigma_x^2 = \boldsymbol{A}^{\mathrm{T}}\boldsymbol{R}\boldsymbol{A} \tag{6-4-10}$$

式中，$\boldsymbol{R} = E[\boldsymbol{Z}\boldsymbol{Z}^{\mathrm{T}}]$，且 Δt 为采样间隔。

在高斯环境下最大似然估计与最小方差估计一致，所以对 $x(t)$ 的估计即为

$$E\{[\hat{x}(t)-E[\hat{x}(t)]]^2\}=E[|\hat{x}(t)|^2]-\{E[\hat{x}(t)]\}^2=\min \tag{6-4-11}$$

由于 $\{E[\hat{x}(t)]\}^2$ 为常数,故应使 $E[|\hat{x}(t)|^2]=\min$,即:使方差

$$\sigma_x^2=E[|\hat{x}(t)|^2]=\boldsymbol{A}^{\mathrm{T}}\boldsymbol{R}\boldsymbol{A} \tag{6-4-12}$$

在下列约束条件下为最小:

$$\boldsymbol{A}^{\mathrm{H}}\boldsymbol{E}_D=1,\boldsymbol{A}^{\mathrm{H}}=[\boldsymbol{A}^*]^{\mathrm{T}} \tag{6-4-13}$$

式中,$\boldsymbol{E}_D=[1\quad D^1\quad D^2\quad \cdots\quad D^P],D=\mathrm{e}^{\mathrm{j}\omega\Delta t}$ 。

最小化可减小来自 $\boldsymbol{k}_0$ 以外的其他方向的能量,约束条件使接收器的增益为1。对于正弦输入,频率 ω_0 处的正弦输出信号的增益为1。引入拉格朗日乘子,构造目标函数:

$$J=\boldsymbol{A}^{\mathrm{T}}\boldsymbol{R}\boldsymbol{A}+\lambda(\boldsymbol{A}^{\mathrm{H}}\boldsymbol{E}_D-1) \tag{6-4-14}$$

式中,λ 是拉格朗日乘子。令 $\frac{\partial}{\partial \boldsymbol{A}}J=0$ 则可求出

$$\hat{\boldsymbol{A}}=\frac{\boldsymbol{R}^{-1}\boldsymbol{E}_D}{[\boldsymbol{E}_D^{\mathrm{H}}\boldsymbol{R}^{-1}\boldsymbol{E}_D]^{-1}} \tag{6-4-15}$$

式中,$\boldsymbol{E}_D^{\mathrm{H}}=(E_D^*)^{\mathrm{T}}$ 。代入方差表达式得

$$\sigma_{\min}^2=\frac{1}{\boldsymbol{E}_D^{\mathrm{H}}\boldsymbol{R}^{-1}\boldsymbol{E}_D} \tag{6-4-16}$$

当向量 $\boldsymbol{E}_D$ 中的频率 ω 等于信号频率时,式(6-4-16)就代表信号功率,则可以得到最大似然谱估计的值为

$$\hat{\Phi}_{\mathrm{ML}}(\omega)=\frac{1}{\boldsymbol{E}_D^{\mathrm{H}}\boldsymbol{R}^{-1}\boldsymbol{E}_D} \tag{6-4-17}$$

可见,自相关函数矩阵 $\boldsymbol{R}\rightarrow\hat{\Phi}_{\mathrm{ML}}(\omega)$ 。

可以证明,最大似然谱估计 $\hat{\Phi}_{\mathrm{ML}}(\omega)$ 和最大熵谱估计 $\hat{\Phi}_{\mathrm{ME}}(\omega)$ 之间有密切联系,

$$\frac{1}{\hat{\Phi}_{\mathrm{ML}}(\omega)}=\sum_{m=1}^{p}\frac{1}{\hat{\Phi}_{\mathrm{ME}}^{m}(\omega)} \tag{6-4-18}$$

式中,$\hat{\Phi}_{\mathrm{ME}}^{m}(\omega)$ 为 m 阶 AR 模型(最大熵)谱估计。通常,先用自回归 AR 模型法计算 $\hat{\Phi}_{\mathrm{ME}}^{m}(\omega)$, $m=1,2,\cdots,p$,再用式(6-4-18)计算最大似然谱估计 $\hat{\Phi}_{\mathrm{ML}}(\omega)$。

6.4.2 互协方差估计与互谱估计

假设 $x(n)$ 和 $y(n)$ 都是零均值的随机信号,因此 $\gamma_{xy}(m)=\varphi_{xy}(m)$ 。与自协方差的估计相同,互协方差估计为

$$\begin{cases} \hat{\gamma}_{xy}(m) = \dfrac{1}{N}\sum\limits_{n=0}^{N-m-1} x(n)y(n+m) \\ \hat{\gamma}_{xy}(-m) = \dfrac{1}{N}\sum\limits_{n=0}^{N-m-1} x(n+m)y(n) \end{cases}, 0 \leqslant m < N \tag{6-4-19}$$

当 $y(n) = x(n)$ 时，上式就完全转化为自协方差估计式。

式(6-4-19)的期望值为

$$E[\hat{\gamma}_{xy}(m)] = \left(1 - \frac{m}{N}\right)\varphi_{xy}(m), 0 \leqslant m < N$$

其中，$\varphi_{xy}(m)$ 是随机信号 $x(n)$ 和 $y(n)$ 的互相关。同理

$$E[\hat{\gamma}_{xy}(-m)] = \left(1 - \frac{m}{N}\right)\varphi_{xy}(-m), 0 \leqslant m < N$$

合并上述两式，得

$$E[\hat{\gamma}_{xy}(m)] = \left(1 - \frac{|m|}{N}\right)\varphi_{xy}(-m), -N < m < N$$

可见，$\hat{\gamma}_{xy}(m)$ 是协方差 $\varphi_{xy}(m)$ 的一个渐近无偏估计，并且估计的方差与 N 成反比。

为了估计互功率谱，取 $\hat{\gamma}_{xy}(m)$ 的傅里叶变换得到谱估计

$$\hat{\Gamma}_{xy}(\omega) = \sum_{m=-(N-1)}^{N-1} \hat{\gamma}_{xy}(m)\mathrm{e}^{-\mathrm{j}\omega m}$$

若 $y(n) = x(n)$，上式显然转化为周期图。因为 $\hat{\gamma}_{xy}(m)$ 一般没有对称性，所以 $\hat{\Gamma}_{xy}(\omega)$ 一般是复函数。容易证明

$$E[\hat{\Gamma}_{xy}(\omega)] = \sum_{m=-(N-1)}^{N-1} \left(1 - \frac{|m|}{N}\right)\varphi_{xy}(m)\mathrm{e}^{-\mathrm{j}\omega m}$$

显然从上式可知，$\hat{\Gamma}_{xy}(\omega)$ 是互功率谱的渐近无偏估计，但是完全与周期图中的情况一样，随着 N 的增加，$\hat{\Gamma}_{xy}(\omega)$ 的方差并不趋向于零。为了把方差减小并把估计平滑，必须对根据较短的记录段做出的估计进行平均或加窗处理。

6.5 基于相关矩阵特征分解的信号频率估计

6.5.1 信号子空间和噪声子空间的概念

假设信号 $x(n)$ 是复正弦信号加白噪声，同前两节一样，为

$$x(n) = \sum_{k=1}^{K} \alpha_k \mathrm{e}^{\mathrm{j}\omega_k n} + v(n) \tag{6-5-1}$$

其中，$\alpha_k = |\alpha_k| e^{j\varphi_k}$ 和 ω_k 分别是信号复幅度和角频率。初始相位 φ_k 是在 $[0,2\pi]$ 均匀分布的随机变量，并且当 $i \neq k$ 时，φ_i 和 φ_k 相互独立；$v(n)$ 是零均值、方差为 σ_v^2 的白噪声，且与信号相互独立。

定义信号向量

$$\boldsymbol{x}(n) = [x(n) \quad x(n-1) \quad \cdots \quad x(-M+1)]^{\mathrm{T}} \tag{6-5-1}$$

有

$$\boldsymbol{x}(n) = \boldsymbol{A}\boldsymbol{s}(n) + \boldsymbol{v}(n) \in \mathbb{C}^{M\times 1} \tag{6-5-2}$$

其中

$$\begin{aligned}\boldsymbol{A} &= [\boldsymbol{a}(\omega_1) \quad \boldsymbol{a}(\omega_2) \quad \cdots \quad \boldsymbol{a}(\omega_K)] \\ &= \begin{bmatrix} 1 & 1 & \cdots & 1 \\ e^{-j\omega_1} & e^{-j\omega_2} & \cdots & e^{-j\omega_K} \\ \vdots & \vdots & & \vdots \\ e^{-j(M-1)\omega_1} & e^{-j(M-1)\omega_2} & \cdots & e^{-j(M-1)\omega_K} \end{bmatrix} \in \mathbb{C}^{M\times K}\end{aligned} \tag{6-5-3}$$

向量 $\boldsymbol{a}(\omega)$、$\boldsymbol{s}(n)$ 和 $\boldsymbol{v}(n)$ 分别定义为

$$\boldsymbol{a}(\omega) = \begin{bmatrix} 1 \\ e^{-j\omega} \\ \vdots \\ e^{-j(M-1)\omega} \end{bmatrix}, \boldsymbol{s}(n) = \begin{bmatrix} \alpha_1 e^{j\omega_1 n} \\ \alpha_2 e^{j\omega_2 n} \\ \vdots \\ \alpha_K e^{j\omega_K n} \end{bmatrix}, \boldsymbol{v}(n) = \begin{bmatrix} v(n) \\ v(n-1) \\ \vdots \\ v(n-M+1) \end{bmatrix} \tag{6-5-4}$$

向量 $\boldsymbol{x}(n)$ 的自相关矩阵 $\boldsymbol{R} \in \mathbb{C}^{M\times K}$ 为

$$\begin{aligned}\boldsymbol{R} &= E[\boldsymbol{x}(n)\boldsymbol{x}^{\mathrm{H}}(n)] \\ &= E\{[\boldsymbol{A}\boldsymbol{s}(n) + \boldsymbol{v}(n)][\boldsymbol{s}^{\mathrm{H}}(n)\boldsymbol{A}^{\mathrm{H}} + \boldsymbol{v}^{\mathrm{H}}(n)]\} \\ &= \boldsymbol{A}\boldsymbol{P}\boldsymbol{A}^{\mathrm{H}} + E[\boldsymbol{v}(n)\boldsymbol{v}^{\mathrm{H}}(n)]\end{aligned} \tag{6-5-6}$$

因为 $v(n)$ 是零均值、方差为 σ_v^2 的白噪声，所以有

$$E[\boldsymbol{v}(n)\boldsymbol{v}^{\mathrm{H}}(n)] = \mathrm{diag}\{\sigma_v^2, \cdots, \sigma_v^2\} = \sigma_v^2 \boldsymbol{I}$$

其中，$\boldsymbol{I} \in \mathbb{R}^{M\times M}$ 是单位矩阵。

又由于 φ_k 和 φ_l 相互独立（$k \neq l$），有

$$\begin{aligned}E\{s_k(n)s_l^*(n)\} &= E\{\alpha_k e^{j\omega_k n}\alpha_l^* e^{-j\omega_l n}\} \\ &= e^{j\omega_k n}e^{-j\omega_l n}|\alpha_k||\alpha_l|E\{e^{j\varphi_k - j\varphi_l}\} \\ &= \begin{cases} |\alpha_k|^2, k = l \\ 0, k \neq l \end{cases}\end{aligned}$$

于是，矩阵 $\boldsymbol{P}$ 是正定的对角矩阵，即

$$\boldsymbol{P} \triangleq E\{\boldsymbol{s}(n)\boldsymbol{s}^{\mathrm{H}}(n)\} = \mathrm{diag}\{|\alpha_1|^2, |\alpha_2|^2, \cdots, |\alpha_K|^2\} \in \mathbb{C}^{K\times K} \tag{6-5-7}$$

因此，$\boldsymbol{x}(n)$ 的自相关矩阵可表示为

$$\boldsymbol{R} = \boldsymbol{AP}\,\boldsymbol{A}^{\mathrm{H}} + \sigma_v^2 \boldsymbol{I} \in \mathbb{C}^{M \times M} \tag{6-5-8}$$

实际应用中，选取 $M > K$。从式(6-5-3)容易看出，矩阵 $\boldsymbol{A}$ 是列满秩的；因此，$\boldsymbol{A}^{\mathrm{H}}$ 是行满秩矩阵，即

$$\mathrm{rank}(\boldsymbol{A}) = \mathrm{rank}(\boldsymbol{A}^{\mathrm{H}}) = K \tag{6-5-9}$$

又根据定义式(6-5-7)可知，$\boldsymbol{P}$ 是秩为 K 的满秩方阵。因此，矩阵乘积 $\boldsymbol{AP}$ 是对矩阵 $\boldsymbol{A}$ 作满秩变换，变换后的秩保持不变，即

$$\mathrm{rank}(\boldsymbol{AP}) = K \tag{6-5-10}$$

同样，由式(6-5-9)和式(6-5-10)可知，$\boldsymbol{AP}\,\boldsymbol{A}^{\mathrm{H}}$ 也为对矩阵 $\boldsymbol{A}^{\mathrm{H}}$ 作满秩变换，即

$$\mathrm{rank}(\boldsymbol{AP}\,\boldsymbol{A}^{\mathrm{H}}) = K \tag{6-5-11}$$

因此，矩阵 $\boldsymbol{AP}\,\boldsymbol{A}^{\mathrm{H}}$ 共有 K 个非零特征值。对 $\boldsymbol{AP}\,\boldsymbol{A}^{\mathrm{H}}$ 进行特征值分解，设 $\tilde{\lambda}_1, \tilde{\lambda}_2, \cdots, \tilde{\lambda}_M$ 为特征值；$\boldsymbol{u}_1, \boldsymbol{u}_2, \cdots, \boldsymbol{u}_M$ 为对应的正交归一化特征向量。不妨将其 K 个非零特征值设为 $\tilde{\lambda}_1, \tilde{\lambda}_2, \cdots, \tilde{\lambda}_K \neq 0$；其余特征值 $\tilde{\lambda}_{K+1} = \tilde{\lambda}_{K+2} = \cdots = \tilde{\lambda}_M = 0$，所以有

$$(\boldsymbol{AP}\,\boldsymbol{A}^{\mathrm{H}})\,\boldsymbol{u}_i = \tilde{\lambda}_i\,\boldsymbol{u}_i, i = 1,2,\cdots,K \tag{6-5-12}$$

$$(\boldsymbol{AP}\,\boldsymbol{A}^{\mathrm{H}})\,\boldsymbol{u}_i = \tilde{\lambda}_i\,\boldsymbol{u}_i = 0, i = K+1, K+2,\cdots,M \tag{6-5-13}$$

对式(6-5-12)和式(6-5-13)右乘比 $\boldsymbol{u}_i^{\mathrm{H}}$，有

$$(\boldsymbol{AP}\,\boldsymbol{A}^{\mathrm{H}})\,\boldsymbol{u}_i\,\boldsymbol{u}_i^{\mathrm{H}} = \tilde{\lambda}_i\,u_i\,u_i^{\mathrm{H}}, i = 1,2,\cdots,M \tag{6-5-14}$$

上式中分别取 $i = 1,2,\cdots,M$，可得 M 个等式，将各等式两边分别相加，得

$$(\boldsymbol{AP}\,\boldsymbol{A}^{\mathrm{H}}) \sum_{i=1}^{M} \boldsymbol{u}_i\,\boldsymbol{u}_i^{\mathrm{H}} = \sum_{i=1}^{M} \tilde{\lambda}_i\,\boldsymbol{u}_i\,\boldsymbol{u}_i^{\mathrm{H}} \tag{6-5-15}$$

考虑到 $\boldsymbol{u}_1, \boldsymbol{u}_2, \cdots, \boldsymbol{u}_M$ 是正交的归一化特征向量，有

$$\sum_{i=1}^{M} \boldsymbol{u}_i\,\boldsymbol{u}_i^{\mathrm{H}} = \boldsymbol{I} \tag{6-5-16}$$

将式(6-5-15)代入式(6-5-14)，有

$$\boldsymbol{AP}\,\boldsymbol{A}^{\mathrm{H}} = \sum_{i=1}^{M} \tilde{\lambda}_i\,\boldsymbol{u}_i\,\boldsymbol{u}_i^{\mathrm{H}} = \sum_{i=1}^{K} \tilde{\lambda}_i\,\boldsymbol{u}_i\,\boldsymbol{u}_i^{\mathrm{H}} \tag{6-5-17}$$

因此，式(6-5-8)的自相关矩阵 $\boldsymbol{R}$ 可表示为

$$\begin{aligned} \boldsymbol{R} &= \sum_{i=1}^{K} \tilde{\lambda}_i\,\boldsymbol{u}_i\,\boldsymbol{u}_i^{\mathrm{H}} + \sigma_v^2 \sum_{i=1}^{M} \boldsymbol{u}_i\,\boldsymbol{u}_i^{\mathrm{H}} \\ &= \sum_{i=1}^{K} (\tilde{\lambda}_i + \sigma_v^2)\,\boldsymbol{u}_i\,\boldsymbol{u}_i^{\mathrm{H}} + \sigma_v^2 \sum_{i=K+1}^{M} \boldsymbol{u}_i\,\boldsymbol{u}_i^{\mathrm{H}} \\ &= \sum_{i=1}^{M} \tilde{\lambda}_i\,\boldsymbol{u}_i\,\boldsymbol{u}_i^{\mathrm{H}} \end{aligned} \tag{6-5-18}$$

其中

$$\lambda_i = \tilde{\lambda}_i + \sigma_v^2, i = 1,2,\cdots,K$$
$$\lambda_i = \sigma_v^2, i = K+1,K+2,\cdots,M$$

$\boldsymbol{R}$ 的 M 个特征值中仅有 K 个特征值 $\lambda_1,\lambda_2,\cdots,\lambda_K$ 与信号有关，其余 $M-K$ 个特征值 $\lambda_{K+1},\lambda_{K+2},\cdots,\lambda_M$ 仅与噪声有关。

6.5.2 MUSIC 算法

利用前面信号子空间和噪声子空间的概念，下面介绍信号频率估计的多重信号分类(multiple signal classification，MUSIC)算法，该算法于1979年由 R. O. Schmidt 提出。MUSIC 算法利用了信号子空间和噪声子空间的正交性，构造空间谱函数，通过谱峰搜索，估计信号频率。

由式(6-5-13)有

$$\boldsymbol{A}\boldsymbol{P}\boldsymbol{A}^{\mathrm{H}}\boldsymbol{u}_i = \boldsymbol{0}\ , i = K+1,K+2,\cdots,M \tag{6-5-19}$$

对上式两边同时左乘 $\boldsymbol{A}^{\mathrm{H}}$ ，得

$$\boldsymbol{A}^{\mathrm{H}}\boldsymbol{A}\boldsymbol{P}\boldsymbol{A}^{\mathrm{H}}\boldsymbol{u}_i = \boldsymbol{0}\ , i = K+1,K+2,\cdots,M \tag{6-5-20}$$

由式(6-5-9)可知，矩阵 $\mathrm{rank}(\boldsymbol{A}^{\mathrm{H}}\boldsymbol{A}) = K$ ，即 $\boldsymbol{A}^{\mathrm{H}}\boldsymbol{A}$ 可逆。式(6-5-20)等号两边同时左乘 $(\boldsymbol{A}^{\mathrm{H}}\boldsymbol{A})^{-1}$ ，有

$$(\boldsymbol{A}^{\mathrm{H}}\boldsymbol{A})^{-1}\boldsymbol{A}^{\mathrm{H}}\boldsymbol{A}\boldsymbol{P}\boldsymbol{A}^{\mathrm{H}}\boldsymbol{u}_i = \boldsymbol{0}\ , i = K+1,K+2,\cdots,M \tag{6-5-21}$$

又由式(6-5-7)，矩阵 $\boldsymbol{P}$ 为正定的对角矩阵，式(6-5-21)两边可再同时左乘 $\boldsymbol{P}^{-1}$ ，有

$$\boldsymbol{P}^{-1}\boldsymbol{P}\boldsymbol{A}^{\mathrm{H}}\boldsymbol{u}_i = \boldsymbol{A}^{\mathrm{H}}\boldsymbol{u}_i = \boldsymbol{0}\ , i = K+1,K+2,\cdots,M \tag{6-5-22}$$

由式(6-5-3)，则有

$$\boldsymbol{a}^{\mathrm{H}}(\omega_k)\boldsymbol{u}_i = 0, k = 1,2,\cdots,K; i = K+1,K+2,\cdots,M \tag{6-5-23}$$

式(6-5-23)表明，信号频率向量 $\boldsymbol{a}(\omega_k)$ 与噪声子空间的特征向量正交。对给定频率 ω_k ，分别令 $i = K+1,K+2,\cdots,M$ ，可以得到

$$\begin{aligned} |\boldsymbol{a}^{\mathrm{H}}(\omega_k)\boldsymbol{u}_{K+1}|^2 &= 0 \\ |\boldsymbol{a}^{\mathrm{H}}(\omega_k)\boldsymbol{u}_{K+2}|^2 &= 0 \\ &\vdots \\ |\boldsymbol{a}^{\mathrm{H}}(\omega_k)\boldsymbol{u}_M|^2 &= 0 \end{aligned} \tag{6-5-24}$$

将上面各式两边相加，可得到

$$\sum_{i=K+1}^{M} |\boldsymbol{a}^{\mathrm{H}}(\omega_k)\boldsymbol{u}_i|^2 = 0, k = 1,2,\cdots,K \tag{6-5-25}$$

用噪声子空间的向量构成矩阵

$$\boldsymbol{G} = [\boldsymbol{u}_{K+1}\quad \boldsymbol{u}_{K+2}\quad \cdots\quad \boldsymbol{u}_M] \in \mathbb{C}^{M\times(M-K)} \tag{6-5-26}$$

可以得到式(6-5-25)的另一种表达形式为

$$\boldsymbol{a}^{\mathrm{H}}(\omega_k)(\sum_{i=K+1}^{M}\boldsymbol{u}_i\boldsymbol{u}_i^{\mathrm{H}})\boldsymbol{a}(\omega_k)=\boldsymbol{a}^{\mathrm{H}}(\omega_k)\boldsymbol{G}\boldsymbol{G}^{\mathrm{H}}\boldsymbol{a}(\omega_k)=0,k=1,2,\cdots,K \tag{6-5-27}$$

在实际工程中，由于用相关矩阵的估计 $\hat{\boldsymbol{R}}$ 代替 $\boldsymbol{R}$ 进行特征分解，因此，在给定的频率 ω_k，信号频率向量 $\boldsymbol{a}(\omega_k)$ 与噪声子空间并不严格地满足正交条件方程式(6-5-13)。于是，可以构造如下的扫描函数：

$$\hat{P}_{\mathrm{MUSIC}}(\omega)=\frac{1}{\boldsymbol{a}^{\mathrm{H}}(\omega)\hat{\boldsymbol{G}}\hat{\boldsymbol{G}}^{\mathrm{H}}\ \boldsymbol{a}^{\mathrm{H}}(\omega)}=\frac{1}{\sum\limits_{i=K+1}^{M}\left|\boldsymbol{a}^{\mathrm{H}}(\omega)\ \hat{\boldsymbol{u}}_i\right|^2},\omega\in[-\pi,\pi] \tag{6-5-28}$$

信号角频率的估计可以由函数 $P_{\mathrm{MUSIC}}(\omega)$ 的 K 个峰值位置确定。

谱函数 $P_{\mathrm{MUSIC}}(\omega)$ 的峰值位置反映了信号的频率值，但它并不是信号的功率谱，通常将 $P_{\mathrm{MUSIC}}(\omega)$ 称为伪谱 (pseudo spectrum)，或 MUSIC 谱。

6.6　谱估计的应用实例

在电子侦察系统中，信号处理的第一步就是对宽带数字接收机的输出信号进行功率谱估计(图 6-6)。功率谱的估计既可以采用经典功率谱估计方法，也可以采用高分辨谱估计方法。下面结合具体的实例讨论如何利用功率谱估计常规通信信号(载波频率恒定)和跳频信号的参数。

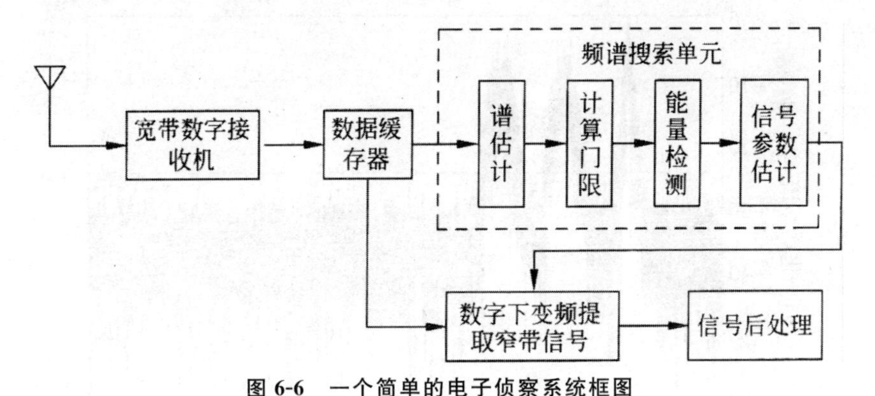

图 6-6　一个简单的电子侦察系统框图

6.6.1　常规通信信号的参数估计

首先通过例 6-1 讨论周期图法在电子侦察中的应用。

例 6-1 设宽带数字接收机输出的采样频率为 200kHz，处理带宽为 100kHz，采样点数为 4000 个。接收机的输出数据中包含 3 个频谱互不重叠的复窄带通信信号：四进制相移键控（QPSK）信号、二进制相移键控（BPSK）信号和二进制频移键控（2FSK）信号，它们的参数设置如表 6-1 所示。信号中叠加的噪声为零均值高斯白噪声。

表 6-1 3 个窄带通信信号的参数设置

	QPSK	BPSK	2FSK
信噪比(dB)	10	10	10
载波频率(kHz)	70	50	30
码元速率(B)	8000	8000	8000
频率偏移(kHz)	—	—	2

图 6-7 是利用周期图法估计出的功率谱，计算周期图所用的 FFT 的长度为 4096 点。通过该门限可以从周期图中检测出各信号，并利用门限以上的信号功率谱测量出各信号的中心频率、带宽和信噪比等参数。图 6-8 是利用信号的功率谱测量信号参数的示意图。从图 6-7 可以看出，各信号的功率谱受噪声的影响比较大，为了平滑各信号的功率谱，可以采用改进周期图法，如 Bartlett 法和 Welch 法。

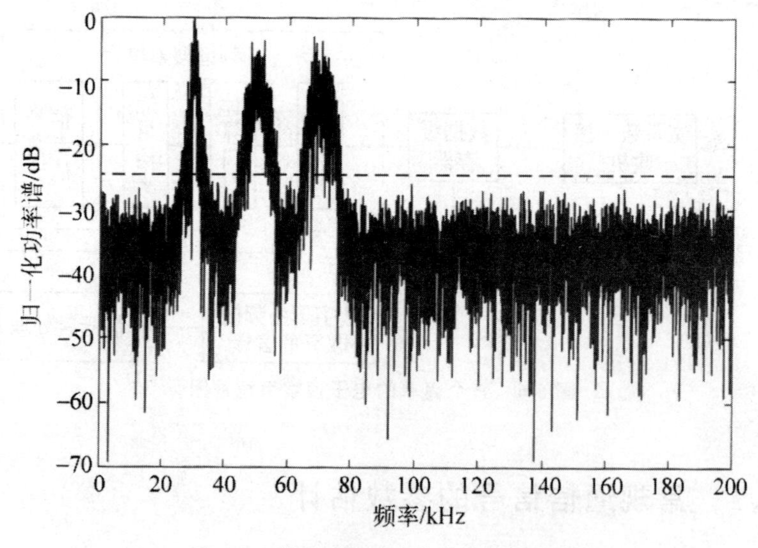

图 6-7 利用周期图法估计出的功率谱

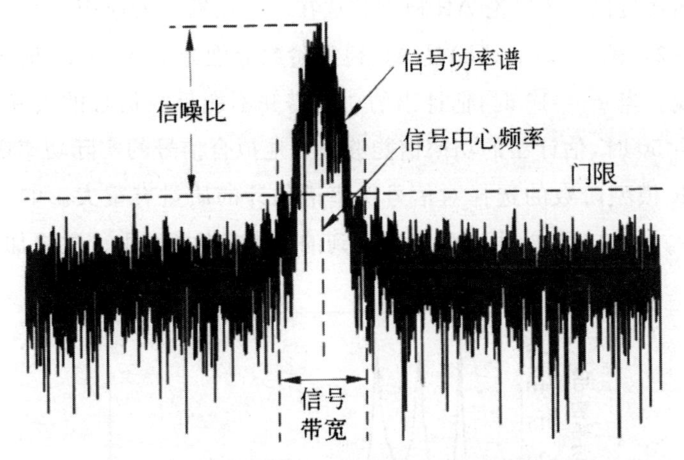

图 6-8　利用信号的功率谱测量信号参数的示意图

图 6-9 是未使用窗函数时利用 Bartlett 法求出的功率谱，长度为 $N = 4000$ 的信号被分为 $L = 4$ 段，每段的长度为 $M = 1000$，计算每段的周期图所用的 FFT 的长度为 1024 点。从图 6-9 可以看出，各信号的功率谱比图 6-7 中的周期图法要平滑，因而，它更有利于信号中心频率、带宽和信噪比等参数的测量。

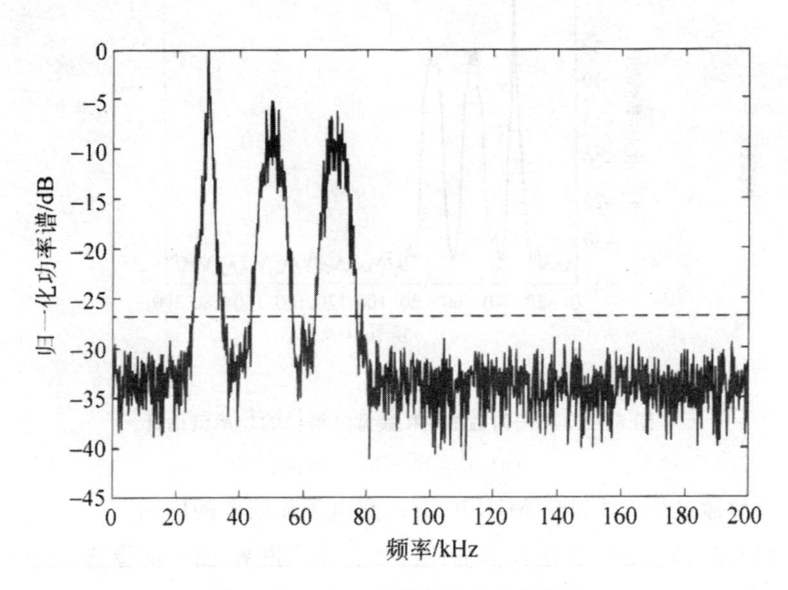

图 6-9　Bartlett 法得到的功率谱估计

下面通过例 6-2 讨论 AR 模型方法在电子侦察中的应用。

例 6-2 图 6-10(a)、(b)是 AR 模型阶数分别为 $p=10$、50 时求出的功率谱曲线。当 $p=10$ 时,估计出的功率谱并不能反映信号的实际功率谱;而当 $p=50$ 时,估计出的功率谱能够很好地拟合信号的实际功率谱。由此可见,AR 模型阶数的选择对信号功率谱估计的质量有很大影响。比较图 6-10(b)与图 6-9 可知,由 AR 模型得到的功率谱比 Bartlett 法更加平滑。

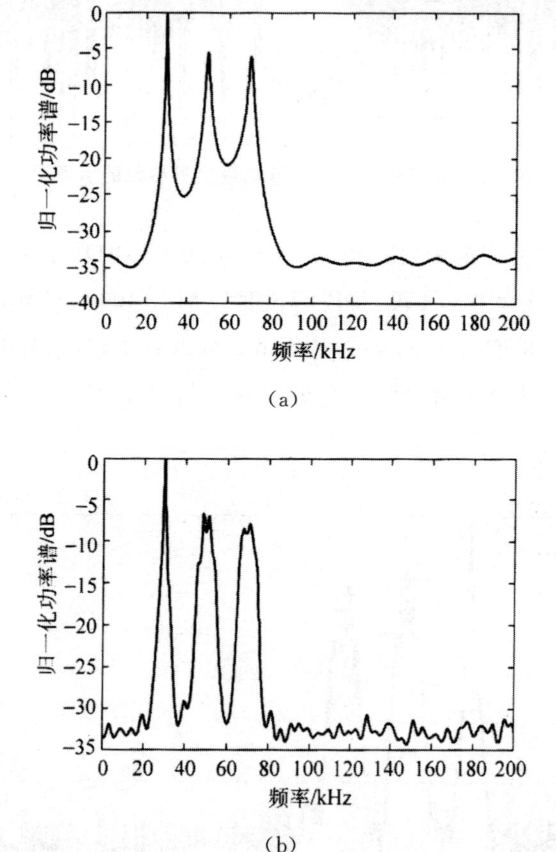

图 6-10 不同阶数的 AR 模型法得到的功率谱估计

(a) $p=10$;(b) $p=50$

最后通过例 6-3 讨论 MUSIC 方法在电子侦察中的应用。

例 6-3 MUSIC 方法仅能估计信号的载波频率,而不能像 AR 模型、周期图法那样估计出信号的功率谱。图 6-11 是用 MUSIC 方法估计出的伪谱曲线。

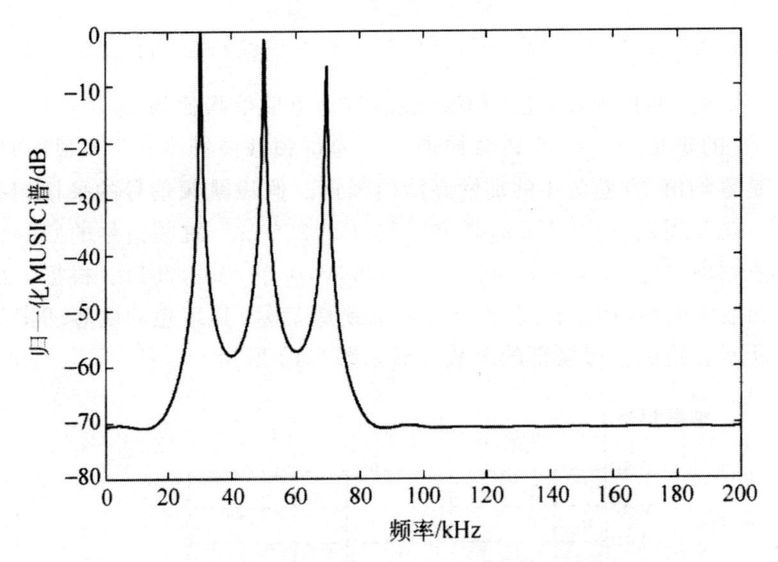

图 6-11　用 MUSIC 方法估计出的伪谱曲线

6.6.2　跳频信号的参数估计

跳频信号的参数主要包括跳频周期、载频跳变时刻、载波频率、载波频率的数目等。这些参数可以从信号的跳频图案中获得，因此，如果估计出跳频信号的跳频图案就可以计算出信号的参数。跳频图案的估计可以通过估计跳频信号在各个不同时刻的功率谱获得。下面给出一种基于周期图的信号参数估计方法，其计算步骤如下。

步骤 1　对 N 点的跳频信号 $x_N(n)$ 进行分段，每段的长度为 M，相邻的两段数据交叠 γM 点（γ 为重叠因子，$0 \leqslant \gamma < 1$），信号将被分成 L 段，即

$$L = \frac{N - \gamma M}{(1-\gamma)M}$$

步骤 2　将第 $i(1 \leqslant i \leqslant L)$ 段信号 $x_N(n)$ 与长度为 M 的窗函数 $\omega(n)$ 相乘。

步骤 3　对加窗后的每段信号 $x_N^i(n)\omega(n)$ 利用周期图法求得其功率谱

$$\hat{P}_{\text{PER}}^i(\omega) = \frac{1}{M}\sum_{n=0}^{M-1} \left| x_N^i(n)\omega(n)\mathrm{e}^{-\mathrm{j}\omega n} \right|^2, 1 \leqslant i \leqslant L$$

步骤 4　将各段数据的功率谱按时间的先后顺序排列成一个时频矩阵，即

$$\hat{P}_{\text{PER}}(i,k) = \hat{P}_{\text{PER}}^i(k) = \hat{P}_{\text{PER}}^i(\omega)\Big|_{\omega=\frac{2\pi}{K}k}, 1 \leqslant i \leqslant L, 0 \leqslant k \leqslant K-1, M \leqslant K$$

例 6-4　本例中产生跳频信号的数学模型为

$$x(t)=A\sum_{k}\omega_{T_h}^{(R)}(t-kT_h)e^{j2\pi f_k(t-kT_h)}+v(t),0\leqslant t\leqslant T,1\leqslant k\leqslant T/T_h$$

式中，A 为信号的幅度，它由信噪比决定，这里取信噪比为 10dB。$\omega_{T_h}^{(R)}$ 为宽度为 T_h 的矩形窗，T_h 为跳频周期，f_k 为跳频载波频率，T 为观测时间，$v(t)$ 是零均值、方差为 1 的加性高斯白噪声。假设跳频信号的采样频率为 1 kHz，跳频周期 $T_h=32$ms，观测时间 $T=256$ms。跳频信号的归一化跳频载波频率集为{0.3，0.15，0.4，0.25，0.35，0.05，0.2，0.1}。根据上面所定义的数学模型，产生长度 $N=256$ 的跳频信号，其理想的跳频图案如图 6-12 所示。跳频信号实部的时域波形如图 6-13 所示。

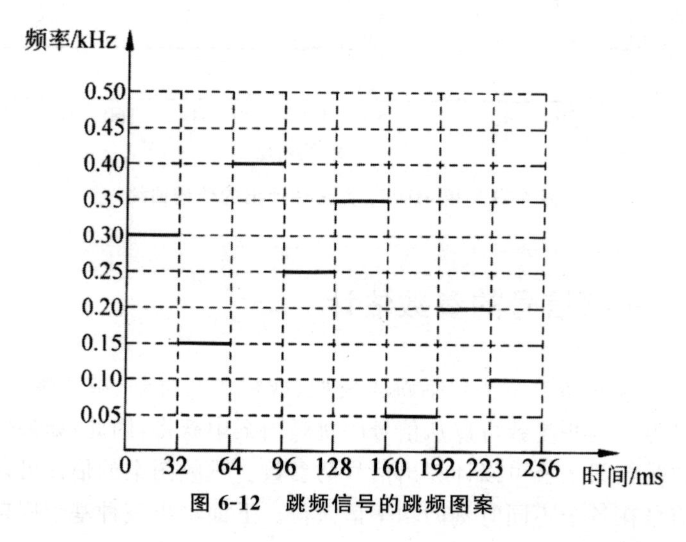

图 6-12 跳频信号的跳频图案

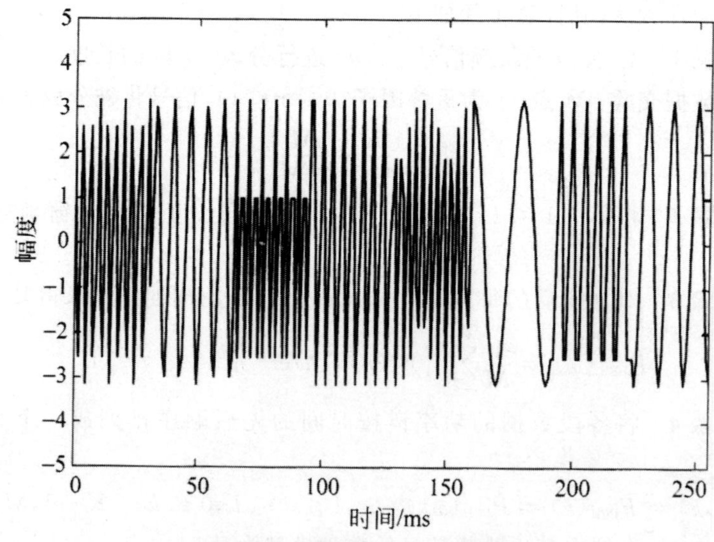

图 6-13 跳频信号的时域波形

将长度 $N=256$ 的跳频信号进行分段，每段的长度 $M=64$，相邻的两段数据交叠 $M-1=63$ 个点；窗函数采用海明窗；用于计算各段周期图的 FFT 的点数为 $K=512$（这里对每段补了 $K-M$ 个 0）。根据上面给出的基于周期图的跳频图案的估计方法，可得到跳频信号的时频矩阵 $\hat{P}_{\mathrm{PER}}(i,k)$，如图 6-14 所示。由图 6-14 可以估计出跳频信号的跳频周期、载波的跳变时刻、跳频频率及其数目等参数。图 6-15 是时频矩阵的等高线图，它反映出的跳频信号的跳频图案与图 6-12 所示的实际跳频图案吻合。

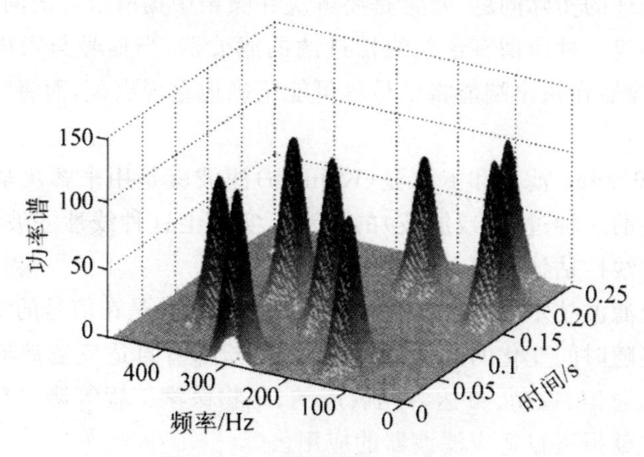

图 6-14　时频矩阵的三维显示

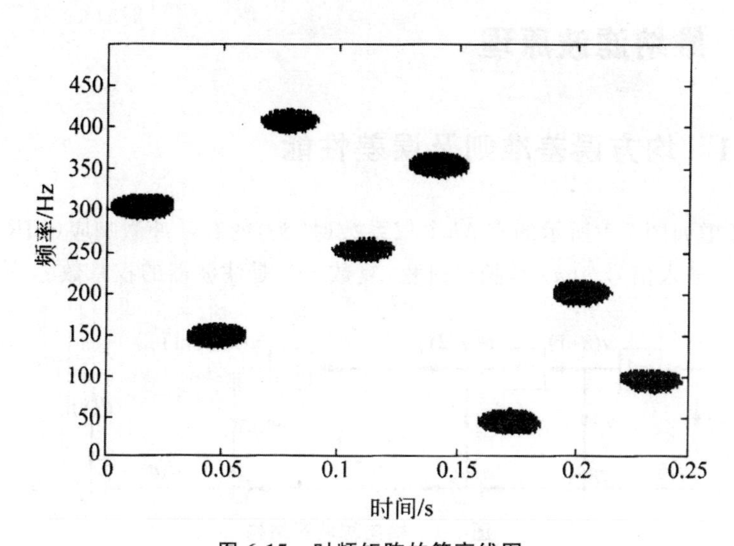

图 6-15　时频矩阵的等高线图

第7章　线性预测与自适应滤波

信号处理的实际问题，常常是要解决在噪声中提取信号的问题。因此，我们需要寻找一种所谓有最佳线性过滤的滤波器，当信号与噪声同时输入时，这种滤波器在输出端能将信号尽可能精确地重现出来，而将噪声尽可能地抑制掉。

维纳(Wiener)滤波和卡尔曼(Kalman)滤波就是用来解决从噪声中提取信号问题的一种过滤(或滤波)的方法。实际上这种线性滤波问题，可以看成是一种线性估计问题。

自适应滤波技术的应用极其广泛，总的来说，凡是在信号的统计特性未知或信号是随时间变化的非平稳过程的场合，都有自适应滤波器的用武之地，因此，在通信、控制、雷达、导航、声呐、生物医学工程等诸多领域和学科中有大量文献报道自适应滤波器的应用。

7.1　维纳滤波原理

7.1.1　均方误差准则及误差性能

考虑如图7-1所示的有M个权系数(抽头)的有限冲激响应(FIR)横向滤波器，输入信号$u(n)$是随机过程，复数w_i^*是滤波器的权系数。

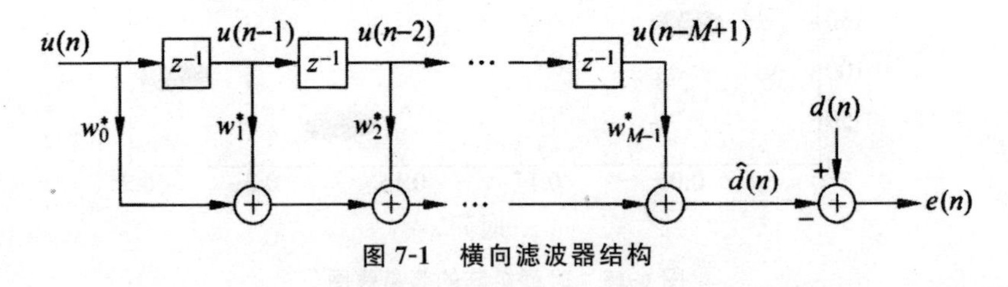

图7-1　横向滤波器结构

已知图7-1所示滤波器的估计误差(estimation error)为

$$e(n) = d(n) - \hat{d}(n) \tag{7-1-1}$$

式中，$d(n)$ 是期望响应信号，滤波器输出 $\hat{d}(n)$ 是对 $d(n)$ 的估计，且

$$\hat{d}(n) = \boldsymbol{w}^{\mathrm{H}}\boldsymbol{u}(n) = \boldsymbol{u}^{\mathrm{T}}(n)\boldsymbol{w}^*$$

于是有

$$e(n) = d(n) - \boldsymbol{w}^{\mathrm{H}}\boldsymbol{u}(n) = d(n) - \boldsymbol{u}^{\mathrm{T}}(n)\boldsymbol{w}^* \tag{7-1-2}$$

定义估计误差 $e(n)$ 的平均功率为

$$J(\boldsymbol{w}) = E[|e(n)|^2] = E[e(n)e^*(n)] \tag{7-1-3}$$

经常也称 $J(\boldsymbol{w})$ 为估计的均方误差（mean square error，MSE）或代价函数（cost function）。将式(7-1-2)代入式(7-1-3)，有

$$\begin{aligned} J(\boldsymbol{w}) &= E\{[d(n) - \boldsymbol{w}^{\mathrm{H}}\boldsymbol{u}(n)][d(n) - \boldsymbol{u}^{\mathrm{T}}(n)\boldsymbol{w}^*]^*\} \\ &= E[|d(n)|^2] - E[d(n)\boldsymbol{u}^{\mathrm{H}}(n)]\boldsymbol{w} - \boldsymbol{w}^{\mathrm{H}}E[\boldsymbol{u}(n)d^*(n)] \\ &\quad + \boldsymbol{w}^{\mathrm{H}}E[\boldsymbol{u}(n)\boldsymbol{u}^{\mathrm{H}}(n)]\boldsymbol{w} \end{aligned} \tag{7-1-4}$$

假设期望响应 $d(n)$ 的均值为 0，那么式(7-1-4)中第一项期望响应的平均功率也是方差，令

$$\sigma_d^2 = E[|d(n)|^2] \tag{7-1-5}$$

观察式(7-1-4)的第二项，定义互相关向量（cross correlation vector）$\boldsymbol{p}$ 为

$$\boldsymbol{p} = E[\boldsymbol{u}(n)d^*(n)] = \begin{bmatrix} E[u(n)d^*(n)] \\ E[u(n-1)d^*(n)] \\ \vdots \\ E[u(n-M+1)d^*(n)] \end{bmatrix} = \begin{bmatrix} p(0) \\ p(-1) \\ \vdots \\ p(-M-1) \end{bmatrix} \tag{7-1-6}$$

式中，$p(-m)$ 为输入 $u(n-m)$ 期望响应 $d(n)$ 的互相关函数，为

$$p(-m) = E[u(n-m)d^*(n)] \tag{7-1-7}$$

输入信号向量 $\boldsymbol{u}(n)$ 的自相关矩阵为

$$\boldsymbol{R} = E[\boldsymbol{u}(n)\boldsymbol{u}^{\mathrm{H}}(n)] = \begin{bmatrix} r(0) & r(1) & \cdots & r(M-1) \\ r(-1) & r(0) & \cdots & r(M-2) \\ \vdots & \cdots & \ddots & \vdots \\ r(-M+1) & \cdots & \cdots & r(0) \end{bmatrix} \tag{7-1-8}$$

其中，自相关函数 $r(i-k)$ 的定义为

$$r(i-k) = E[u(n-k)u^*(n-i)] \tag{7-1-9}$$

利用 σ_d^2 、$\boldsymbol{p}$ 和 $\boldsymbol{R}$ 的定义式(7-1-5)～式(7-1-8)，均方误差方程式(7-1-4)可以表示为

$$J(\boldsymbol{w}) = \sigma_d^2 - \boldsymbol{p}^{\mathrm{H}}\boldsymbol{w} - \boldsymbol{w}^{\mathrm{H}}\boldsymbol{p} + \boldsymbol{w}^{\mathrm{H}}\boldsymbol{R}\boldsymbol{w} \tag{7-1-10}$$

可以看出，$J(\boldsymbol{w})$ 是滤波器权向量 $\boldsymbol{w}$ 的二次函数。

对实系统，如果滤波器仅有一个抽头，即 $M = 1$，有 $\boldsymbol{p} = p(0)$，$\boldsymbol{R} = r(0)$，则

$$J(\boldsymbol{w}) = J(w_0) = \sigma_d^2 - p(0)w_0 - p(0)w_0 + r(0)w_0^2$$
$$= \sigma_d^2 - 2p(0)w_0 + r(0)w_0^2$$

这是在平面上的开口向上的抛物线方程。该抛物线开口向上,具有一个全局极小值点,在该极小值点处,估计误差的平均功率达到最小。如果滤波器有两个实值权系数,即 $M = 2$,则 $J(\boldsymbol{w})$ 在三维空间中构成了一个开口向上抛物面(parabola surface),也称为碗形面。

事实上,可以把具有 M 个自变量 $w_0, w_1, \cdots, w_{M-1}$ 的函数 $J(\boldsymbol{w})$ 看成一个在 $M+1$ 维空间中,具有 M 个自由度的抛物面,而这个抛物面具有唯一的全局极小值点(估计误差的平均功率最小)。经常把 $J(\boldsymbol{w})$ 所构成的这样一个多维空间的曲面称为误差性能面(error performance surface)。下面将介绍误差性能面的极小值点的求解方法。

7.1.2 维纳-霍夫方程

根据矩阵理论,如果多元函数 $J(\boldsymbol{w})$ 在点 $\boldsymbol{w} = [w_0 \quad w_1 \quad \cdots \quad w_{M-1}]^{\mathrm{T}}$ 处的有偏导数可表示为 $\dfrac{\partial J}{\partial w_i^*}$,那么 $J(\boldsymbol{w})$ 在点 w 处取得极值的必要条件是 $\dfrac{\partial J}{\partial w_i^*} = 0, i = 0,1,2,\cdots,M-1$ [称点 $\boldsymbol{w}$ 为函数 $J(\boldsymbol{w})$ 的驻点]。

式(7-1-10)的梯度应为

$$\Delta J(\boldsymbol{w}) = 2\frac{\partial}{\partial \boldsymbol{w}^*}[J(\boldsymbol{w})] = -2\boldsymbol{p} + 2\boldsymbol{R}\boldsymbol{w} \tag{7-1-11}$$

令 $\Delta J(\boldsymbol{w}) = 0$,有

$$\boldsymbol{R}\boldsymbol{w}_0 = \boldsymbol{p} \tag{7-1-12}$$

式(7-1-12)是著名的维纳-霍夫方程(Wiener-Hopf equations)。$\boldsymbol{R}$ 几乎总是非歧义的,于是用 $\boldsymbol{R}^{-1}$ 左乘方程式(7-1-12)的两边,得

$$\boldsymbol{w}_0 = \boldsymbol{R}^{-1}\boldsymbol{p} \tag{7-1-13}$$

要使均方误差 $J(\boldsymbol{w})$ 最小,滤波器权向量 $\boldsymbol{w}$ 应满足式(7-1-12)或式(7-1-13),此时的权向量称为最优权向量(optimum weight vector),记为 $\boldsymbol{w}_0$ 。

上述使误差的平均功率最小的思想,在信号处理中经常被称为最小均方误差(minimum mean square error,MMSE)准则。

7.1.3 正交原理

将式(7-1-12)改写成

$$\boldsymbol{R}\boldsymbol{w}_0 - \boldsymbol{p} = \boldsymbol{0} \tag{7-1-14}$$

其中，$\mathbf{0}$ 是与向量 $\boldsymbol{p}$ 具有相同维数的零向量，而 $\boldsymbol{w}_0$ 是使均方误差 $J(\boldsymbol{w})$ 取得全局极小值的最优权向量。将自相关矩阵 $\boldsymbol{R}$ 和互相关向量 $\boldsymbol{p}$ 的定义式

$$\boldsymbol{R}=E[u(n)\,u^{\mathrm{H}}(n)]\,,\ \boldsymbol{p}=E[u(n)d^{*}(n)]$$

代入式(7-1-14)中，有

$$\begin{aligned}\boldsymbol{R}\boldsymbol{w}_0-\boldsymbol{p}&=E[\boldsymbol{u}(n)\,\boldsymbol{u}^{\mathrm{H}}(n)]\boldsymbol{w}_0-E[\boldsymbol{u}(n)d^{*}(n)]\\&=E\{\boldsymbol{u}(n)[\boldsymbol{u}^{\mathrm{H}}(n)\,\boldsymbol{w}_0-d^{*}(n)]\}\\&=\mathbf{0}\end{aligned}\tag{7-1-15}$$

当 $\boldsymbol{w}=\boldsymbol{w}_0$ 时，假设估计误差信号为 $e_0(n)$，并注意到

$$e_0^{*}(n)=d^{*}(n)-\boldsymbol{u}^{\mathrm{H}}(n)\,\boldsymbol{w}_0$$

因此，式(7-1-15)可以简记为

$$E[\boldsymbol{u}(n)e_0^{*}(n)]=\mathbf{0}\tag{7-1-16}$$

式(7-1-16)意味着

$$E[u(n-i)e_0^{*}(n)]=0,i=0,1,2,\cdots,M-1$$

这就是说，在统计意义下，当滤波器取得最优权向量时，估计误差与滤波器所有抽头的输入信号 $u(n-i)$ 是相互正交的。事实上，从式(7-1-14)到式(7-1-16)的推导过程是一个可逆的过程。因此，使均方误差 $J(\boldsymbol{w})$ 取得极小值的充分必要条件是，对应的估计误差 $e_0(n)$ 与 n 时刻的每个抽头的输入样本在统计意义下相互正交。

由于滤波器输出估计信号是权向量和输入向量的内积，即

$$\hat{d}_0(n)=\boldsymbol{w}_0^{\mathrm{H}}\boldsymbol{u}(n)$$

于是，由估计误差与输入信号的正交性方程式(7-1-16)可知，$\hat{d}_0(n)$ 与 $e_0(n)$ 也相互正交，即

$$E[\hat{d}_0(n)e_0^{*}(n)]=\boldsymbol{w}_0^{\mathrm{H}}E[\boldsymbol{u}(n)e_0^{*}(n)]=0\tag{7-1-17}$$

也可以从几何上来理解正交原理。滤波器输出信号 $\hat{d}(n)=\boldsymbol{w}^{\mathrm{H}}\boldsymbol{u}(n)$ 位于由观测信号 $\boldsymbol{u}(n)$ 生成的信号空间(向量空间) $\boldsymbol{D}$ 中。由于噪声的存在(因此 $|e(n)|\neq 0$)，期望响应信号 $d(n)$ 不在 $\boldsymbol{D}$ 中。最优滤波器输出 $\hat{d}_0(n)$ 实际上是 $d(n)$ 在信号空间 $\boldsymbol{D}$ 的正交投影，而 $e_0(n)$ 是 $d(n)$ 的投影误差，即

$$e_0(n)=d(n)-\hat{d}_0(n)=d(n)-\boldsymbol{w}_0^{\mathrm{H}}\boldsymbol{u}(n)$$

显然，$e_0(n)$ 与 $\hat{d}_0(n)$ 正交，如图 7-2 所示。

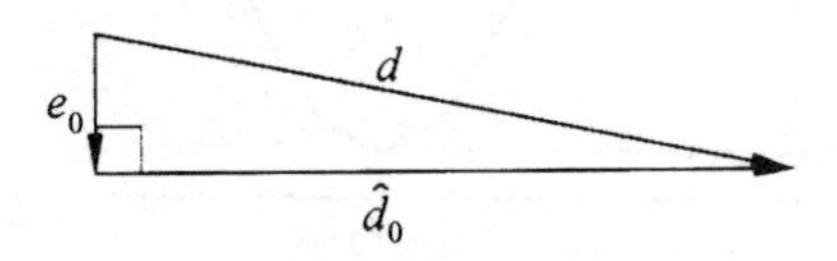

图 7-2　正交原理的几何解释

7.1.4 最小均方误差

将维纳-霍夫方程式

$$\boldsymbol{R}\boldsymbol{w}_0=\boldsymbol{p}$$

代入均方误差方程式

$$J(\boldsymbol{w})=\sigma_d^2-\boldsymbol{p}^{\mathrm{H}}\boldsymbol{w}-\boldsymbol{w}^{\mathrm{H}}\boldsymbol{p}+\boldsymbol{w}^{\mathrm{H}}\boldsymbol{R}\boldsymbol{w}$$

可得到均方误差的最小值

$$J_{\min}=J(\boldsymbol{w}_0)=\sigma_d^2-\boldsymbol{p}^{\mathrm{H}}\boldsymbol{w}_0-\boldsymbol{w}_0^{\mathrm{H}}\boldsymbol{p}+\boldsymbol{w}_0^{\mathrm{H}}\boldsymbol{R}\boldsymbol{w}_0 \tag{7-1-18}$$

利用自相关矩阵的 Hermite 对称性$\boldsymbol{R}^{\mathrm{H}}=\boldsymbol{R}$，结合维纳-霍夫方程，则式(7-1-18)可改写为

$$J_{\min}=\sigma_d^2-\boldsymbol{w}_0^{\mathrm{H}}\boldsymbol{R}\boldsymbol{w}_0 \tag{7-1-19}$$

由于

$$\boldsymbol{R}=E[\boldsymbol{u}(n)\boldsymbol{u}^{\mathrm{H}}(n)]$$

所以，事实上式(7-1-19)的第二项可表示为

$$\begin{aligned}\boldsymbol{w}_0^{\mathrm{H}}\boldsymbol{R}\boldsymbol{w}_0&=\boldsymbol{w}_0^{\mathrm{H}}E[\boldsymbol{u}(n)\boldsymbol{u}^{\mathrm{H}}(n)]\boldsymbol{w}_0\\&=E\{[\boldsymbol{w}_0^{\mathrm{H}}\boldsymbol{u}(n)][\boldsymbol{w}_0^{\mathrm{H}}\boldsymbol{u}(n)]^*\}\\&=E[|\hat{d}(n)|^2]\end{aligned}$$

上式为$\boldsymbol{w}=\boldsymbol{w}_0$时，滤波器输出估计信号的平均功率，令

$$\sigma_{\hat{d}}^2=E[|\hat{d}(n)|^2]$$

于是式(7-1-19)可以记为

$$J_{\min}=\sigma_d^2-\sigma_{\hat{d}}^2 \tag{7-1-20}$$

式(7-1-20)表明，最小均方误差$J_{\min}$就是期望响应的平均功率与最优滤波时滤波器输出的估计信号的平均功率之差。

图 7-3 给出了最小均方误差与最优权向量的示意图。

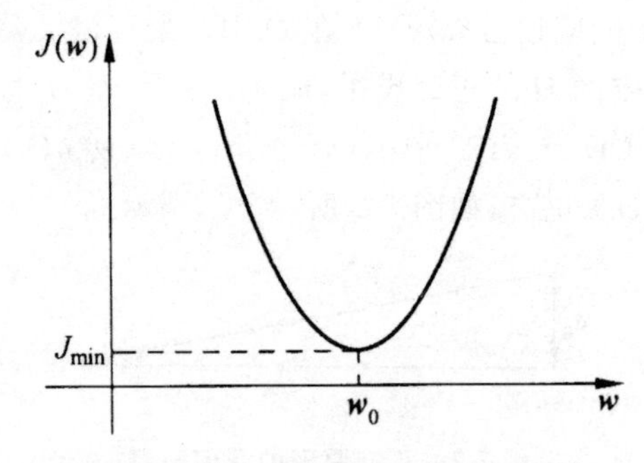

图 7-3 最小均方误差与最优权向量

7.2　维纳滤波器的最陡下降求解方法

7.2.1　维纳滤波的最陡下降算法

如图 7-4 所示，在自适应滤波中，滤波器时收向量不是固定的，而是根据估计误差信号 $e(n)$，利用自适应算法自动修正滤波器权向量 $\boldsymbol{w}(n)$，使得 $e(n)$ 在某种意义下达到最小。假设在第 n 时刻，已得到滤波器权向量为 $\boldsymbol{w}(n)$，则 $n+1$ 时刻的权向量可表示为 $\boldsymbol{w}(n)$ 与某个微小修正量 $\Delta\boldsymbol{w}$ 之和，即

$$\boldsymbol{w}(n+1)=\boldsymbol{w}(n)+\Delta\boldsymbol{w} \tag{7-2-1}$$

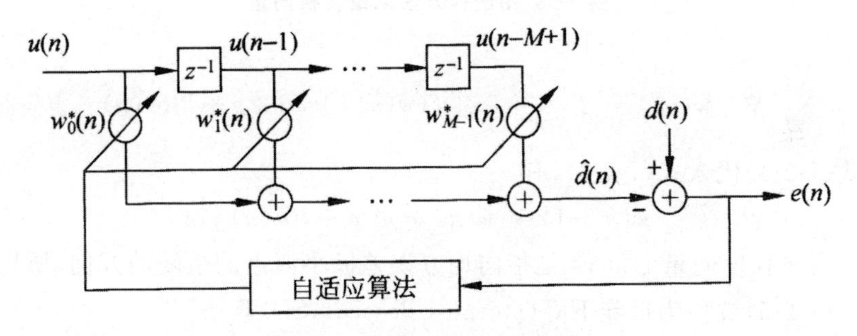

图 7-4　自适应横向滤波器

如图 7-5 所示，第 $n+1$ 时刻的权向量 $\boldsymbol{w}(n+1)$ 应较 $\boldsymbol{w}(n)$ 更接近于均方误差 $J(\boldsymbol{w}(n))$ 的极小值点。由于沿曲面不同方向函数值下降的速度有快有慢，最陡的下降方向是负梯度方向，在这个方向上，在点 $\boldsymbol{w}(n)$ 的邻域内函数值 $J(\boldsymbol{w}(n))$ 下降最多。这样，式(7-2-1)中修正量 $\Delta\boldsymbol{w}$ 可表示为

$$\Delta\boldsymbol{w}=-\frac{1}{2}\mu\,\nabla J(\boldsymbol{w}(n)) \tag{7-2-2}$$

式中，$\nabla J(\boldsymbol{w}(n))$ 是均方误差 $J(\boldsymbol{w}(n))$ 的梯度，正数 μ 被称为步长参数(step size parameter)或步长因子，它将控制自适应算法的迭代速度。所以有

$$\boldsymbol{w}(n+1)=\boldsymbol{w}(n)-\frac{1}{2}\mu\,\nabla J(\boldsymbol{w}(n)) \tag{7-2-3}$$

由于均方误差 $J(\boldsymbol{w}(n))$ 为

$$J(\boldsymbol{w}(n))=\sigma_d^2-\boldsymbol{p}^{\mathrm{H}}\boldsymbol{w}(n)-\boldsymbol{w}^{\mathrm{H}}(n)\boldsymbol{p}+\boldsymbol{w}^{\mathrm{H}}(n)\boldsymbol{R}\boldsymbol{w}(n)$$

则梯度 $\nabla J(\boldsymbol{w}(n))$ 为

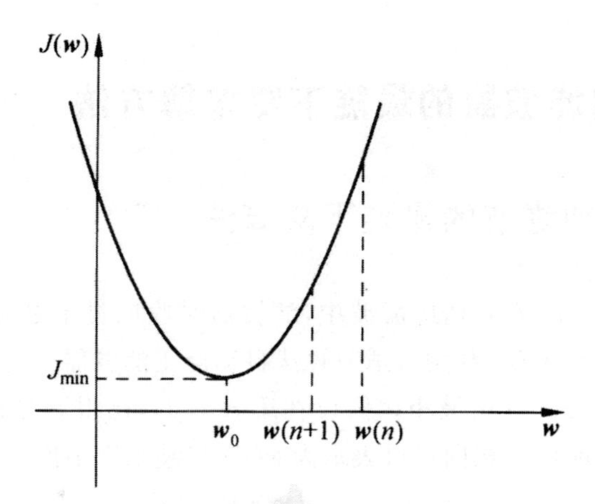

图 7-5 用迭代方法求最佳权向量

$$\nabla J(\boldsymbol{w}(n)) = 2\frac{\partial}{\partial \boldsymbol{w}^*(n)}[J(\boldsymbol{w}(n))] = -2\boldsymbol{p} + 2\boldsymbol{R}\boldsymbol{w}(n) \tag{7-2-4}$$

将式(7-2-4)代入式(7-2-3),有

$$\boldsymbol{w}(n+1) = \boldsymbol{w}(n) + \mu[\boldsymbol{p} - \boldsymbol{R}\boldsymbol{w}(n)] \tag{7-2-5}$$

由于梯度向量 $\Delta J(\boldsymbol{w})$ 是指向均方误差极小值点的最陡的方向,所以递推式(7-2-5)被称为最陡下降(steepest descent,SD)算法。

7.2.2 最陡下降算法的收敛性

最陡下降算法使用递推的方法来求解维纳-霍夫方程。下面将证明,如果选取迭代步长 μ 为合适的正数,那么随着迭代次数行的增加,最陡下降算法将使均方误差 $J(\boldsymbol{w}(n))$ 逐渐减小;当 $n \to \infty$ 时,均方误差 $J(\boldsymbol{w}(n))$ 将逼近极小值 $J_{\min}$,$\boldsymbol{w}(n)$ 将逼近维纳-霍夫方程的解 $\boldsymbol{w}_0$ 。

定义向量 $\boldsymbol{c}(n)$ 为 $\boldsymbol{w}(n)$ 与 $\boldsymbol{w}_0$ 之差,即

$$\boldsymbol{c}(n) = \boldsymbol{w}(n) - \boldsymbol{w}_0 \tag{7-2-6}$$

利用式(7-2-6),式(7-2-5)两边减去 $\boldsymbol{w}_0$ 可得

$$\boldsymbol{c}(n+1) = \boldsymbol{c}(n) + \mu[\boldsymbol{p} - \boldsymbol{R}\boldsymbol{w}(n)] \tag{7-2-7}$$

由于 $\boldsymbol{w}_0$ 满足维纳-霍夫方程 $\boldsymbol{p} = \boldsymbol{R}\boldsymbol{w}_0$,所以式(7-2-7)可以写成

$$\boldsymbol{c}(n+1) = \boldsymbol{c}(n) + \mu[\boldsymbol{w}_0 - \boldsymbol{w}_0(n)] = c(n) - \mu\boldsymbol{R}\boldsymbol{c}(n)$$

于是得到 $\boldsymbol{c}(n)$ 的递推式为

$$\boldsymbol{c}(n+1) = (\boldsymbol{I} - \mu\boldsymbol{R})\boldsymbol{c}(n) \tag{7-2-8}$$

式(7-2-8)中 $\boldsymbol{I}$ 为单位矩阵。

将自相关矩阵 $\boldsymbol{R}$ 表示为

$$\boldsymbol{R}=\boldsymbol{Q}\boldsymbol{\Lambda}\boldsymbol{Q}^{\mathrm{H}}=\sum_{i=1}^{M}\lambda_i\boldsymbol{q}_i\boldsymbol{q}_i^{\mathrm{H}} \tag{7-2-9}$$

其中，$\lambda_1,\lambda_2,\cdots,\lambda_M$ 是 $\boldsymbol{R}$ 的特征值，$\boldsymbol{q}_1,\boldsymbol{q}_2,\cdots,\boldsymbol{q}_M$ 是对应的归一化特征向量，$\boldsymbol{Q}$ 是由 $\boldsymbol{R}$ 的所有特征向量构成的酉矩阵，即

$$\boldsymbol{Q}=[\boldsymbol{q}_1\quad\boldsymbol{q}_2\quad\cdots\quad\boldsymbol{q}_M] \tag{7-2-10}$$

而 $\boldsymbol{\Lambda}$ 是由 R 的所有特征值组成的对角矩阵，即

$$\boldsymbol{\Lambda}=\mathrm{diag}\{\lambda_1,\lambda_2,\cdots,\lambda_M\} \tag{7-2-11}$$

注意矩阵 $\boldsymbol{Q}$ 和 Λ 中元素的对应关系。将式(7-2-9)代入式(7-2-8)，有

$$\boldsymbol{c}(n+1)=(\boldsymbol{I}-\mu\boldsymbol{Q}\boldsymbol{\Lambda}\boldsymbol{Q}^{\mathrm{H}})c(n) \tag{7-2-12}$$

由于矩阵 $\boldsymbol{Q}$ 满足

$$\boldsymbol{Q}^{\mathrm{H}}\boldsymbol{Q}=\boldsymbol{Q}\boldsymbol{Q}^{\mathrm{H}}=I$$

因此，式(7-2-12)可以写成

$$\boldsymbol{c}(n+1)=(\boldsymbol{I}-\mu\boldsymbol{\Lambda})\boldsymbol{b}(n) \tag{7-2-13}$$

用 $\boldsymbol{Q}^{\mathrm{H}}$ 左乘式(7-2-13)的等号两边，并定义向量

$$\boldsymbol{b}(n)=\boldsymbol{Q}^{\mathrm{H}}\boldsymbol{c}(n) \tag{7-2-14}$$

于是有

$$\boldsymbol{b}(n+1)=(\boldsymbol{I}-\mu\boldsymbol{\Lambda})\boldsymbol{b}(n) \tag{7-2-15}$$

设向量

$$\boldsymbol{b}(n)=[b_1(n)\quad b_2(n)\quad\cdots\quad b_M(n)]^{\mathrm{T}} \tag{7-2-16}$$

利用矩阵 $\boldsymbol{\Lambda}$ 的定义式(7-2-11)，可将式(7-2-15)展开为

$$\begin{bmatrix}b_1(n+1)\\b_2(n+1)\\\vdots\\b_M(n+1)\end{bmatrix}=\begin{bmatrix}1-\mu\lambda_1&&&\\&1-\mu\lambda_2&&\\&&\ddots&\\&&&1-\mu\lambda_M\end{bmatrix}\begin{bmatrix}b_1(n)\\b_2(n)\\\vdots\\b_M(n)\end{bmatrix} \tag{7-2-17}$$

观察式(7-2-17)中的任意一行 $b_i(n+1)$，都有递推式

$$b_i(n+1)=(1-\mu\lambda_i)^n b_i(n) \tag{7-2-18}$$

设 $b_i(n)$ 的初始值为 $b_i(0)$，可递推求解得

$$b_i(n)=(1-\mu\lambda_i)^n b_i(0) \tag{7-2-19}$$

显然，如果 $|1-\mu\lambda_i|<1$，亦即满足条件

$$0<\mu<\frac{2}{\lambda_i} \tag{7-2-20}$$

时，有 $\lim_{n\to\infty} b_i(n) = 0, i = 1,2,\cdots,M$ 。

为使步长因子 μ 对全部特征值 $\lambda_i, i = 1,2,\cdots,M$ ，式(7-2-20)均成立，则步长因子 μ 应满足

$$0 < \mu < \frac{2}{\lambda_{\max}} \tag{7-2-21}$$

其中，$\lambda_{\max}$ 为矩阵 $\boldsymbol{R}$ 的最大特征值。

因此，只要步长因子 μ 满足式(7-2-21)，向量 $\lim_{n\to\infty} \boldsymbol{b}(n) = \boldsymbol{0}$ 。

由于酉矩阵 $\boldsymbol{Q}^{\mathrm{H}}$ 是满秩矩阵，所以 $\boldsymbol{b}(n) = \boldsymbol{Q}^{\mathrm{H}} \boldsymbol{c}(n)$ 是利用酉矩阵实现的满秩变换，当 $\lim_{n\to\infty} \boldsymbol{b}(n) = \boldsymbol{0}$ 时，有 $\lim_{n\to\infty} \boldsymbol{c}(n) = \lim_{n\to\infty} \boldsymbol{Q}\boldsymbol{b}(n) = \boldsymbol{0}$ [$\boldsymbol{b}(n) = \boldsymbol{0}$ 时，由于 $\boldsymbol{Q}^{\mathrm{H}}$ 是满秩矩阵，$\boldsymbol{c}(n)$ 有唯一零解]。

又因为

$$\boldsymbol{w}(n) = \boldsymbol{w}_0 + \boldsymbol{c}(n) \tag{7-2-22}$$

所以，$\lim_{n\to\infty} \boldsymbol{w}(n) = \boldsymbol{w}_0$ 。

将 $\boldsymbol{c}(n) = \boldsymbol{Q}\boldsymbol{b}(n)$ 代入式(7-2-22)，有

$$\boldsymbol{w}(n) = \boldsymbol{w}_0 + \boldsymbol{Q}\boldsymbol{b}(n) \tag{7-2-23}$$

将展开式(7-2-10)和式(7-2-16)代入上式，有

$$\boldsymbol{w}(n) = \boldsymbol{w}_0 + \sum_{i=1}^{M} \boldsymbol{q}_i b_i(n) \tag{7-2-24}$$

再将 $b_i(n)$ 的递推式(7-2-19)代入式(7-2-24)，则有

$$\boldsymbol{w}(n) = \boldsymbol{w}_0 + \sum_{i=1}^{M} \boldsymbol{q}_i (1 - \mu\lambda_i)^n b_i(0) \tag{7-2-25}$$

可以看出，n 时刻的权向量 $\boldsymbol{w}(n)$ ，是在最佳权向量 $\boldsymbol{w}_0$ 上加一修正量，这个修正量正好是自相关矩阵 $\boldsymbol{R}$ 特征向量的线性组合。如果步长 μ 满足条件方程式(7-2-21)，随着时刻 n 的增大，线性组合的加权系数趋于 0，即 $\lim_{n\to\infty} \boldsymbol{w}(n) = \boldsymbol{w}_0$ 。

7.2.3 最陡下降算法的学习曲线

最陡下降算法行时刻的均方误差为

$$J(n) \triangleq J(\boldsymbol{w}(n)) = \sigma_d^2 - \boldsymbol{p}^{\mathrm{H}} \boldsymbol{w}(n) - \boldsymbol{w}^{\mathrm{H}}(n) \boldsymbol{p} + \boldsymbol{w}^{\mathrm{H}}(n) \boldsymbol{R} \boldsymbol{w}(n) \tag{7-2-26}$$

权向量满足维纳-霍夫方程时的最小均方误差为

$$J_{\min} = \sigma_d^2 - \boldsymbol{p}^{\mathrm{H}} \boldsymbol{w}_0$$

将上式和维纳-霍夫方程式 $\boldsymbol{R}\boldsymbol{w}_0 = \boldsymbol{p}$ 代入式(7-2-26)可得

$$\begin{aligned} J(n) &= J_{\min} - \boldsymbol{p}^{\mathrm{H}}[\boldsymbol{w}(n) - \boldsymbol{w}_0] + \boldsymbol{w}_0^{\mathrm{H}}\boldsymbol{R}[\boldsymbol{w}(n) - \boldsymbol{w}_0] \\ &= J_{\min} + [\boldsymbol{w}(n) - \boldsymbol{w}_0]^{\mathrm{H}}\boldsymbol{R}[\boldsymbol{w}(n) - \boldsymbol{w}_0] \end{aligned} \tag{7-2-27}$$

利用自相关矩阵 $\boldsymbol{R}$ 的特征值分解式(7-2-9)，并且注意到 $c(n)$ 的定义式(7-2-6)，于是式(7-2-27)可表示为

$$J(n) = J_{\min} + \boldsymbol{c}^{\mathrm{H}}(n)\boldsymbol{Q\Lambda Q}^{\mathrm{H}}\boldsymbol{c}(n) \tag{7-2-28}$$

利用式(7-2-14)，得

$$J(n) = J_{\min} + \boldsymbol{b}^{\mathrm{H}}(n)\boldsymbol{\Lambda b}(n) \tag{7-2-29}$$

利用 $\boldsymbol{\Lambda}$ 与 $\boldsymbol{b}(n)$ 的表达式(7-2-11)和式(7-2-16)，式(7-2-29)可以表示为

$$J(n) = J_{\min} + \sum_{i=1}^{M} \lambda_i \, |b_i(n)|^2 \tag{7-2-30}$$

再将 $b_i(n)$ 的递推式(7-2-19)代入式(7-2-30)，就得到均方误差与步长 μ、迭代时刻 n 的关系为

$$J(n) = J_{\min} + \sum_{i=1}^{M} \lambda_i \, |1 - \mu\lambda_i|^{2n} \, |b_i(0)|^2 \tag{7-2-31}$$

容易理解，如果步长 μ 满足条件

$$0 < \mu < \frac{2}{\lambda_{\max}}$$

那么，均方误差 $J(n)$ 关于时间 n 是一个单调递减函数，且 $\lim\limits_{n\to\infty} J(n) = J_{\min}$。

如图 7-6 所示，可以绘制出 $J(n)$ 随着 n 变化的曲线，经常称这条曲线是最陡下降算法的学习曲线(learning curve)。

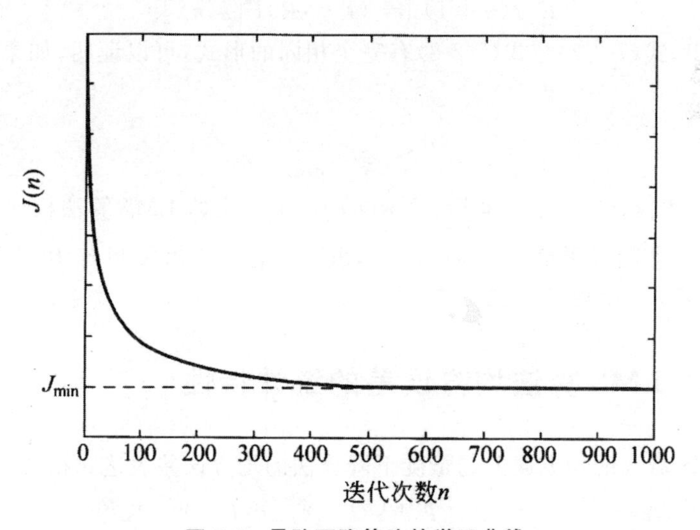

图 7-6　最陡下降算法的学习曲线

7.3 LMS 算法

7.3.1 LMS 算法原理

算法 7.1(LMS 算法)

步骤 1 初始化，$n=0$

权向量：$\hat{\boldsymbol{w}}(0)=\boldsymbol{0}$

估计误差：$e(n)=d(0)-\hat{d}(0)=d(0)$

输入向量：$\boldsymbol{u}(0)=[u(0)\quad u(-1)\quad \cdots \quad u(-M+1)]^{\mathrm{T}}$

$=[u(0)\quad 0\quad \cdots \quad 0]^{\mathrm{T}}$

步骤 2 对 $n=0,1,2,\cdots$

权向量的更新：$\hat{w}(n+1)=\hat{w}(n)+\mu u(n)e^{*}(n)$

期望信号的估计：$\hat{\boldsymbol{d}}(n+1)=\hat{\boldsymbol{w}}^{\mathrm{H}}(n+1)\boldsymbol{u}(n+1)$

估计误差：$e(n+1)=d(n+1)-\hat{d}(n+1)$

步骤 3 令 $n=n+1$，转到步骤 2。

定义权向量误差

$$\boldsymbol{\varepsilon}(n)=\hat{\boldsymbol{w}}(n)-\boldsymbol{w}_0 \tag{7-3-1}$$

利用维纳-霍夫方程 $\boldsymbol{R}\boldsymbol{w}_0=\boldsymbol{p}$ 可得权向量误差的数学期望的递推公式

$$E[\boldsymbol{\varepsilon}(n+1)]=(\boldsymbol{I}-\mu\boldsymbol{R})E[\boldsymbol{\varepsilon}(n)] \tag{7-3-2}$$

可以看出，式(7-3-2)与式(7-2-8)有完全相同的形式，可以证明，如果步长 μ 满足

$$0<\mu<\frac{2}{\lambda_{\max}} \tag{7-3-3}$$

那么，$\lim\limits_{n\to\infty}E[\boldsymbol{\varepsilon}(n)]=\boldsymbol{0}$，即 $\lim\limits_{n\to\infty}E[\hat{\boldsymbol{w}}(n)]=\boldsymbol{w}_0$，也即 LMS 算法权向量的均值 $E[\hat{\boldsymbol{w}}(n)]$ 趋近于最优权向量 $\boldsymbol{w}_0$，其中，$\lambda_{\max}$ 是相关矩阵 $\boldsymbol{R}$ 的最大特征值。

7.3.2 LMS 算法均方误差的统计特性

LMS 算法的均方误差与最陡下降算法的均方误差表达式相似，为

$$\hat{J}(n)\triangleq J(\hat{\boldsymbol{w}}(n))=\sigma_d^2-\boldsymbol{p}^{\mathrm{H}}\hat{\boldsymbol{w}}(n)-\hat{\boldsymbol{w}}^{\mathrm{H}}(n)\boldsymbol{p}+\hat{\boldsymbol{w}}^{\mathrm{H}}(n)\boldsymbol{R}\hat{\boldsymbol{w}}(n) \tag{7-3-4}$$

由于均方误差的全局极小值是

$$J_{\min}=\sigma_d^2-\boldsymbol{p}^{\mathrm{H}}\boldsymbol{w}_0$$

其中，$\boldsymbol{w}_0$ 是满足维纳-霍夫方程的最优权向量。于是，式(7-3-4)可以写成

$$\begin{aligned}\hat{J}(n) &= J_{\min} - \boldsymbol{p}^{\mathrm{H}}[\hat{\boldsymbol{w}}(n) - \boldsymbol{w}_0] + \hat{\boldsymbol{w}}^{\mathrm{H}}(n)\boldsymbol{R}[\hat{\boldsymbol{w}}(n) - \boldsymbol{w}_0] \\ &= J_{\min} + [\hat{\boldsymbol{w}}(n) - \boldsymbol{w}_0]^{\mathrm{H}}\boldsymbol{R}[\hat{\boldsymbol{w}}(n) - \boldsymbol{w}_0]\end{aligned} \tag{7-3-5}$$

因为 $\hat{\boldsymbol{w}}(n)$ 是一个随机过程，所以，尽管其数学期望 $E[\hat{\boldsymbol{w}}(n)] \rightarrow \boldsymbol{w}_0$，但这并不意味着当 $n \rightarrow \infty$ 时，$\hat{\boldsymbol{w}}(n)$ 与 $\boldsymbol{w}_0$ 的差异充分小，即不一定满足

$$\lim_{n \to \infty} \| \hat{\boldsymbol{w}}(n) - \boldsymbol{w}_0 \| = 0$$

其中，$\| \cdot \|$ 是范数。或者说，通常 $\lim\limits_{n \to \infty}[\hat{\boldsymbol{w}}(n) - \boldsymbol{w}_0] \neq \boldsymbol{0}$。因此，一般来说，有

$$[\hat{\boldsymbol{w}}(n) - \boldsymbol{w}_0]^{\mathrm{H}}\boldsymbol{R}[\hat{\boldsymbol{w}}(n) - \boldsymbol{w}_0] > 0$$

因此，均方误差 $\hat{J}(n)$ 几乎总是大于 $J_{\min}$。这就是说，由于 $\hat{\boldsymbol{w}}(n)$ 是一个随机过程，所以 $\hat{J}(n)$ 的变化过程也是随机的，也就是说，$\hat{J}(n)$ 是一个随机过程，所以，LMS 算法通常不会使随机过程 $\hat{J}(n)$ 取得全局最小值 $J_{\min}$。

如图 7-7 所示，当 LMS 权向量 $\hat{\boldsymbol{w}}(n)$ 在最优权向量 $\boldsymbol{w}_0$ 附近变动时，均方误差 $\hat{J}(n)$ 在全局最小值 $J_{\min}$ 之上变动。

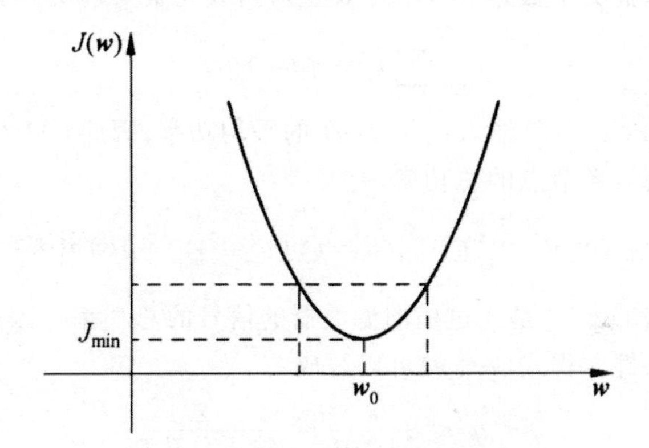

图 7-7 LMS 的权值和均方误差

下面研究 LMS 算法均方误差 $J(n)$ 的稳态统计性能。

首先定义剩余均方误差(excess mean square error) $J_{\mathrm{ex}}(n)$ 为 n 时刻的均方误差 $E[\hat{J}(n)]$ 与维纳滤波给出的最小均方误差 $J_{\min}$ 之差，即

$$J_{\mathrm{ex}}(n) \triangleq E[\hat{J}(n)] - J_{\min} \tag{7-3-6}$$

利用独立性假设，可以证明

$$J_{\mathrm{ex}}(\infty) \approx \mu J_{\min} \frac{\sum\limits_{i=1}^{M} \lambda_i}{2 - \mu \sum\limits_{i=1}^{M} \lambda_i} \tag{7-3-7}$$

式中，μ 是步长参数，$\lambda_i, i=1,2,\cdots,M$ 是自相关矩阵 $\boldsymbol{R}$ 的全部特征值。

由式(7-3-6)，令 $n \to \infty$，并利用式(7-3-7)，有

$$E[J_{\text{ex}}(\infty)] = J_{\min} + J_{\text{ex}}(\infty) = J_{\min}\left(1+\frac{\mu\sum_{i=1}^{M}\lambda_i}{2-\mu\sum_{i=1}^{M}\lambda_i}\right) \tag{7-3-8}$$

因为均方误差总是大于 $J_{\min}$，有 $2-\mu\sum_{i=1}^{M}\lambda_i > 0$，所以有

$$0 < \mu < \frac{2}{\sum_{i=1}^{M}\lambda_i} \tag{7-3-9}$$

由式(7-3-5)可以证明，LMS 算法均方误差 $\hat{J}(n)$ 的统计平均 $E[\hat{J}(n)]$ 是呈指数衰减的；式(7-3-8)则表明，$\hat{J}(n)$ 的统计平均将最终衰减为一个确定常数，而这个常数不仅与最小代价 $J_{\min}$ 有关，还与步长因子 μ 和自相关矩阵 $\boldsymbol{R}$ 的全部特征值有关。

设滤波器抽头个数是 M，矩阵 $\boldsymbol{R}$ 主对角线元素为 $r(0)$，于是有

$$\sum_{i=1}^{M}\lambda_i = Mr(0) \tag{7-3-10}$$

事实上，$r(0)$ 就是输入信号 $\boldsymbol{u}(n)$ 的平均功率，因此，$Mr(0)$ 就是在滤波器中输入信号各节点的总功率，有

$$Mr(0) = \sum_{k=0}^{M-1}E[|u(n-k)|^2] = E[\|\boldsymbol{u}(n)\|^2] \tag{7-3-11}$$

其中，$E[\|\boldsymbol{u}(n)\|^2]$ 是通过横向滤波器的信号的总功率。因此，步长参数所要满足的条件方程式(7-3-9)可以写成

$$0 < \mu < \frac{2}{Mr(0)} = \frac{2}{\text{输入总功率}} \tag{7-3-12}$$

在确定 LMS 算法步长参数 μ 时，式(7-3-12)在工程中更有实际应用意义，仅需要知道信号的平均功率即可确定步长。

还可以用失调参数(misadjustment) M 来描述 LMS 算法，定义

$$\mathrm{M} = \frac{J_{\text{ex}}(\infty)}{J_{\min}} \tag{7-3-13}$$

失调 M 是一个无量纲的值，用它来衡量在均方误差意义下，LMS 算法与最优情况的差距。如果 M 越接近 0，则 LMS 算法所实现的自适应滤波就越准确。当步长参数 μ 较小时，有

$$\mathrm{M} = \frac{\mu \sum_{i=1}^{M} \lambda_i}{2 - \mu \sum_{i=1}^{M} \lambda_i} \approx \frac{\mu}{2} \sum_{i=1}^{M} \lambda_i = \frac{\mu}{2} Mr(0) \tag{7-3-14}$$

评价 LMS 算法的另一个重要指标是平均时间常数(average time constant)，LMS 算法的平均时间常数定义为

$$\tau_{\mathrm{av}} = \frac{1}{2\mu\lambda_{\mathrm{av}}} = \frac{1}{2\mu \frac{1}{M} \sum_{i=1}^{M} \lambda_i} \tag{7-3-15}$$

则失调参数可以近似地表示为

$$\mathrm{M} = \frac{M}{4\tau_{\mathrm{av}}} \tag{7-3-16}$$

从失调和平均时间常数的表达式可以看出，如果步长 μ 较大，那么 $\hat{\boldsymbol{w}}(n)$ 的收敛速度更快(τ_{av} 减小)；但是根据定义，失调 M 和剩余均方误差 $J_{\mathrm{ex}}(\infty)$ 都会增加，从而使 LMS 算法的稳态性能变差。如果步长 μ 较小，那么 $\hat{\boldsymbol{w}}(n)$ 的收敛速度虽然较慢(τ_{av} 增大)，但是 M 和 $J_{\mathrm{ex}}(\infty)$ 都会减小，从而改善 LMS 算法的稳态性能。

另外，LMS 算法的收敛速度不仅与步长参数 μ 有关，也与观测信号相关矩阵的特征值有关。定义

$$\chi(\boldsymbol{R}) = \frac{\lambda_{\max}}{\lambda_{\min}} \tag{7-3-17}$$

其中，$\lambda_{\max}$ 和 $\lambda_{\min}$ 分别是相关矩阵 $\boldsymbol{R}$ 的最大和最小特征值；称 $\chi(\boldsymbol{R})$ 是矩阵 $\boldsymbol{R}$ 的特征值扩展(eigenvalue spread)或特征值比(eigenvalue ratio)。如果 $\chi(\boldsymbol{R})$ 非常大，则称矩阵 $\boldsymbol{R}$ 是病态的(ill conditioned)，此时逆矩阵 $\boldsymbol{R}^{-1}$ 将包含一些值很大的元素。随着相关矩阵 $\boldsymbol{R}$ 的特征值扩展 $\chi(\boldsymbol{R})$ 的增大，使用最陡下降算法或 LMS 算法时，其收敛速率将下降。

7.3.3　几种改进的 LMS 算法

7.3.3.1　变步长 LMS 算法

如果选择步长 μ 是固定的取值，那么 LMS 算法不可能同时获得较快的收敛速度和良好的稳态性能。但是，如果在初始时使用较大的 μ，而当 LMS 算法接近收敛时，使用较小的 μ，这样既可以在滤波开始时获得较快的收敛速度，又可以在收敛时获得良好的稳态性能，这便是变步长 LMS 算法。为了适应环境的变化，变步长 LMS 算法(variable step size LMS algorithin)还能够根据实际的收敛情况进行调整。例如,可以将瞬时误差信号 $e(n)$ 的模 $|e(n)|$ 作为判断算法是否收敛的参数。在每一次 LMS 算法迭代中,步长 $\mu(n)$ 将随着 $e(n)$ 的变化而发生变化,即

$$\mu(n+1)=\alpha\mu(n)+\gamma\,|e(n)|^{2}\ ,\ 0<\alpha<1,\gamma>0 \tag{7-3-18}$$

其中,α 和 γ 是确定的常量,可以通过实验来确定。

7.3.3.2 归一化 LMS 算法

在 LMS 算法的标准形式中,$n+1$ 时刻滤波器权向量 $\hat{\boldsymbol{w}}(n+1)$ 的值与步长参数 μ 、输入向量 $\boldsymbol{u}(n)$ 和估计误差这 3 项有关,因此,当 $\boldsymbol{u}(n)$ 较大时,LMS 算法将会有梯度噪声放大(gradient noise amplification)问题。为了克服这个困难,考虑归一化 LMS 算法(normalized LMS algorithm)。

令 $\hat{\boldsymbol{w}}(n)$ 和 $\hat{\boldsymbol{w}}(n+1)$ 分别表示第 n 时刻和第 $n+1$ 时刻的权向量,则归一化 LMS 滤波器设计准则可表述为下面的约束优化问题:给定抽头输入向量 $\boldsymbol{u}(n)$ 和期望响应 $d(n)$,确定更新的抽头权向量 $\hat{\boldsymbol{w}}(n+1)$,以使如下增量向量

$$\delta\hat{\boldsymbol{w}}(n+1)=\hat{\boldsymbol{w}}(n+1)-\hat{\boldsymbol{w}}(n) \tag{7-3-19}$$

的欧氏范数最小化,并受制于以下约束条件

$$\hat{\boldsymbol{w}}^{\mathrm{H}}(n+1)\boldsymbol{u}(n)=d(n) \tag{7-3-20}$$

使用拉格朗日乘数法,构建实值二次代价函数

$$J(n)=\|\delta\hat{\boldsymbol{w}}(n+1)\|^{2}+\mathrm{Re}\{\lambda^{*}[d(n)-\hat{\boldsymbol{w}}^{\mathrm{H}}(n+1)\boldsymbol{u}(n)]\} \tag{7-3-21}$$

可以证明,最优解为

$$\hat{\boldsymbol{w}}(n+1)=\hat{\boldsymbol{w}}(n)+\frac{\|\boldsymbol{u}(n)\|^{2}}{}\boldsymbol{u}(n)e^{*}(n) \tag{7-3-22}$$

这个结论是计算归一化 LMS 算法 $M\times 1$ 维抽头权向量所期望的结果,式(7-3-22)清楚地表明使用“归一化”的原因:乘积向量 $\boldsymbol{u}(n)e^{*}(n)$ 相对于抽头输入向量 $\boldsymbol{u}(n)$ 的欧氏范数平方进行了归一化。

7.3.3.3 泄露 LMS 算法

为了提高 LMS 算法计算时的数值稳定性,可以使用泄露 LMS 算法(leaky LMS algorithm)。

泄露 LMS 算法的代价函数可表示为

$$J(n)=|e(n)|^{2}+\alpha\,\|\hat{\boldsymbol{w}}(n)\|^{2} \tag{7-3-23}$$

其中,$\alpha>0$ 是控制参数。等式右边的第一项是估计误差的平方,第二项是抽头权向量 $\hat{\boldsymbol{w}}(n)$ 中包含的能量。可以证明,抽头权向量的更新表达式为

$$\hat{\boldsymbol{w}}(n+1)=(1-\mu\alpha)\hat{\boldsymbol{w}}(n)+\mu\boldsymbol{u}(n)e^{*}(n) \tag{7-3-24}$$

其中，常数 α 应满足

$$0\leqslant\alpha<\frac{1}{\mu}$$

除了式(7-3-24)中包含泄露因子 $(1-\mu\alpha)$ 外，该算法具有与典型 LMS 算法相同的数学表达式。此外，式(7-3-24)中的泄露因子 $(1-\mu\alpha)$ 项，等效于在输入过程 $\boldsymbol{u}(n)$ 上叠加一个零均值、方差为 α 的白噪声序列。

7.4 维纳滤波在线性预测中的应用

7.4.1 线性预测器原理

考虑如图 7-8 所示的 M 抽头横向滤波器。滤波器各节点的输入数据为 $u(n-1),u(n-2),\cdots,u(n-M)$，期望响应信号为 $d(n)=u(n)$，即用 $u(n-1),u(n-2),\cdots,u(n-M)$ 来预测 $u(n)$，称为 M 阶(一步)线性预测(linear prediction)[简记为 LP(M)]。

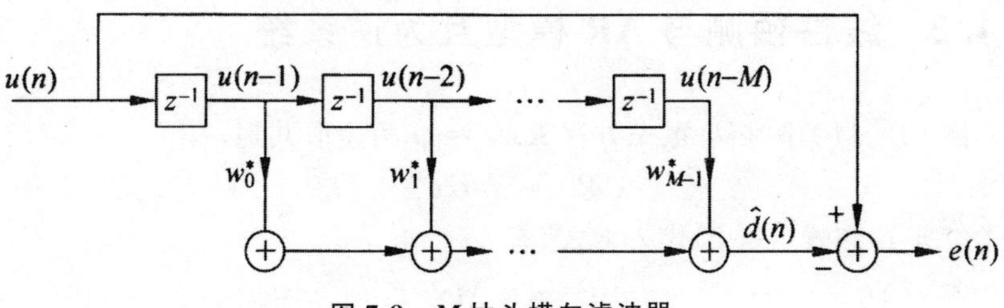

图 7-8 *M* 抽头横向滤波器

滤波器输入向量可表示为

$$\boldsymbol{u}(n)=[u(n-1)\quad u(n-2)\quad\cdots\quad u(n-M)]^{\mathrm{T}}$$

滤波器权向量为

$$\boldsymbol{w}=[w_1\quad w_2\quad\cdots\quad w_{M-1}]^{\mathrm{T}}$$

显然，这是一个典型的维纳滤波问题，将 $u(n)$ 的定义代入 $\boldsymbol{R}=E[\boldsymbol{u}(n)\boldsymbol{u}^{\mathrm{H}}(n)]$，有

$$\boldsymbol{R}=E\left\{\begin{bmatrix}u(n-1)u^{*}(n-1) & u(n-1)u^{*}(n-2) & \cdots & u(n-1)u^{*}(n-M)\\ u(n-2)u^{*}(n-1) & u(n-2)u^{*}(n-2) & \cdots & u(n-2)u^{*}(n-M)\\ \vdots & \vdots & \ddots & \vdots\\ u(n-M)u^{*}(n-1) & u(n-M)u^{*}(n-2) & \cdots & u(n-M)u^{*}(n-M)\end{bmatrix}\right\}$$

所以

$$\boldsymbol{R}=E[\boldsymbol{u}(n)\boldsymbol{u}^{\mathrm{H}}(n)]=\begin{bmatrix} r(0) & r(1) & \cdots & r(M-1) \\ r(-1) & r(0) & \cdots & r(M-2) \\ \vdots & \cdots & \ddots & \vdots \\ r(-M+1) & \cdots & \cdots & r(0) \end{bmatrix} \tag{7-4-1}$$

而互相关向量为

$$\boldsymbol{p}=E[\boldsymbol{u}(n)d^{*}(n)]=E\left\{\begin{bmatrix} u(n-1) \\ u(n-2) \\ \vdots \\ u(n-M) \end{bmatrix} u^{*}(n)\right\}$$

于是有

$$\boldsymbol{p}=[r(-1) \quad r(-2) \quad \cdots \quad r(-M)]^{\mathrm{T}} \tag{7-4-2}$$

可得 M 阶线性预测器的维纳-霍夫方程为

$$\boldsymbol{R}\boldsymbol{w}_0=\boldsymbol{p} \tag{7-4-3}$$

满足维纳-霍夫方程的线性预测称为最佳线性预测,简称线性预测。显然,对于 LP(M),估计的最小均方误差为

$$J_{\min}=\sigma_d^2-\boldsymbol{p}^{\mathrm{H}}\boldsymbol{w}_0=r(0)-w_0r(1)-\cdots-w_{M-1}r(M) \tag{7-4-4}$$

7.4.2 线性预测与 AR 模型互为逆系统

将 LP(M)中维纳-霍夫方程 $\boldsymbol{R}\boldsymbol{w}_0=\boldsymbol{p}$ 两边取共轭,有

$$\boldsymbol{R}^{*}\boldsymbol{w}_0^{*}=\boldsymbol{p}^{*}$$

将式(7-4-1)和式(7-4-2)代入上式,有

$$\begin{bmatrix} r(0) & r(-1) & \cdots & r(-M+1) \\ r(1) & r(0) & \cdots & r(-M+2) \\ \vdots & \cdots & \ddots & \vdots \\ r(M-1) & r(M-2) & \cdots & r(0) \end{bmatrix}\begin{bmatrix} -w_0^{*} \\ -w_1^{*} \\ \vdots \\ -w_{M-1}^{*} \end{bmatrix}=\begin{bmatrix} -r(1) \\ -r(2) \\ \vdots \\ -r(M) \end{bmatrix} \tag{7-4-5}$$

AR(M)模型的 Yule-Walker 方程可表示为

$$\begin{bmatrix} r(0) & r(-1) & \cdots & r(-M+1) \\ r(1) & r(0) & \cdots & r(-M+2) \\ \vdots & \cdots & \ddots & \vdots \\ r(M-1) & r(M-2) & \cdots & r(0) \end{bmatrix}\begin{bmatrix} a_1 \\ a_2 \\ \vdots \\ a_M \end{bmatrix}=\begin{bmatrix} -r(1) \\ -r(2) \\ \vdots \\ -r(M) \end{bmatrix} \tag{7-4-6}$$

比较式(7-4-5)和式(7-4-6),有

$$a_i=-w_i^{*} \tag{7-4-7}$$

考虑在 AR(M)模型中,输入 $v(n)$ 和输出 $u(n)$ 之间的关系为

$$u(n)=-\sum_{k=1}^{M}a_k u(n-k)+v(n) \tag{7-4-8}$$

系统函数可以写成

$$H_{\mathrm{AR}}(z)=\frac{U(z)}{V(z)}=\frac{1}{1+a_1z^{-1}+a_2z^{-2}+\cdots+a_Mz^{-M}} \tag{7-4-9}$$

而在图 7-8 所示的线性预测器 LP(M)中,输入 $u(n)$ 和预测误差输出 $e(n)$ 之间的关系为

$$e(n)=u(n)-\hat{d}(n)=u(n)-\boldsymbol{w}_0^{\mathrm{H}}\boldsymbol{u}(n)$$

将 $\boldsymbol{w}_0$ 和 $\boldsymbol{u}(n)$ 的展开式代入上式,并注意式(7-4-7),有

$$e(n)=u(n)+a_1u(n-1)+a_2u(n-2)+\cdots+a_Mu(n-M) \tag{7-4-10}$$

比较式(7-4-8)和式(7-4-10)可得,LP(M)的预测误差输出 $e(n)$ 就是原 AR(M)的输入白噪声 $v(n)$,即

$$e(n)=v(n) \tag{7-4-11}$$

另外,对式(7-4-10)取 Z 变换,可以得到线性预测器的系统函数为

$$H_{\mathrm{LP}}(z)=\frac{E(z)}{U(z)}=1+a_1z^{-1}+a_2z^{-2}+\cdots+a_Mz^{-M} \tag{7-4-12}$$

式中, $E(z)$ 和 $U(z)$ 分别是 $e(n)$ 和 $u(n)$ 的 Z 变换。显然,系统函数 $H_{\mathrm{AR}}(z)$ 和 $H_{\mathrm{LP}}(z)$ 满足等式

$$H_{\mathrm{AR}}(z)H_{\mathrm{LP}}(z)=1 \tag{7-4-13}$$

根据可逆 LTI 系统的系统函数关系可知, M 阶线性预测器 LP(M)与 M 阶 AR 模型 AR(M)互为逆系统,如图 7-9 所示,两系统级联后的响应 $e(n)$ 与输入 $v(n)$ 相同。

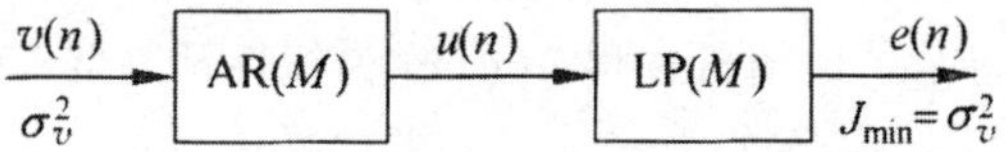

$v(n)$, σ_v^2 → AR(M) → $u(n)$ → LP(M) → $e(n)$, $J_{\min}=\sigma_v^2$

图 7-9　AR(M)与 LP(M)互为逆系统

若 $v(n)$ 是均值为零、方差为 σ_v^2 的白噪声过程,对于 AR(M),方差 σ_v^2 满足

$$\sigma_v^2=r(0)+a_1r(-1)+a_Mr(-M)$$

而对于 LP(M),最小均方误差为

$$J_{\min}=\sigma_d^2-\boldsymbol{p}^{\mathrm{H}}\boldsymbol{w}_0=r(0)-w_0r(1)-\cdots-w_{M-1}r(M)$$

由于 $J_{\min}$ 是实数,有

$$\begin{aligned}J_{\min}=J_{\min}^{*}&=r^{*}(0)-w_0^{*}r^{*}(1)-\cdots-w_{M-1}^{*}r^{*}(M)\\&=r^{*}(0)-w_0^{*}r(-1)-\cdots-w_{M-1}^{*}r(-M)\end{aligned}$$

由于式(7-4-7)和 $r(m)$ 的共轭对称性，有

$$J_{\min}=\sigma_v^2 \tag{7-4-14}$$

所以，LP(M)的输出 $e(n)$ 是均值为零、方差为 $J_{\min}=\sigma_v^2$ 的白噪声。线性预测器 LP(M)实际上是将一个 AR(M)过程 $u(n)$ 通过滤波变成了白噪声过程。因此，线性预测器通常也被称为白化滤波器(whitening filter)。

由式(7-4-12)，线性预测器的系统函数为

$$H_{\mathrm{LP}}(z)=1-w_0^* z^{-1}-w_1^* z^{-2}-\cdots-w_{M-1}^* z^{-M} \tag{7-4-15}$$

由于预测估计输出信号 $\hat{d}(n)$ 为

$$\hat{d}(n)=w_0^* u(n-1)+w_1^* u(n-2)+\cdots+w_{M-1}^* u(n-M)$$

而预测估计信号 $\hat{d}(n)$ 的 z 域表达式为

$$\hat{D}(z)=(w_0^* z^{-1}+w_1^* z^{-2}+\cdots+w_{M-1}^* z^{-M})U(z) \tag{7-4-16}$$

于是，可以得到预测估计器的系统函数为

$$H_{\mathrm{PR}}(z)=\frac{\hat{D}(z)}{U(z)}=1-H_{\mathrm{LP}}(z) \tag{7-4-17}$$

预测估计器和线性预测器(白化滤波器)的关系可表示为如图 7-10 所示。其中，预测估计器输出是 $\hat{d}(n)$ ，而白化滤波器输出是 $e(n)$ 。

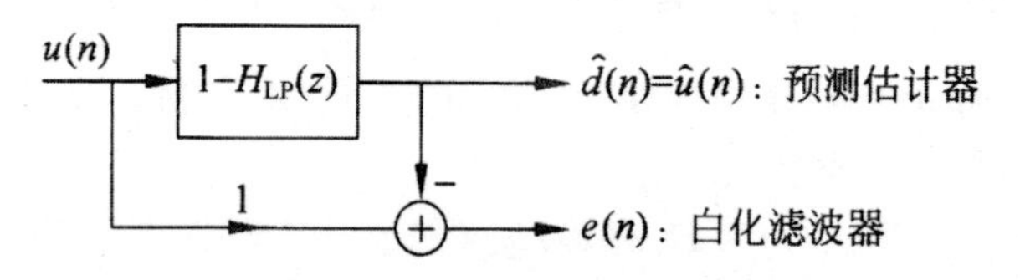

图 7-10　线性预测器与白化滤波器

既然 M 阶线性预测器 LP(M)与 M 阶 AR 模型 AR(M)互为逆系统，可将图 7-9 中的两个子系统交换级联顺序，得到如图 7-11 的系统结构。利用该系统结构，将某 AR 随机过程 $u(n)$ 作为线性预测器 LP(M)的输入信号，其输出为均值为零、方差为 $\sigma_v^2=J_{\min}$ 的白噪声 $e(n)$ ，并得到线性预测器 LP(M)的 M 个最优权值 w_i 。

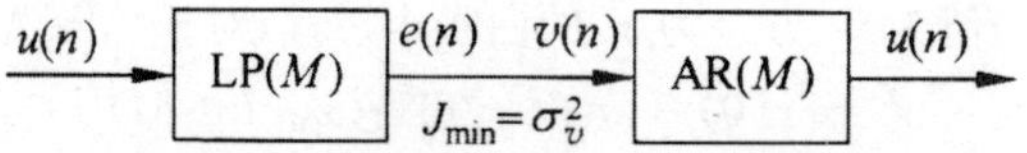

图 7-11　线性预测编码与语音恢复原理

如果将该最优权值按关系 $a_i=-w_{i-1}^*$ 作为 AR 模型 AR(M)的模型参数，并以零均值、方差为 $\sigma_v^2=J_{\min}$ 的白噪声 $v(n)$ 作为 AR(M)的输入，则 AR(M)的输出便可恢复出线性预测器 LP(M)的输入信号 $u(n)$ 。

7.4.3　基于线性预测器的 AR 模型功率谱估计

设随机过程 $u(n)$ 为平稳随机过程，那么，$u(n)$ 的 AR(M)模型功率谱为

$$S_{\mathrm{AR}}(\omega)=\frac{\sigma_v^2}{\left|1+a_1\mathrm{e}^{-\mathrm{j}\omega}+a_2\mathrm{e}^{-\mathrm{j}2\omega}+\cdots+a_M\mathrm{e}^{-\mathrm{j}M\omega}\right|^2}\tag{7-4-18}$$

利用 $u(n)$ 的 N 个观测样本，由 AR 模型功率谱估计方法可知，应首先根据观测样本估计 $u(n)$ 的相关函数，然后求解 Yule-Walker 方程，得到模型参数 $a_i, i=1,2,\cdots,M$ 和输出白噪声方差 σ_v^2，然后画出功率谱。

线性预测器的权系数与 AR 模型参数之间满足关系

$$a_i=-w_{i-1}^*$$

因此，可以利用 $u(n)$ 的 N 个观测样本作为图 7-11 所示的线性预测器 LP(M)的输入，应用维纳滤波器的 LMS 等自适应迭代算法，求出线性预测器 LP(M)的权向量和最小均方误差 $J_{\min}$，利用关系 $a_i=-w_{i-1}^*$ 和 $J_{\min}=\sigma_v^2$，得到 AR 模型的参数 a_i 和输出白噪声方差 σ_v^2，画出如式(7-4-18)的 AR 模型功率谱。

7.5　卡尔曼滤波

7.5.1　状态方程和量测方程

图 7-12 是维纳滤波的模型，信号 $s(n)$ 可以认为是由白噪声 $w(n)$ 激励一个线性系统 $A(z)$ 的响应，假设响应和激励的时域关系可以用下式表示

$$s(n)=as(n-1)+w(n-1)\tag{7-5-1}$$

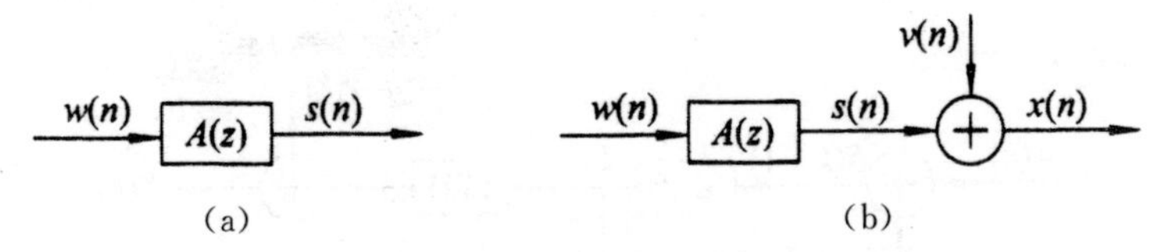

图 7-12　维纳滤波的信号模型和观测信号模型

式(7-5-1)为一阶 AR 模型。在卡尔曼滤波中，信号 $s(n)$ 被称为状态变量，用矢量的形式表示，在 k 时刻的状态用 $\boldsymbol{S}(k)$ 表示，在 $k-1$ 时刻的状态用 $\boldsymbol{S}(k-1)$ 表示。激励信号 $w(n)$ 也用矢量表示为 $\boldsymbol{w}(n)$。激励和响应之

间的关系用传递矩阵 $\boldsymbol{A}(k)$ 表示，它是由系统的结构确定的，与 $A(z)$ 有一定的关系。有了这些假设后我们给出状态方程：

$$\boldsymbol{S}(k)=\boldsymbol{A}(k)\boldsymbol{S}(k-1)+\boldsymbol{w}(k-1) \tag{7-5-2}$$

上式表示的含义就是在 k 时刻的状态 $\boldsymbol{S}(k)$ 可以由它前一个时刻的状态 $\boldsymbol{S}(k-1)$ 来求得，即认为 $k-1$ 时刻以前的各状态都已记忆在状态 $\boldsymbol{S}(k-1)$ 中了。

卡尔曼滤波是根据系统的量测数据（即观测数据）对系统的运动进行估计的，所以除了状态方程之外，还需要量测方程。下面还是从维纳滤波的观测信号模型入手进行介绍。如图 7-12(b)所示，观测数据和信号的关系为：$x(n)=s(n)+v(n)$，$v(n)$ 一般是均值为 0 的高斯白噪声。在卡尔曼滤波中，用 $\boldsymbol{X}(k)$ 表示量测到的信号矢量序列，$\boldsymbol{v}(k)$ 表示量测时引入的误差矢量，则量测矢量 $\boldsymbol{X}(k)$ 与状态矢量 $\boldsymbol{S}(k)$ 之间的关系可以写成

$$\boldsymbol{X}(k)=\boldsymbol{S}(k)+\boldsymbol{v}(k) \tag{7-5-3}$$

上式和维纳滤波的 $x(n)=s(n)+w(n)$ 在概念上是一致的，也就是说，卡尔曼滤波的一维信号模型和维纳滤波的信号模型是一致的。

把式(7-5-3)推广之后就得到更普遍的多维量测方程：

$$\boldsymbol{X}(k)=\boldsymbol{C}(k)\boldsymbol{S}(k)+\boldsymbol{v}(k) \tag{7-5-4}$$

上式中的 $\boldsymbol{C}(k)$ 称为量测矩阵，它的引入原因是，量测矢量 $\boldsymbol{X}(k)$ 的维数不一定与状态矢量 $\boldsymbol{S}(k)$ 的维数相同，因为我们不一定能观测到所有需要的状态参数。假如矢量 $\boldsymbol{X}(k)$ 是 $m\times1$ 的矢量，$\boldsymbol{S}(k)$ 是 $n\times1$ 的矢量，$\boldsymbol{C}(k)$ 就是 $m\times n$ 的矩阵，$\boldsymbol{v}(k)$ 是 $m\times1$ 的矢量。

7.5.2 信号模型

有了状态方程 $\boldsymbol{S}(k)=\boldsymbol{A}(k)\boldsymbol{S}(k-1)+\boldsymbol{w}(k-1)$ 和量测方程 $\boldsymbol{X}(k)=\boldsymbol{C}(k)\boldsymbol{S}(k)+\boldsymbol{v}(k)$ 后就能得出卡尔曼滤波的信号模型，如图 7-13 所示。

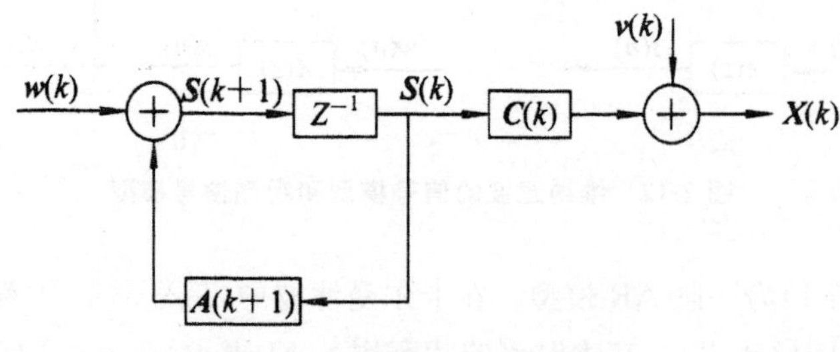

图 7-13 卡尔曼滤波的信号模型

7.6　卡尔曼滤波的方法与公式

7.6.1　卡尔曼滤波的一步递推法模型

把状态方程和量测方程重新给出

$$\boldsymbol{S}(k)=\boldsymbol{A}(k)\boldsymbol{S}(k-1)+\boldsymbol{w}(k-1) \tag{7-6-1}$$

$$\boldsymbol{X}(k)=\boldsymbol{C}(k)\boldsymbol{S}(k)+\boldsymbol{v}(k) \tag{7-6-2}$$

式中，$\boldsymbol{A}(k)$ 和 $\boldsymbol{C}(k)$ 是已知的，$\boldsymbol{X}(k)$ 是观测到的数据，也是已知的，假设信号的上一个估计值 $\hat{\boldsymbol{S}}(k-1)$ 已知，现在的问题就是如何来求当前时刻的估计值 $\hat{\boldsymbol{S}}(k)$ 。

上两式中如果没有 $\boldsymbol{w}(k)$ 与 $\boldsymbol{v}(k)$，可以立即求得 $\boldsymbol{S}(k)$，估计问题的出现就是因为信号与噪声叠加。假设暂不考虑 $\boldsymbol{w}(k)$ 与 $\boldsymbol{v}(k)$，将式(7-6-1)、式(7-6-2)得到的 $\hat{\boldsymbol{S}}(k)$ 和 $\hat{\boldsymbol{X}}(k)$ 分别用 $\hat{\boldsymbol{S}}'(k)$ 和 $\hat{\boldsymbol{X}}'(k)$ 表示，得

$$\hat{\boldsymbol{S}}'(k)=\boldsymbol{A}(k)\hat{\boldsymbol{S}}(k-1)\boldsymbol{A}(k) \tag{7-6-3}$$

$$\hat{\boldsymbol{X}}'(k)=\boldsymbol{C}(k)\hat{\boldsymbol{S}}'(k)=\boldsymbol{C}(k)\boldsymbol{A}(k)\hat{\boldsymbol{S}}(k-1) \tag{7-6-4}$$

显然，观测值 $\boldsymbol{X}(k)$ 和估计值 $\hat{\boldsymbol{X}}'(k)$ 之间有误差，它们之间的差 $\widetilde{\boldsymbol{X}}(k)$ 称为新息(innovation)

$$\widetilde{\boldsymbol{X}}(k)=\boldsymbol{X}(k)-\hat{\boldsymbol{X}}'(k) \tag{7-6-5}$$

新息是由于前面忽略了 $\boldsymbol{w}(k)$ 与 $\boldsymbol{v}(k)$ 所引起的，也就是说新息里面包含了 $\boldsymbol{w}(k)$ 与 $\boldsymbol{v}(k)$ 的信息成分。因而用新息 $\widetilde{\boldsymbol{X}}(k)$ 乘以一个修正矩阵 $\boldsymbol{H}(k)$，用它来代替式(7-6-1)的 $\boldsymbol{w}(k)$ 来对 $\boldsymbol{S}(k)$ 进行估计

$$\begin{aligned}\hat{\boldsymbol{S}}(k)&=\boldsymbol{A}(k)\hat{\boldsymbol{S}}(k-1)+\boldsymbol{H}(k)\widetilde{\boldsymbol{X}}(k)\\&=\boldsymbol{A}(k)\hat{\boldsymbol{S}}(k-1)+\boldsymbol{H}(k)[\boldsymbol{X}(k)-\boldsymbol{C}(k)\boldsymbol{A}(k)\hat{\boldsymbol{S}}(k-1)]\end{aligned} \tag{7-6-6}$$

由式(7-6-1)～式(7-6-6)可以画出卡尔曼滤波对 $\boldsymbol{S}(k)$ 进行估计的递推模型，如图 7-14 所示，输入为观测值 $\boldsymbol{X}(k)$，输出为信号估计值 $\hat{\boldsymbol{S}}(k)$ 。

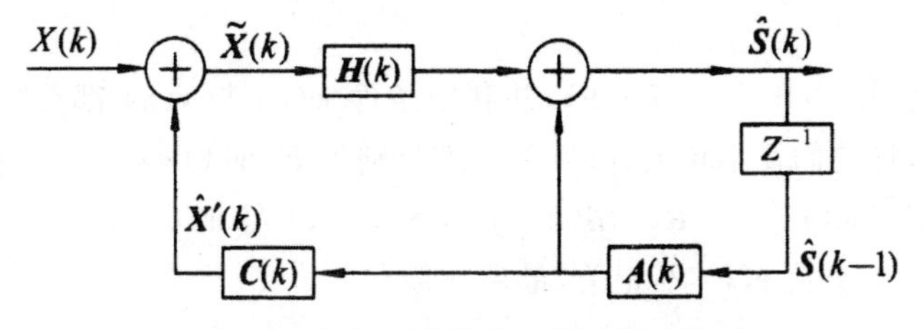

图 7-14　卡尔曼滤波的一步递推法模型

7.6.2 卡尔曼滤波的递推公式

从图 7-14 容易看出，要估计出 $\hat{\boldsymbol{S}}(k)$ 就必须要先找到最小均方误差下的修正矩阵 $\boldsymbol{H}(k)$，结合式(7-6-1)、式(7-6-2)、式(7-6-5)得

$$\begin{aligned}\hat{\boldsymbol{S}}(k) &= \boldsymbol{A}(k)\hat{\boldsymbol{S}}(k-1)+\boldsymbol{H}(k)[\boldsymbol{C}(k)\boldsymbol{S}(k)+\boldsymbol{v}(k)-\boldsymbol{C}(k)\boldsymbol{A}(k)\hat{\boldsymbol{S}}(k-1)] \\ &= \boldsymbol{A}(k)\hat{\boldsymbol{S}}(k-1)+\boldsymbol{H}(k)\{\boldsymbol{C}(k)[\boldsymbol{A}(k)\hat{\boldsymbol{S}}(k-1)+\boldsymbol{w}(k-1)] \\ &\quad +\boldsymbol{v}(k)-\boldsymbol{C}(k)\boldsymbol{A}(k)\hat{\boldsymbol{S}}(k-1)\} \\ &= \boldsymbol{A}(k)\hat{\boldsymbol{S}}(k-1)[\boldsymbol{I}-\boldsymbol{H}(k)\boldsymbol{C}(k)]+\boldsymbol{H}(k)\boldsymbol{C}(k)[\boldsymbol{A}(k)\hat{\boldsymbol{S}}(k-1) \\ &\quad \boldsymbol{w}(k-1)]+\boldsymbol{H}(k)\boldsymbol{v}(k)\end{aligned} \tag{7-6-7}$$

根据上式来求最小均方误差下的 $\boldsymbol{H}(k)$，然后把 $\boldsymbol{H}(k)$ 代入式(7-6-5)，则可以得到估计值 $\hat{\boldsymbol{S}}(k)$ 。

设真值和估计值之间的误差 $\tilde{\boldsymbol{S}}(k)=\boldsymbol{S}(k)-\hat{\boldsymbol{S}}(k)$，误差是个矢量，因而均方误差是一个矩阵，用 $\boldsymbol{\varepsilon}(k)$ 表示。把式(7-6-7)代入得

$$\begin{aligned}\tilde{\boldsymbol{S}}(k) &= \boldsymbol{S}(k)-\hat{\boldsymbol{S}}(k) \\ &= [\boldsymbol{I}-\boldsymbol{H}(k)\boldsymbol{C}(k)]\{\boldsymbol{A}(k)[\boldsymbol{S}(k-1)-\hat{\boldsymbol{S}}(k-1)] \\ &\quad +\boldsymbol{w}(k-1)\}-\boldsymbol{H}(k)\boldsymbol{v}(k)\end{aligned} \tag{7-6-8}$$

均方误差矩阵为

$$\boldsymbol{\varepsilon}(k)=E[\tilde{\boldsymbol{S}}(k)\tilde{\boldsymbol{S}}(k)^{\mathrm{H}}] \tag{7-6-9}$$

令

$$\boldsymbol{\varepsilon}'(k)=E\{[\boldsymbol{S}(k)-\hat{\boldsymbol{S}}'(k)][\boldsymbol{S}(k)-\hat{\boldsymbol{S}}'(k)]^{\mathrm{H}}\} \tag{7-6-10}$$

找到和均方误差矩阵的关系

$$\begin{aligned}\boldsymbol{\varepsilon}'(k) &= E[\{\boldsymbol{A}(k)\boldsymbol{S}(k-1)+\boldsymbol{w}(k-1)-\boldsymbol{A}(k)\hat{\boldsymbol{S}}(k-1)][\boldsymbol{A}(k)\boldsymbol{S}(k-1) \\ &\quad +\boldsymbol{w}(k-1)-\boldsymbol{A}(k)\hat{\boldsymbol{S}}(k-1)]^{\mathrm{H}}\} \\ &= \boldsymbol{A}(k)\{[\boldsymbol{S}(k-1)-\hat{\boldsymbol{S}}(k-1)][\boldsymbol{S}(k-1)-\hat{\boldsymbol{S}}(k-1)]^{\mathrm{H}}\boldsymbol{A}(k)^{\mathrm{H}} \\ &\quad +E[\boldsymbol{w}(k-1)\boldsymbol{w}(k-1)^{\mathrm{H}}] \\ &= \boldsymbol{A}(k)\boldsymbol{\varepsilon}(k-1)\boldsymbol{A}(k)^{\mathrm{T}}+\boldsymbol{Q}(k-1)\end{aligned} \tag{7-6-11}$$

把式(7-6-8)代入式(7-6-9)，并利用条件 $\boldsymbol{w}(k)$ 与 $\boldsymbol{v}(k)$ 都是零均值的高斯白噪声，且它们互不相关，协方差矩阵分别为 $E[\boldsymbol{w}(k)\boldsymbol{w}(j)^{\mathrm{H}}]=\boldsymbol{Q}(k)\boldsymbol{\delta}(k-j)$ 和 $E[\boldsymbol{v}(k)\boldsymbol{v}(j)^{\mathrm{H}}]=\boldsymbol{R}(k)\boldsymbol{\delta}(k-j)$，$\boldsymbol{S}(k-1)$ 与 $\boldsymbol{w}(k-1)$ 不相关，$\hat{\boldsymbol{S}}(k-1)$ 与 $\boldsymbol{w}(k-1)$ 及 $\boldsymbol{v}(k)$ 不相关，最后化简得

$$\begin{aligned}\boldsymbol{\varepsilon}(k) &= E[\tilde{\boldsymbol{S}}(k)\tilde{\boldsymbol{S}}(k)^{\mathrm{H}}] \\ &= [\boldsymbol{I}-\boldsymbol{H}(k)\boldsymbol{C}(k)][\boldsymbol{A}(k)\boldsymbol{\varepsilon}(k-1)\boldsymbol{A}(k)^{\mathrm{H}} \\ &\quad +\boldsymbol{Q}(k-1)][\boldsymbol{I}-\boldsymbol{H}(k)\boldsymbol{C}(k)]^{\mathrm{H}}+\boldsymbol{H}(k)\boldsymbol{R}(k)\boldsymbol{H}(k)^{\mathrm{H}}\end{aligned} \tag{7-6-12}$$

把式(7-6-11)代入式(7-6-12),得

$$\begin{aligned}\boldsymbol{\varepsilon}(k) &= [\boldsymbol{I}-\boldsymbol{H}(k)\boldsymbol{C}(k)]\boldsymbol{\varepsilon}'(k)[\boldsymbol{I}-\boldsymbol{H}(k)\boldsymbol{C}(k)]^{\mathrm{H}}+\boldsymbol{H}(k)\boldsymbol{R}(k)\boldsymbol{H}(k)^{\mathrm{H}} \\ &= \boldsymbol{\varepsilon}'(k)-\boldsymbol{H}(k)\boldsymbol{C}(k)\boldsymbol{\varepsilon}'(k)-\boldsymbol{\varepsilon}'(k)\boldsymbol{C}(k)^{\mathrm{H}}\boldsymbol{H}(k)^{\mathrm{H}} \\ &\quad +\boldsymbol{H}(k)[\boldsymbol{C}(k)\boldsymbol{\varepsilon}'(k)\boldsymbol{C}(k)^{\mathrm{H}}+\boldsymbol{R}(k)]\boldsymbol{H}(k)^{\mathrm{H}}\end{aligned}$$

令 $\boldsymbol{C}(k)\boldsymbol{\varepsilon}'(k)\boldsymbol{C}(k)^{\mathrm{H}}+\boldsymbol{R}(k)=\boldsymbol{S}\boldsymbol{S}^{\mathrm{H}}$,$\boldsymbol{U}=\boldsymbol{\varepsilon}'(k)\boldsymbol{C}(k)^{\mathrm{H}}$,代入上式化简得

$$\begin{aligned}\boldsymbol{\varepsilon}(k) &= \boldsymbol{\varepsilon}'(k)-\boldsymbol{H}(k)\boldsymbol{U}^{\mathrm{H}}-\boldsymbol{U}\boldsymbol{H}(k)^{\mathrm{H}}+\boldsymbol{H}(k)\boldsymbol{S}\boldsymbol{S}^{\mathrm{H}}\boldsymbol{H}(k)^{\mathrm{H}} \\ &= \boldsymbol{\varepsilon}'(k)-\boldsymbol{U}(\boldsymbol{S}\boldsymbol{S}^{\mathrm{H}})^{-1}\boldsymbol{U}^{\mathrm{H}} \\ &\quad +[\boldsymbol{H}(k)\boldsymbol{S}-\boldsymbol{U}(\boldsymbol{S}^{\mathrm{H}})^{-1}][\boldsymbol{H}(k)\boldsymbol{S}-\boldsymbol{U}(\boldsymbol{S}^{\mathrm{H}})^{-1}]^{\mathrm{H}}\end{aligned} \tag{7-6-13}$$

上式第一项和第二项与修正矩阵 $\boldsymbol{H}(k)$ 无关,第三项是半正定矩阵,要使得均方误差最小,则必须 $\boldsymbol{H}(k)\boldsymbol{S}-\boldsymbol{U}(\boldsymbol{S}^{\mathrm{H}})^{-1}=0$,于是可以求得最小均方误差下的修正矩阵 $\boldsymbol{H}(k)$ 为

$$\boldsymbol{H}(k)=\boldsymbol{\varepsilon}'(k)\boldsymbol{C}(k)^{\mathrm{H}}[\boldsymbol{C}(k)\boldsymbol{\varepsilon}'(k)\boldsymbol{C}(k)^{\mathrm{H}}+\boldsymbol{R}(k)]^{-1} \tag{7-6-14}$$

把式(7-6-14)代入式(7-6-5)即可得均方误差最小条件下的 $\hat{\boldsymbol{S}}(k)$ 递推公式。

式(7-6-13)的第三项为零,得最小均方误差为

$$\boldsymbol{\varepsilon}(k)=\boldsymbol{\varepsilon}'(k)-\boldsymbol{U}(\boldsymbol{S}\boldsymbol{S}^{\mathrm{H}})^{-1}\boldsymbol{U}^{\mathrm{H}}=[\boldsymbol{I}-\boldsymbol{H}(k)\boldsymbol{C}(k)]\boldsymbol{\varepsilon}'(k) \tag{7-6-15}$$

综上所述,得到卡尔曼滤波的一步递推公式:

$$\boldsymbol{\varepsilon}'(k)=\boldsymbol{A}(k)\boldsymbol{\varepsilon}(k-1)\boldsymbol{A}(k)^{\mathrm{H}}+\boldsymbol{Q}(k-1) \tag{7-6-16}$$

$$\boldsymbol{H}(k)=\boldsymbol{\varepsilon}'(k)\boldsymbol{C}(k)^{\mathrm{H}}[\boldsymbol{C}(k)\boldsymbol{\varepsilon}'(k)\boldsymbol{C}(k)^{\mathrm{H}}+\boldsymbol{R}(k)]^{-1} \tag{7-6-17}$$

$$\boldsymbol{\varepsilon}(k)=[\boldsymbol{I}-\boldsymbol{H}(k)\boldsymbol{C}(k)]\boldsymbol{\varepsilon}'(k) \tag{7-6-18}$$

$$\hat{\boldsymbol{S}}(k)=\boldsymbol{A}(k)\hat{\boldsymbol{S}}(k-1)+\boldsymbol{H}(k)[\boldsymbol{X}(k)-\boldsymbol{C}(k)\boldsymbol{A}(k)\hat{\boldsymbol{S}}(k-1)] \tag{7-6-19}$$

有了上面四个递推公式后我们就可以得到 $\hat{\boldsymbol{S}}(k)$ 和 $\boldsymbol{\varepsilon}(k)$ 。如果初始状态 $\boldsymbol{S}(0)$ 的统计特性已知,并且令 $\hat{\boldsymbol{S}}(0)=E[\boldsymbol{S}(0)]$,$\boldsymbol{\varepsilon}(0)=E[\boldsymbol{S}(0)-\hat{\boldsymbol{S}}(0)][\boldsymbol{S}(0)-\hat{\boldsymbol{S}}(0)]^{\mathrm{H}}=\mathrm{var}[\boldsymbol{S}(0)]$,且矩阵 $\boldsymbol{A}(k)$ 、$\boldsymbol{Q}(k)$ 、$\boldsymbol{C}(k)$ 、$\boldsymbol{R}(k)$ 都是已知的,观测量 $\boldsymbol{X}(k)$ 也是已知的,就能用递推计算法得到所有的 $\hat{\boldsymbol{S}}(k)$ 和 $\boldsymbol{\varepsilon}(k)$:将初始条件 $\boldsymbol{\varepsilon}(0)$ 代入式(7-6-16)求得 $\boldsymbol{\varepsilon}'(1)$;将 $\boldsymbol{\varepsilon}'(1)$ 代入式(7-6-17)求得 $\boldsymbol{H}(1)$;将 $\boldsymbol{\varepsilon}'(1)$ 和 $\boldsymbol{H}(1)$ 代入式(7-6-18)求得 $\boldsymbol{\varepsilon}(1)$;将初始条件 $\hat{\boldsymbol{S}}(0)=E[\boldsymbol{S}(0)]$ 和 $\boldsymbol{H}(1)$ 代入式(7-6-19)求得 $\hat{\boldsymbol{S}}(1)$ ……依此类推。这样的递推用计算机实现非常方便。

7.7 自适应滤波器的应用

7.7.1 系统辨识

系统辨识又称为系统建模。顾名思义,所谓系统辨识是根据一个系统的输入及输出关系来确定系统的参数,如系统的转移函数。一旦该系统的转移函数被求出,当然也就是对该系统建立了一个数学模型。

一个基于自适应滤波器的系统辨识方案如图 7-15 所示。图中 $G(z)$ 是待辨识的未知系统,$H(z)$ 是自适应滤波器,假定它是长度为 M 的 FIR 滤波器。它们有着共同的输入 $x(n)$ 。记 $G(z)$ 的输出为 $y(n)$,$H(z)$ 的输出为 $\hat{y}(n)$ 。通常,待辨识的系统内部会产生噪声,我们可以把该噪声抽象为输出端的加法性噪声,即图中的 $d(n)=y(n)+u(n)$ 。误差序列 $e(n)=d(n)-\hat{y}(n)$ 。通过调整自适应滤波器的系数 $h(l),l=0,1,\cdots,M-1$,我们可使如下的最小平方误差能量

$$\varepsilon_M=\sum_{n=0}^{N}\left[d(n)-\sum_{l=0}^{M-1}h_l(n)x(n-l)\right]^2 \tag{7-7-1}$$

为最小,从而得到一组线性方程

$$\sum_{k=0}^{M-1}h(k)r_x(l-k)=r_{dx}(l),l=0,1,\cdots,M-1 \tag{7-7-2}$$

式中,N 是观察次数;$r_x(l)$ 是输入 $x(n)$ 的自相关;$r_{dx}(l)$ 是 $d(n)$ 和 $x(n)$ 的互相关。

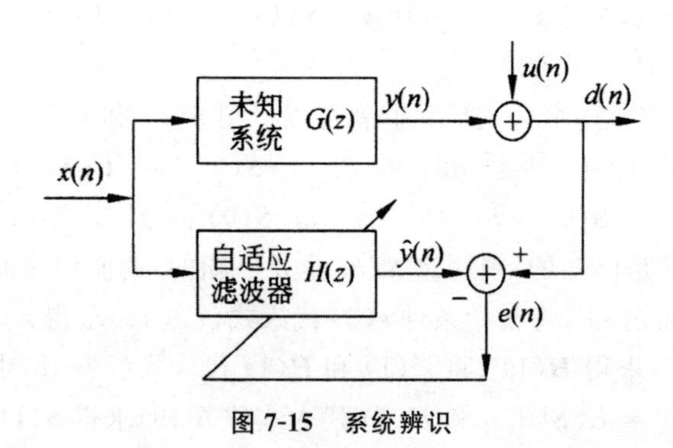

图 7-15 系统辨识

一旦式(7-7-1)中的 ε_M 达到最小,此时自适应滤波器收敛。收敛后的滤波器系数所决定的系统 $H(z)$ 就是对系统 $G(z)$ 的逼近或建模。上述建模

的原理实际上是自适应滤波器通过不断地调整自己，使自己的输出 $\hat{y}(n)$ 不断地匹配 $d(n)$。在最佳匹配时，我们有

$$g(l) = h(l), l = 0, 1, \cdots, M-1 \tag{7-7-3}$$

或 $G(z) \approx H(z)$，从而实现了对 $G(z)$ 的辨识或建模。

模型输出端噪声 $u(n)$ 的存在会影响自适应滤波器的收敛。但如果 $u(n)$ 和 $x(n)$ 是不相关的（多数情况是如此），并且 $H(z)$ 有足够多的可调系数（或自由度），那么，在最小均方意义下最优的 $H(z)$ 的系数不受噪声的影响。

图 7-16 给出的是逆系统辨识的实现方案，或称为系统的逆向辨识。假定图中延迟器的转移函数 $Q(z) = z^{-\Delta}$，Δ 应等于未知系统和自适应滤波器共同产生的延迟。误差序列 $e(n)$ 不断地调整自适应滤波器的系数，使误差能量为最小。一旦自适应滤波器收敛，则

$$G(z)H(z) \approx z^{-\Delta} \tag{7-7-4}$$

因此，$G(z) \approx z^{-\Delta}H^{-1}(z)$，实现了对未知系统的辨识。

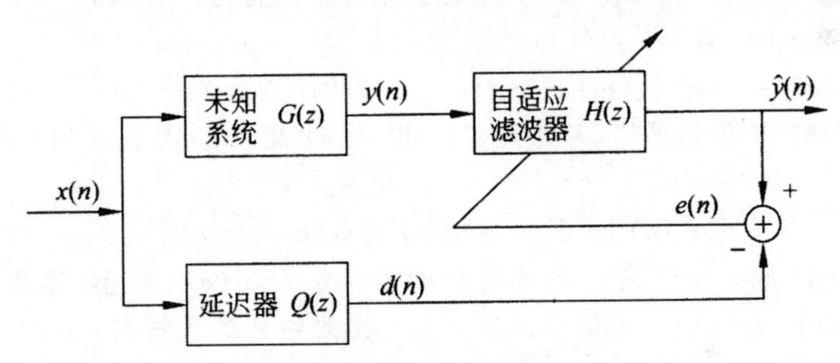

图 7-16 逆系统辨识

7.7.2 自适应噪声抵消

自适应噪声抵消的实现方案如图 7-17 所示。图中，输入信号 $x(n)$ 包含所需要的信号 $s(n)$ 和噪声 $u_1(n)$，它是由一个紧靠信号源 $s(n)$ 的传感器采集得到的。其中的 $u_1(n)$ 是噪声源 $u(n)$ 混入到传感器中的干扰噪声。再利用另外一个传感器，使其紧靠噪声源 $u(n)$，记该传感器采集到的噪声信号为 $u_2(n)$。显然，由于 $u_1(n)$ 和 $s(n)$ 来自两个源，它们应该是不相关的，但 $u_1(n)$ 和 $u_2(n)$ 来自同一个源，因此它们应该是非常相关的。我们的目的是从 $x(n)$ 中去除 $u_1(n)$。由于信号 $x(n)$ 的统计特性是未知的，传感器的性能也是未知的且可能是时变的，因此需要采用系数可调的自适应滤波器来达到上述目的。

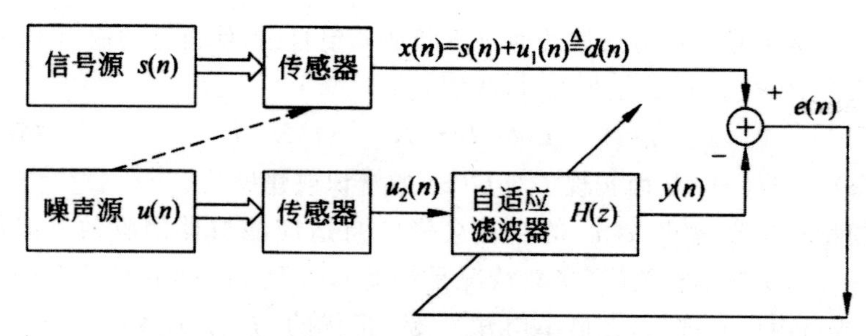

图 7-17　噪声的自适应抵消

在图 7-17 中,自适应滤波器 $H(z)$ 的输入是 $u_2(n)$,输出是 $y(n)$,令所希望的信号 $d(n)$ 就是 $x(n)$ 。我们希望通过调整 $H(z)$ 使 $y(n)$ 是 $u_1(n)$ 的极好逼近。这样,用 $d(n)$ 和 $y(n)$ 相减,便可有效地去除 $u_1(n)$,减后的误差序列 $e(n)$ 将主要是所要的信号 $s(n)$ 。上述过程就是噪声的自适应抵消,它在工程领域有着广泛的应用。

现在来分析一下图 7-16 中误差序列 $e(n)$ 的行为。由 $e(n)=s(n)+u_1(n)-y(n)$,有

$$e^2(n)=s^2(n)+[u_1(n)-y(n)]^2+2s(n)[u_1(n)-y(n)] \tag{7-7-5}$$

对上式两边取集总平均,考虑到 $s(n)$ 和 $u_1(n)$ 及 $y(n)$ 都是不相关的,因此有

$$E[e^2(n)]=E[s^2(n)]+E\{[u_1(n)-y(n)]^2\} \tag{7-7-6}$$

上式中的 $E[s^2(n)]$ 是一个确定性的量。令 $E[s^2(n)]$ 最小,等效地使 $E\{[u_1(n)-y(n)]^2\}$ 为最小。当 $H(z)$ 收敛到其最优解时, $y(n)$ 逼近 $u_1(n)$,而误差序列 $e(n)$ 逼近信号 $s(n)$,达到了自适应噪声抵消的目的。

7.7.3　自适应预测

7.7.3.1　自适应线性预测器

所谓预测,是指用 $x(n)$ 在 $n_1<n<n_2$ 时的值来估计 $x(n_0)$ 值。如果 $n_0>n_2$,称为前向预测,如果 $n_0<n_1$,称为后向预测,如果 $n_1<n_0<n_2$,则称为平滑或插值。在实际工作中应用最多的是前向预测,即利用过去的值来预测当前的值 $x(n)$ 。在图 7-18 中,用

$$y(n)=\sum_{l=0}^{M-1}h_l(n)x(n-\Delta-l) \tag{7-7-7}$$

作为对 $x(n)$ 的预测,即 $\hat{x}(n)$ 。那么,误差序列 $e(n)=x(n)-\hat{x}(n)=x(n)-y(n)$ 。

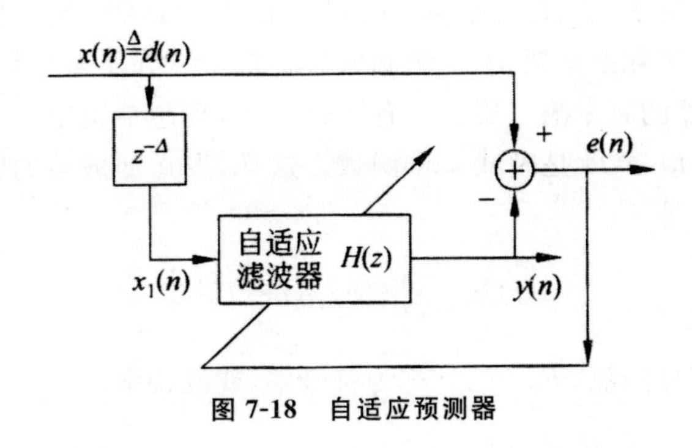

图 7-18　自适应预测器

在语音和图像的编码中，总希望用最小的 bit 数对信号进行编码，同时又保证有最小的编码误差。实现该目的的一个有效的方法是减小被编码信号的动态范围。显然，误差序列 $e(n)$ 的动态范围应远小于原信号 $x(n)$ 的动态范围。预测效果越好，$e(n)$ 的动态范围越小。这就是有名的“线性预测编码(LPC)”的基本原理。由于信号 $x(n)$ 的统计特性是未知的，且是时变的，因此要利用自适应滤波器。在图 7-18 中，通过使 $e(n)$ 的误差能量为最小而得到最优的滤波器系数 $\boldsymbol{h}(n)$，从而可保证在每一个时刻 n 都得到对 $x(n)$ 的最好预测。

7.7.3.2　自适应谱线增强

假定图 7-18 中的输入信号 $x(n)$ 包含需要的信号 $s(n)$ 和干扰信号 $u(n)$，再假定 $s(n)$ 是窄带信号，多数情况下是类似于正弦信号的线谱，并且可能有多个谱线，而 $u(n)$ 是宽带信号，即白噪声。那么，图 7-18 的自适应预测器的工作模式就称为自适应线性增强器(adaptive line enhancer，ALE)，其作用是实现谱线增强，即将正弦信号和白噪声分离。在图 7-18 中，这时滤波器的输出 $y(n)$ 应该是包含增强了的多个正弦信号，而误差 $e(n)$ 应该是白噪声。显然，ALE 的作用相当于是一个多通带的带通滤波器，而每一个通带的中心频率正是每一个正弦信号的频率。实现上述功能的基础是自适应滤波器的学习和跟踪能力。

7.7.4　通道的自适应均衡

一个最基本的数字通信系统如图 7-19 所示。要发送的数据 $a(n)$ 是经抽样后的数字量，是二进制序列，其取值可能是 0、1，或 A 、$-A$（又称为“符号”）。图中发送滤波器的任务是要把这些二进制序列发送到通信的通道

(或信道)上。由于绝大部分通道是模拟系统(如电话线、电缆等),因此发送滤波器的任务实际上是把 $a(n)$ 调制成模拟信号。为了有效地提高传输效率,发送滤波器的频率响应要求是有限带宽的,理想情况下为一矩形,这时其单位冲激响应 $p(t)$ 是时域 sinc 函数。这样,发送滤波器的输出,或通道滤波器的输入是

$$s(t)=\sum_{k=0}^{\infty}a(k)p(t-kT_b) \tag{7-7-8}$$

式中, T_b 是符号间隔, $R_b=\frac{1}{T_b}$ 称为符号率,或波特率。

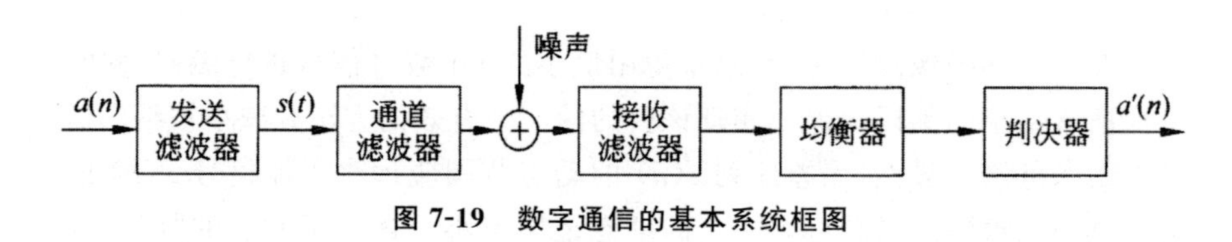

图 7-19　数字通信的基本系统框图

如果通道滤波器是全通的且是线性相位的,在无噪声的情况下,接收滤波器收到的是 $s(t)$ (不考虑常数幅度变化)。由于 $p(t)$ 的特点是在中心处取最大值,并且按宽度 T_b 周期过零,因此,式(7-7-8)的 $p(t)$ 移位后在各个过零处的幅值在求和时互不影响,这样接收滤波器可以按照给定的幅度阈值每 T_b 做一次判决,从而很容易地将 $s(t)$ 还原成二进制序列 $a(n)$ 。这一过程实际上是对 $s(t)$ 的解调,又称为判决过程。

但是,实际的通道不可能是全通的,也不可能是线性相位的。因此, $s(t)$ 通过通道滤波器后将会产生失真。这一失真主要体现在 $p(t)$ 移位后的各个过零点不再重合,从而影响了 $s(t)$ 原来的幅度,最后导致产生错误的判决。这种失真称为"符号串扰(intersymbol interference,ISI)。另外,通道滤波器还会产生附加的噪声,也会给判决带来影响。

为了克服 ISI 失真,在数字通信中通常要在接收滤波器之后、判决器之前加上一个均衡器。其作用是补偿通道滤波器所产生的失真。假定发送器、通道滤波器和接收滤波器三者综合的转移函数是 $C(z)$,均衡器的转移函数是 $H(z)$,我们希望 $G(z)H(z)=1$,即二者互为逆系统,这样可以保证 $a'(n)=a(n)$,从而避免了后面的错误判决。由于通道的特性是未知的,且是时变的,因此要求 $H(z)$ 是一个自适应滤波器。

$H(z)$ 的输入是接收滤波器的输出,输出是送入判决器的序列,它要和一个希望序列 $d(n)$ 的均方误差为最小。但是,该 $d(n)$ 是未知的。从理论上讲, $d(n)$ 应该是 $a(n)$ 或其延迟。但均衡器工作在接收端,是不可能知道

$a(n)$ 的(否则就不需要通信了)。通常可以按如下的方法获得 $d(n)$ 。

通信开始前,发送器先发送一个短的脉冲序列(一般为伪随机码),记为 $s(n)$,该序列事先也存储于接收端。记接收器收到的信号为 $s'(n)$,它包含了通道滤波器对 $s(n)$ 的 ISI 和噪声干扰。送入自适应滤波器的信号也是 $s'(n)$,用事先存储的 $s(n)$ 作为 $d(n)$,这两个信号可以用来"训练"自适应滤波器。一旦训练结束,便可以得到一组自适应滤波器的系数。然后发送器开始发送实际的信号。

训练结束后便没有了希望信号 $d(n)$ 。这时, $H(z)$ 可以有两种工作模式。一是利用训练得到的滤波器系数工作在固定的滤波器形式,即系数不再调整。显然,这种模式只适用于通道特性变化较慢的情况。二是自适应模式,用于通道特性变化快的情况,这时需要人为地构造出一个希望信号 $d(n)$ 。构造的方法是利用判据器的输出,即 $a'(n)$ 当作 $d(n)$ 。实验和理论分析都表明,这种方法可以取得很好的效果,这种人造期望响应的方法称为"决策方向"法(decision-direction),简称 DD 方法。

第 8 章　数字信号处理的 DSP 实现方法

DSP 芯片的性价比越来越高，而且体积也越来越小，功耗低，功能强，在通信等诸多领域都得到了广泛的应用。DSP 芯片具有丰富的软硬件资源，如何充分利用这些资源，提高 DSP 的实际使用性能，一直是编程人员所思考的问题。本章将介绍几种数字信号处理的 DSP 实现方法。

8.1　IIR 滤波器的 DSP 实现

8.1.1　IIR 滤波器的基本结构

IIR 有直接型、级联型和并联型三种网络结构，IIR 数字滤波器的单位脉冲响应 $h(n)$ 无限长，其系统函数 $H(z)$ 在有限 z 平面上存在极点，因而结构上存在反馈回路，其结构是递归的。

8.1.1.1　直接型结构

IIR 数字滤波器的系统函数 $H(z)$ 的一般表达式为

$$H(z)=\frac{\sum_{i=0}^{M}b_i z^{-i}}{1+\sum_{j=1}^{N}a_j z^{-j}} \tag{8-1-1}$$

将式(8-1-1)表达为

$$\frac{Y(z)}{X(z)}=\frac{\sum_{i=0}^{M}b_i z^{-i}}{1+\sum_{j=1}^{N}a_j z^{-j}} \tag{8-1-2}$$

整理得

$$Y(z) = X(z)\sum_{i=0}^{M} b_i z^{-i} - Y(z)\sum_{j=1}^{N} a_j z^{-j} \tag{8-1-3}$$

对式(8-1-3)作反变换得

$$y(n) = \sum_{k=0}^{M} b_k x(n-k) - \sum_{k=1}^{N} a_k y(n-k) \tag{8-1-4}$$

设 $M = N$，可得到 IIR 滤波器的直接Ⅰ型结构图，如图 8-1 所示。

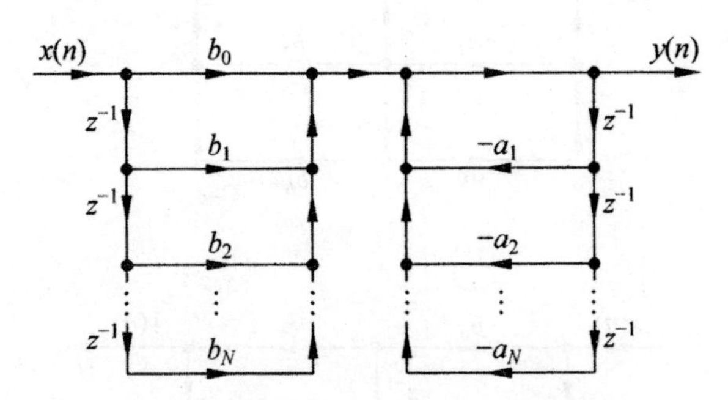

图 8-1 IIR 数字滤波器直接Ⅰ型结构图

对于式(8-1-1)，令

$$H_1(z) = \sum_{i=0}^{M} b_i z^{-i}$$

$$H_2(z) = \frac{1}{1 + \sum_{j=1}^{N} a_j z^{-j}}$$

则有

$$H(z) = H_1(z)H_2(z) \tag{8-1-5}$$

交换 $H_1(z)$、$H_2(z)$ 两级联子系统的级联顺序并不影响整个系统的特性，则 $H(z)$ 可以表达为

$$H(z) = H_1(z)H_2(z) = \frac{1}{1 + \sum_{j=1}^{N} a_j z^{-j}} \sum_{i=0}^{M} b_i z^{-i} \tag{8-1-6}$$

将图 8-1 中左右两个子系统对调，并将 $H_2(z)$ 系统的延迟器和 $H_1(z)$ 系统的延迟器合为一体，即可得到直接Ⅱ型结构，如图 8-2(a)所示。将直接Ⅰ型滤波器和直接Ⅱ型滤波器的结构相比较，可以看出，直接Ⅱ型滤波器的延时器数目比直接Ⅰ型滤波器的延时器数目减少了一半。由转置定理可

知，在信号流图中，若改变所有支路的传输方向，并交换输入和输出信号的位置，那么系统函数不变。根据以上结论，可以得到如图 8-2(b)所示的转置直接Ⅱ型结构。

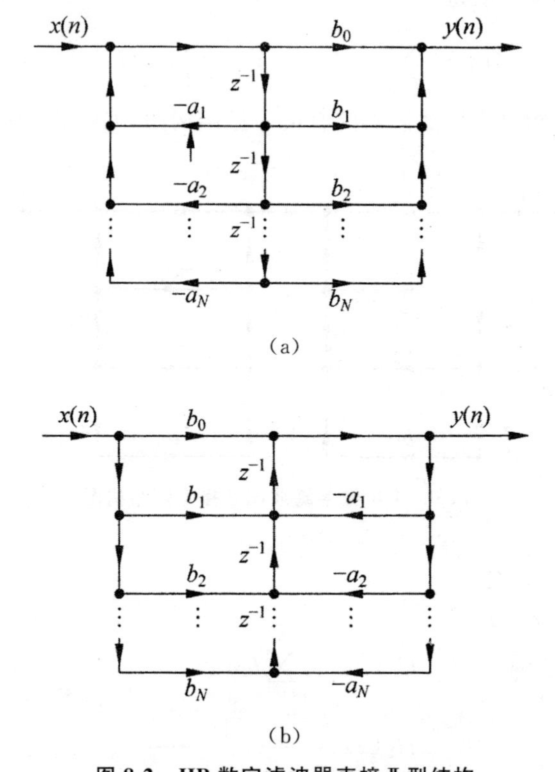

图 8-2　IIR 数字滤波器直接Ⅱ型结构

(a)直接Ⅱ型结构；(b)转置直接Ⅱ型结构

直接滤波器和转置直接Ⅱ型滤波器的结构均只有 N 个延时器，对无限精度系统，这两种结构的系统函数相同，两者没有区别，但是对于有限字长的系统，两者产生的误差却不相同。直接结构的滤波器结构简单、直观，所用延时器少，结构便于实现。但是改变其某一系数 $\{a_k\}$ 会影响所有的极点，改变某一系数 $\{b_k\}$ 会影响所有的零点，而且该结构的滤波器对有限字长过于敏感，易出现不稳定现象。

8.1.1.2　级联型结构

IIR 离散系统在采用级联实现时，须将其系统函数表示为若干个一阶或二阶系统的传输函数的乘积，即

$$H(z) = H_1(z)H_2(z)\cdots H_k(z) \tag{8-1-7}$$

$Y(z)$ 可表示为

$$H(z) = H_1(z)H_2(z)\cdots H_k(z)X(z)$$

级联离散系统的框图如图8-3所示。其中每一级的子系统 $H_i(z)$ 的形式为

$$H(z) = \frac{\beta_{0i} + \beta_{1i}z^{-1} + \beta_{2i}z^{-2}}{1 - \alpha_{1i}z^{-1} - \alpha_{2i}z^{-2}}, i = 1,2,\cdots,K \tag{8-1-8}$$

若 $\alpha_{1i} = \alpha_{2i} = 0$，则 $H_i(z)$ 只包含零点；若 $\beta_{1i} = \beta_{2i} = 0$，则 $H_i(z)$ 只包含极点。

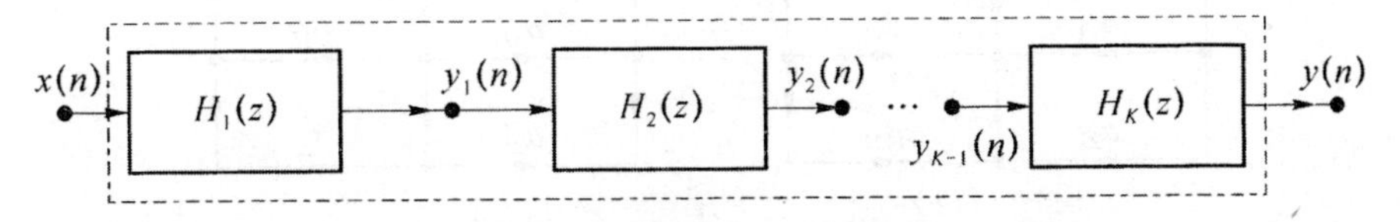

图8-3　采用级联形式的框图

将滤波器系统函数 $H(z)$ 的分子和分母分解为一阶和二阶实系数因子之积的形式，其表达式可表示为

$$H(z) = K\frac{\prod_{k=1}^{M_1}(1 - z_k z^{-1})\prod_{k=1}^{M_2}(1 + \alpha_{1,k}z^{-1} + \alpha_{2,k}z^{-2})}{\prod_{k=1}^{N_1}(1 - p_k z^{-1})\prod_{k=1}^{N_2}(1 + \beta_{1,k}z^{-1} + \beta_{2,k}z^{-2})} \tag{8-1-9}$$

为方便在软硬件系统中实现零极点的设置，习惯上将共轭复数零点、极点用二阶实系数因子表示，将一阶实系数因子也用二阶因子表示，此时系统函数可表示为

$$H(z) = A\prod_{i=1}^{L}\frac{1 + \alpha_{1,i}z^{-1} + \alpha_{2,i}z^{-2}}{1 + \beta_{1,i}z^{-1} + \beta_{2,i}z^{-2}} = A\prod_{i=1}^{L}H_i(z) \tag{8-1-10}$$

在式(8-1-10)中，$H_i(z)$ 称为滤波器的二阶基本节，L 表示 $N/2 \sim N$ 范围内的某一整数。滤波器的级联型结构图，如图8-4所示。从图中可以看出，整个滤波器系统可由 L 个二阶基本节级联构成。当子系统是一阶系统时，只需要在式(8-1-9)中令 $\alpha_{2i} = \beta_{2i} = 0$ 即可。

在级联实现中，可以用极点和零点配对的方法把共轭的零极点或相近的零极点组合在一个二阶系统中，这样做对于降低对有限字长的敏感程度十分有效。在级联型网络结构中，每一个一阶网络决定一个零点和一个极点，因此，通过分子、分母系数，很容易调整其零点和极点的值。该结构的优

点是存储单元较少，可由一个二阶基本节时分复用而获得所需滤波器。

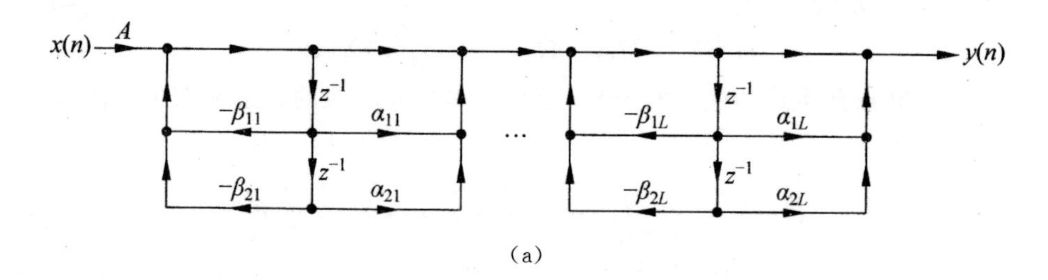

(a)

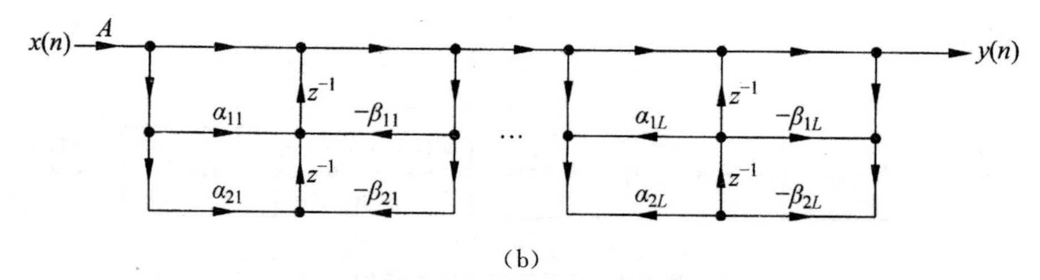

(b)

图 8-4 IIR 数字滤波器的级联型结构图

(a)直接Ⅱ型结构的级联型结构；(b)转置直接Ⅱ型结构的级联型结构

8.1.1.3 并联型结构

IIR 离散系统的传递函数 $H(z)$ 也可写成一组子系统的传递函数 $H_1(z)$，$H_2(z)$，…，$H_k(z)$ 组成的和式，即

$$H(z)=H_1(z)+H_2(z)+\cdots+H_k(z) \tag{8-1-11}$$

因此，输出变换 $Y(z)$ 为

$$Y(z)=H_1(z)X(z)+H_2(z)X(z)+\cdots+H_k(z)X(z)$$

在部分分式展开的过程中，将由共轭复数形成的极点所对应的部分分式合并为二阶实系数式，并且系统中的一阶基本节采用二阶基本节的形式表示，则 $H(z)$ 可表示为

$$H(z)=\gamma+\sum_{k=1}^{L}\frac{\gamma_{0,k}+\gamma_{1,k}z^{-1}}{1-\beta_{1,k}z^{-1}-\beta_{2,k}z^{-2}} \tag{8-1-12}$$

根据式(8-1-12)，可得到并联型结构图，如图 8-5 所示。

并联型结构的优点是调整极点方便，可对极点的位置进行单独调整，而且并联型结构的滤波器运行速度较快，各基本节之间的误差互不影响，不像级联形式存在误差积累的问题，但是它不能直接调整零点，而在级联结构中调整系统的零点却是十分方便的。

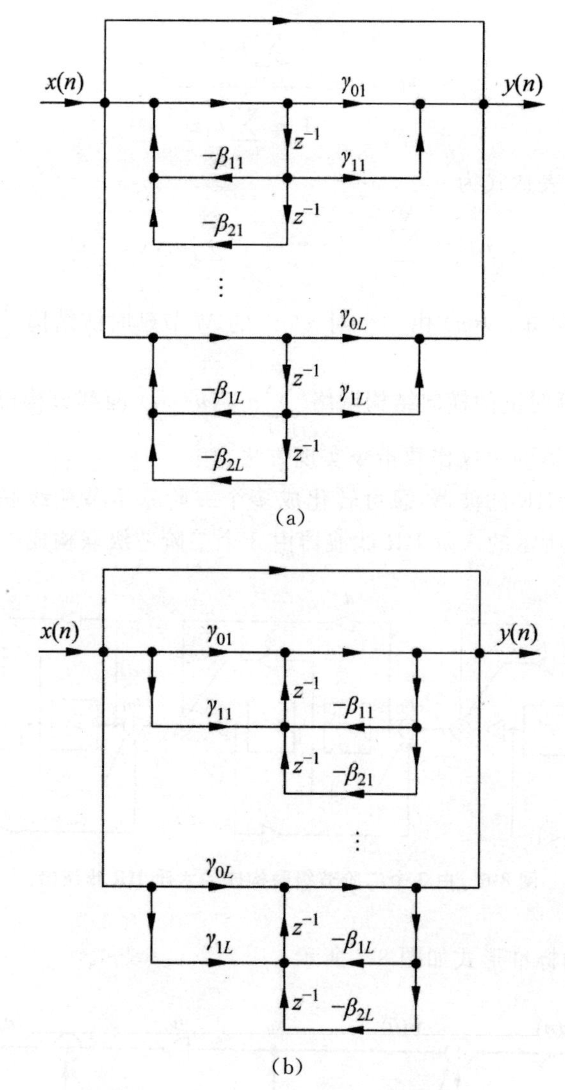

图 8-5　IIR 数字滤波器的并联型结构图

(a)直接Ⅱ型结构的并联型结构；(b)转置直接Ⅱ型结构的并联型结构

8.1.2　IIR 滤波器的 DSP 实现方法

N 阶无限冲激响应(IIR)滤波器的脉冲传递函数可以表达为

$$H(z)=\frac{\sum_{i=0}^{M}b_iz^{-i}}{1-\sum_{i=1}^{N}a_iz^{-i}} \tag{8-1-13}$$

它的差分方程表达式为

$$y(n)=\sum_{i=0}^{M}b_ix(n-i)+\sum_{i=1}^{N}a_iy(n-i) \tag{8-1-14}$$

由式(8-1-14)可知，$y(n)$ 由一个对 $x(n)$ 的 M 节延时链结构 $\sum_{i=0}^{M}b_ix(n-i)$ 和一个 N 节延时链的横向结构网络 $\sum_{i=1}^{N}a_iy(n-i)$ 两部分构成。本章介绍二阶 IIR 滤波器的单操作数指令实现方法。

一个高阶 IIR 滤波器，总可转化成多个二阶基本节相级联或并联的形式。如图 8-6 所示的六阶 IIR 滤波器由 3 个二阶节级联构成。

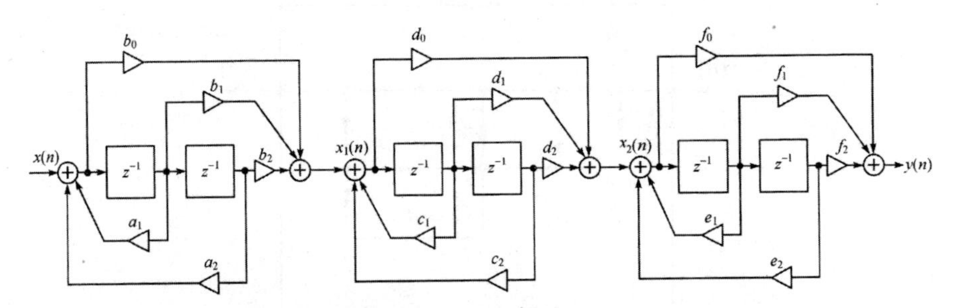

图 8-6 由 3 个二阶节级联构成的六阶 IIR 滤波器

二阶节的标准形式如图 8-7 所示。

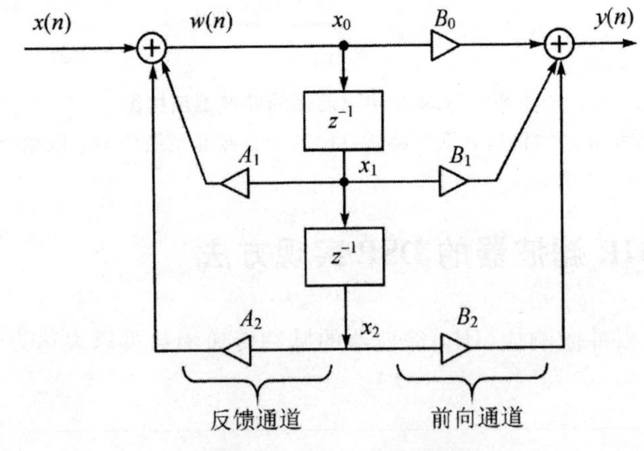

图 8-7 二阶 IIR 滤波器

由图 8-7 可以写出反馈通道和前向通道的差分方程如下：

反馈通道：$x_0 = w(n) = x(n) + A_1 \cdot x_1 + A_2 \cdot x_2$ (8-1-15)

前向通道：$y(n) = B_0 \cdot x_0 + B_1 \cdot x_1 + B_2 \cdot x_2$ (8-1-16)

下面通过实例介绍二阶 IIR 滤波器的单操作数指令 DSP 实现方法。

根据图 8-7 所示的二阶 IIR 滤波器结构编制程序，线设置数据存放单元和系数表，如图 8-8 所示。

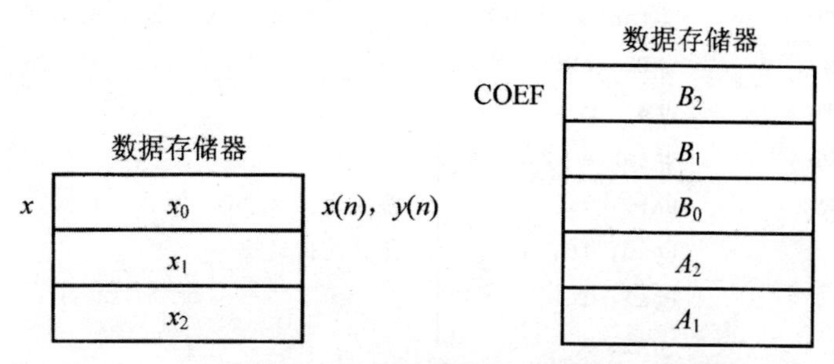

图 8-8 IIR 滤波器数据存放单元和系数表

需要注意的是，x_0 单元有三个作用：存放输入数据 $x(n)$、暂时存放加法器的输出 x_0 和输出数据 $y(n)$。二阶 IIR 滤波器的实现程序如下：

```
        .title      "IIR1.ASM"
        .mmregs
        .def        start
x0      .usect      "x", 1
x1      .usect      "x", 1
x2      .usect      "x", 1
B2      .usect      "COEF", 1
B1      .usect      "COEF", 1
B0      .usect      "COEF", 1
A2      .usect      "COEF", 1
A1      .usect      "COEF", 1
PA0     .set        0
PA1     .set        1
        .data
table:  .word       0               ; x (n-1)
        .word       0               ; x (n-2)
        .word       1*32768/10      ; B2
        .word       2*32768/10      ; B1
        .word       3*32768/10      ; B0
```

```
        .word     5*32768/10      ; A2
        .word     -4*32768/10     ; A1
        .text
start:  LD        #x0, DP
        SSBX      FRCT
        STM       #x1, AR1        ; 传送初始化数据 x (n-1), x (n-2)
        RPT       #1
        MVPD      #table, *AR1+   ; 传送系数 B2, B1, B0, B2, B1
        STM       #B2, AR1
        RPT       #4
        MVPD      #table+2, *AR1+
IIR1:   PORTR     PA1, @x0        ; 输入数据 x (n)
        LD        @x0, 16, A      ; 计算反馈通道
        LD        @x1, T
        MAC       @A1, A
        LD        @x2, T
        MAC       @A2, A
        STH       A, @x0
        MPY       @B2, A          ; 计算前向通道
        LTD       @x1
        MAC       @B1, A
        LTD       @x0
        MAC       @B0, A
        STH       A, @x0          ; 暂存 y (n)
        BD        IIR1            ; 循环
        PORTW     @x0, PA0        ; 输出结果 y (n)
        .end
```

相应的链接器命令文件为：

```
/* SOLUTION FILE FOR IIR1.CMD */
vectors.obj
iir1.obj
-o iir1.out
-m iir1.map
-e start
MEMORY {
        PAGE 0:
                EPROM:     org = 0E000H     len = 1000H
```

```
            VECS:       org = 0FF80H     len = 0080H
        PAGE 1:
            SPRAM:      org = 0060H      len = 0020H
            DARAM:      org = 0080H      len = 1380H
        }
    SECTIONS
        {
        . text: >        EPROM     PAGE  0
        . data: >        EPROM     PAGE  0
        x      :   align    (4) {} >DARAM  PAGE  1
        COFE  :   align    (8) {} >DARAM  PAGE  1
        .vectors: >       VECS     PAGE  0
        }
```

数据存储结果如图 8-9 所示。

```
MEMORY
0060 0000 0000 0000 0000 0000 0000 0000 0000
0068 0000 0000 0000 0000 0000 0000 0000 0000
0070 0000 0000 0000 0000 0000 0000 0000 0000
0078 0000 0000 0000 0000 0000 0000 0000 0000
0080 ffff fffc 0003 0000 0000 0000 0000 0000
0088 0ccc 1999 2666 4000 cccd 0000 0000 0000
```

图 8-9　数据存储结果

该操作的特点是先增益后衰减，先按式(8-1-15)计算反馈通道，再按式(8-1-16)计算前向通道，最后输出结果 $y(n)$，并且重复循环。

8.2　FIR 滤波器的 DSP 实现

8.2.1　FIR 滤波器的基本结构

8.2.1.1　直接型结构

设 FIR 系统的单位脉冲响应 $h(n)$ 为一个有线长度为 N 的序列，其系统函数为

$$H(z) = \sum_{n=0}^{N-1} h(n) z^{-n} \tag{8-2-1}$$

由式(8-2-1)得

$$Y(z) = X(z)\sum_{n=0}^{N-1} h(n)z^{-n} \tag{8-2-2}$$

由式(8-2-2)得

$$y(n) = x(n)h(0) + x(n-1)h(1) + \cdots + x[n-(N-1)]h(N-1) \tag{8-2-3}$$

FIR 数字滤波器的直接型结构框图如图 8-10 所示。

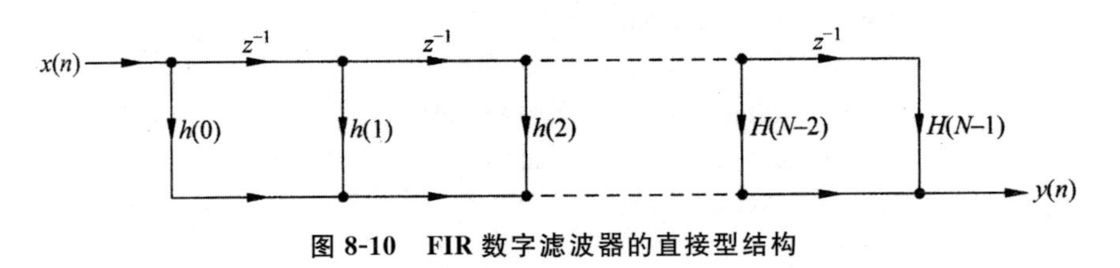

图 8-10　FIR 数字滤波器的直接型结构

由于线性相位 FIR 数字滤波器的单位脉冲响应满足 $h(n) = \pm h(N-1-n)$，现将 N 为奇数和偶数两种可能的 $H(z)$ 讨论如下。

1) N 为奇数时，有

$$\begin{aligned} H(z) &= \sum_{n=0}^{N-1} h(z)z^{-n} \\ &= \sum_{n=0}^{[(N-1)/2]-1} h(n)z^{-n} + h\left(\frac{N-1}{2}\right)z^{-\frac{N-1}{2}} + \sum_{n=[(N-1)/2]+1}^{N-1} h(n)z^{-n} \\ &= \sum_{n=0}^{[(N-1)/2]-1} h(n)z^{-n} + \sum_{n=[(N-1)/2]+1}^{N-1} [\pm h(N-1-n)]z^{-n} \\ &\quad + h\left(\frac{N-1}{2}\right)z^{-\frac{N-1}{2}} \end{aligned} \tag{8-2-4}$$

令

$$N-1-n = m$$

则

$$\begin{aligned} \sum_{n=[(N-1)/2]+1}^{N-1} [\pm h(N-1-n)]z^{-n} &= \sum_{m=0}^{[(N-1)/2]-1} [\pm h(m)]z^{m-N+1} \\ &= \sum_{n=0}^{[(N-1)/2]-1} h(n)(\pm z^{n-N+1}) \end{aligned} \tag{8-2-5}$$

所以

$$\begin{aligned} H(n) = &\sum_{n=0}^{[(N-1)/2]-1} h(n)z^{-n} + \sum_{n=0}^{[(N-1)/2]-1} h(n)[\pm z^{-(N-1-n)}] \\ &+ h\left(\frac{N-1}{2}\right)z^{-\frac{N-1}{2}} \end{aligned} \tag{8-2-6}$$

即

$$Y(z)=X(z)\left\{\sum_{n=0}^{\frac{N-1}{2}-1}h(n)[z^{-n}\pm z^{-(N-1-n)}]+h\left(\frac{N-1}{2}\right)z^{-\frac{N-1}{2}}\right\} \quad (8\text{-}2\text{-}7)$$

对式(8-2-7)进行反变换得

$$\begin{aligned}y(n)=&h(0)[x(n)\pm x(n-N+1)]+h(1)[x(n-1)\pm x(n-N+2)]\\&+\cdots+h\left(\frac{N-1}{2}-1\right)\left[x\left(n-\frac{N-1}{2}+1\right)\pm x\left(n-\frac{N-1}{2}-1\right)\right]\\&+h\left(\frac{N-1}{2}\right)x\left(n-\frac{N-1}{2}\right)\end{aligned} \quad (8\text{-}2\text{-}8)$$

图 8-11 画出了 N 为奇数时线性相位 FIR 数字滤波器的直接型结构图，可以看出，N 为奇数时线性相位 FIR 数字滤波器共需 $[(N-1)/2]+1$ 个乘法器。

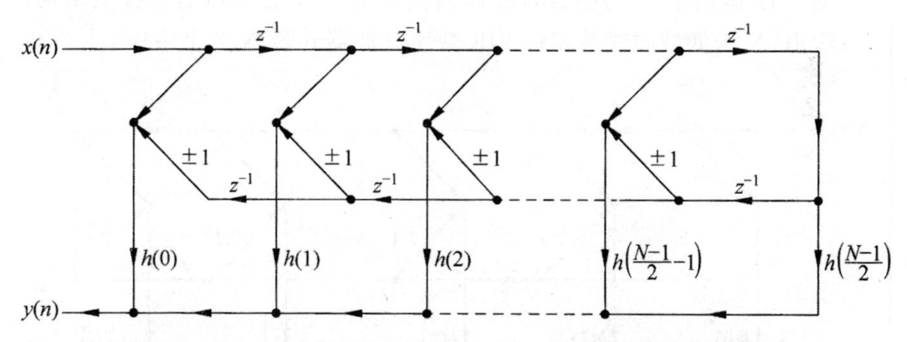

图 8-11　N 为奇数时线性相位 FIR 数字滤波器的直接型结构

2) N 为偶数时，有

$$\begin{aligned}H(z)&=\sum_{n=0}^{N-1}h(n)z^{-n}\\&=\sum_{n=0}^{(N-2)/2}h(n)z^{-n}+\sum_{n=N/2}^{N-1}h(n)z^{-n}\\&=\sum_{n=0}^{(N-2)/2}h(n)z^{-n}+\sum_{n=N/2}^{N-1}[\pm h(n-1-n)]z^{-n}\end{aligned} \quad (8\text{-}2\text{-}9)$$

令

$$N-1-n=m$$

则

$$\sum_{n=N/2}^{N-1}[\pm h(N-1-n)]z^{-n} = \sum_{m=0}^{N/2}[\pm h(m)]z^{-(n-1-m)} = \sum_{n=0}^{(N-2)/2}[\pm h(n)]z^{-(N-1-n)} \tag{8-2-10}$$

即

$$Y(z) = X(z)\sum_{n=0}^{(N-2)/2} h(n)[z^{-n} \pm z^{-(N-1-n)}] \tag{8-2-11}$$

对式(8-2-11)进行反变换得

$$y(n) = h(0)[x(n) \pm x(n-N+1)] + h(1)[x(n-1) \pm x(n-N+2)] + \cdots + h\left(\frac{N-2}{2}\right)\left[x\left(n-\frac{N-2}{2}\right) \pm x\left(n-\frac{N}{2}\right)\right] \tag{8-2-12}$$

图 8-12 画出了 N 为偶数时线性相位 FIR 数字滤波器的直接型结构，可以看出，N 为偶数时线性相位 FIR 数字滤波器共需 $N/2$ 个乘法器。

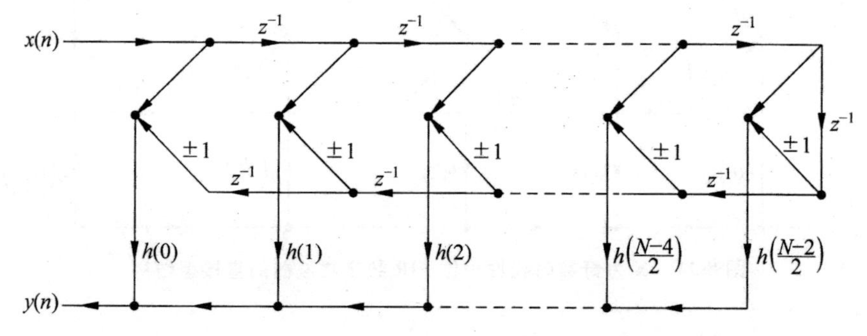

图 8-12　N 为偶数时线性相位 FIR 数字滤波器的直接型结构

8.2.1.2　级联型结构

将系统函数 $H(z)$ 写成几个实系数二阶因式的乘积的形式，并将共轭零点放在一起，形成系数为二阶网络，形成 FIR 级联结构，其中每一个二阶网络都用直接型结构实现。

$$H(z) = \prod_{k=1}^{\left[\frac{N}{2}\right]}(\beta_{0k} + \beta_{1k}z^{-1} + \beta_{2k}z^{-2}) \tag{8-2-13}$$

其中，$[n/2]$ 表示取整，若 N 为偶数，则系数 β_{2k} 中有一个为零，相当于在 N 不为偶数时，$H(z)$ 有奇数个实根。FIR 数字滤波器级联型结构如图 8-13 所示。

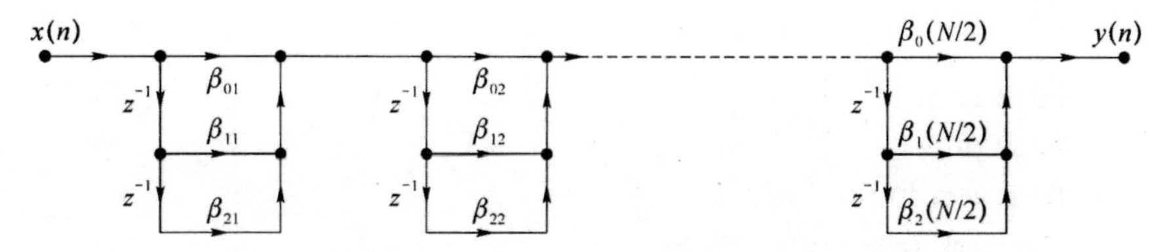

图 8-13　FIR 数字滤波器级联型结构

8. 2. 2　FIR 滤波器的 DSP 实现方法

有限冲激响应滤波器(FIR)是信号处理中常用的一种滤波器,比较容易实现线性相位,稳定性好,但阶数较大,过渡性能和实时性存在矛盾,下面给出实现 FIR 滤波器的源程序。

```
(1) FIRjilter.c
/*****************************************/
/* Tiltle: FIR _ filter.c                                    */
/* Platform: TMS320C5502                                     */
/* Purpose: FIR filter procedure for processing a group of data  */
/* Prototype in C: void fir _ filter (const short x [], const short h [], \
                                                             */
/* short y [], int n, int m, int s);                         */
/* const short x []: 输入信号的缓冲数组, short 类型, 在滤波中不可修改
                                                             */
/* const short h []: 滤波器的系数数组, short 类型, 在滤波中不可修改  */
/* short y []: 输出信号的缓冲数组, short 类型                  */
/* n: 滤波器长度, 本例中为 ORDER _ FIR                         */
/* m: 输入信号的长度, 即数组 x [] 的长度                        */
/* s: 生成整型的滤波器系数时使用的移位数目, 本例中为 ROUND _ FI   */
/* Note: - o3 compile option recommended.                    */
/* x [] and y [] not permitted to have relative addresses.   */
/* filter length supposed to be larger than 16.              */
/* input length supposed to be larger than 16                */
/* only first in - n point output legal                      */
/*****************************************/
#include<csl.h>
voidfir _ filter (const short x [], const short h [], short y [], int n, int
```

```
m, int s)
    {
      Int32 i, j;
      Int32 y0;
      Int32 acc;
      _nassert (m>=16);
      _nassert (n>=16);
      for (j=0; j<m; j++)
        {
          acc===0;
          for (i=0; i<n; i++)
           {
             if (i+j>=m)
               break;
             else
                {
                  y0= (Int32) x [i+j] * (Int32) h [i];
                  acc=acc+y0;
                }
           }
         *y++= (short) (acc>>s);
      }
    }
    /* * * * * * * * * * * * * * * * * * * * * * * * * * * * * * * * * * *
    //End of file
    /* * * * * * * * * * * * * * * * * * * * * * * * * * * * * * * * * * */
```

(2) 链接文件

```
    /* * * * * * * * * * * * * * * * * * * * * * * * * * * * * * * * * * */
    /*                                                                  */
    /*             LINKER command file for SDRAM memory map             */
    /*                                                                  */
    /* * * * * * * * * * * * * * * * * * * * * * * * * * * * * * * * * * */
    MEMORY
    {
      PAGE 0:
        MMR    : origin=0000000h, length=00000c0h
        SPRAM  : origin=00000c0h, length=0000040
        VECS   : origin=0000100h, length=0000100h
        DARAM0 : origin=0000200h, length=0007E00h
```

```
    DARAM1   : origin = 0008000h, length = 0008000h

    CE0   : origin = 0010000h, length = 03f0000h
    CE1   : origin = 0400000h, length = 0400000h
    CE2   : origin = 0800000h, length = 0400000h
    CE3   : origin = 0c00000h, length = 03f8000h

    PDROM   : origin = 0ff8000h, length = 07f00h
    RESET_VECS: origin = 0ffff00h, length = 00100h /* reset vector, */
}

SECTIONS
{
  .vectors: {} >VECS  PAGE 0      /* interrupt vector table */
  .cinit: {} >DARAM1 PAGE 0
  .text: {} >DARAM1 PAGE 0

  .stack: {} >DARAM0 PAGE 0
  .sysstack: {} >DARAM0 PAGE 0
  .sysmem: {} >DARAM0 PAGE 0
  .cio: {} >DARAM1 PAGE 0
  .data: {} >DARAM1 PAGE 0
  .bss: {} >DARAM1 PAGE 0
  .const: {} >DARAM1 PAGE 0

  .csldata: {} >DARAM0 PAGE 0
  dmaMem: {} >DARAM0 PAGE 0
}
```

8.3 快速傅里叶变换的DSP实现

快速傅里叶变换是一种高效实现离散傅里叶变换的快速算法，是数字信号处理中最为重要的工具之一，它在声学、语音、电信和信号处理等领域有着广泛的应用。下面我们将给出快速傅里叶变换的DSP实现步骤及源文件代码。

步骤如下：

(1)启动CCS的仿真平台的配置选项,选择C5502 Simulator。

(2)启动CCS后建立工程文件FFT. pjt。

(3)建立源文件FFT. c和命令文件FFT. cmd。

(4)将两个文件加到FFT. pjt这个工程中。

(5)创建out文件。

(6)加载out文件。

(7)加载数据。

(8)观察输入输出波形。

Cmd源文件代码为:

```
-f0
-W
-stack 500
-sysstack 500
-l rts55.lib
MEMORY
  {
   DARAM: 0 = 0x100,    l = 0x7f00
   VECT: 0 = 0x8000, 1 = 0x100
   DARAM2: 0 = 0x8100, l = 0x7f00
   SARAM: 0 = 0x10000, l = 0x30000
   SDRAM: 0 = 0x40000, 1 = 0x3e0000
  }
SECTIONS
  {
   .text: {} >DARAM
   .vectors: {} >VECT
   .trcinit: {} >DARAM
   .gblinit: {} >DARAM
   .frt: {} >DARAM
   .cinit: {} >DARAM
   .pinit: {} >DARAM
   .sysinit: {} >DARAM2
   .far: {} >DARAM2
   .const: {} >DARAM2
   .SWitch: () >DARAM2
   .sysmem: {} >DARAM2
   .cio: {} >DARAM2
```

```
    .MEM$obj: {} >DARAM2
    .sysheap: {} >DARAM2
    .sysstack: {} >DARAM2
    .stack: {} >DARAM2
    .input: {} >DARAM2
    .fftcode: {} >DARAM2
  }
```

C 文件源码：

```
#include "math.h"
#define sample_1 256
#define signal_1_f 60
#define signal_2_f 200
#definesignal_sample_f 512
#define pi3.1415926
int input [sample_1];
floatfwaver [sample_1], fwavei [sample_1], w [sample_1];
floatsin_tab [sample_1];
floatcos_tab [sample_1];
void init_fft_tab ();
void input_data ();
void fft (float datar [sample_1], float datai [sample_1]);
void main ()
{
  int i;
  init_fft_tab ();
  input_data ();
  for (i=0; i<sample_1; i++)
     {
      fwaver [i] = input [i];
      fwavei [i] = 0.0f;
      w [i] = 0.0f;
     }
    fft (fwaver, fwavei);
    while (1);
}
void init_fft_tab ()
{
```

```
    float wt1;
    float wt2;
    int i;
    for (i=0; i<sample_1; i++)
      {
        wt1=2*pi*i*signal_1_f;
        wt1=wt1/signal_sample_f;
        wt2=2*pi*i*signal_2_f;
        wt2=wt2/signal_sample_f;
        input[i] = (cos(wt1) +cos(wt2)) /2*32768;
      }
  }
  void input_data()
    {
     int i;
     for (i=0; i<sample_1; i++)
      {
        sin_tab[i] =sin(2*pi*i/sample_1);
        cos_tab[i] =cos(2*pi*i/sample_1);
      }
    }
  void fft(float datar[sample_1], float datai[sample_1])
    {
     int x0, x1, x2, x3, x4, x5, x6, x7, xx;
     int i, j, k, b, p, L;
     float TR, TI, temp;
     for (i=0; i<sample_1; i++)
      {
        x0=x1=x2=x3=x4=x5=x6=0;
        x0=i&0x01; x1=(i/2)&0x01; x2=(i/4)&0x01; x3=(i/8)&0x01; x4
=(i/16)&0x01; x5=(i/32)&0x01; x6=(i/64)&0x01; x7=(i/128)&0x01;
        xx=x0*128+x1*64+x2*32+x3*16+x4*8+x5*4+x6*2+x7;
        datai[xx] =datar[i];
      }
     for (i=0; i<sample_1; i++)
       {
         datar[i] =datai[i]; datai[i] =0;
       }
```

```
        for (L=1; L<=8; L++)
          {
            b=1; i=L-1;
            while (i>0)
             {
              B=b*2; i--;
             }
          for (j=0; j<=b-1; j++)
           {
            p=1; i=8-L;
            while (i>0)
             {
              p=p*2; i--;
             }
          p=p*j;
          for (k=j; k<256; k=k+2*b)
           {
            TR=datar [k]; TI=datai [k]; temp=datar [k+b];
            datar [k] =datar [k] +datar [k+b] *cos_tab [p] +datai [k+
b] *sintab [p];
            datai [k] =datai [k] -datar [k+b] *sin_tab [p] +datai [k+
b] *cos_tab [p];
            datar [k+b] =TR-datar [k+b] *cos_tab [p] -datai [k+b] *
sin_tab [p];
            datai [k+b] =TI+temp*sin_tab [p] -datai [k+b] *cos_tab
[p];
          }
        }
      }
      for (i=0; i<sample_1/2; i++)
       {
        w [i] =sqrt (datar [i] *datar [i] +datai [i] *datai [i]);
       }
    }
```

8.4　信号压缩编码的 DSP 实现

信号处理中有一大类的问题涉及信号的压缩,尤其是当需要传递的信息量越来越大时，信息的有效压缩将大大提高通信的效率。在数字传输系统中，信源编码的主要目的就是解决信号的压缩问题。信号压缩编码的DSP实现有很多种，本节将主要介绍有关信号压缩的DSP实现方法中霍夫曼编码的DSP汇编实现。

根据霍夫曼编码过程可知，其程序运算量相当之大，此次汇编程序将采用选择排序的实现方法来提高计算速率，如若需要顺序排序，则将程序中的指令min改成max即可。下面给出DSP实现源代码。

```
; function sort (x, N), 程序可以利用C语言调用
.mmregs
.asg (2), ret _ addr  ; 调用的参数序列首地址x保存在A中
.asg (3), arg _ rt  ; 调用的参数序列长度Ⅳ保存在堆栈中
.asg ar0, ar _ x
.asg ar2, ar _ idx  ;
.asg art3, ar _ cnt  ;
.asg ar4, ar _ i _ ptr
.asg ar5, air _ n

.def _ sort
.text

 _ sort
    PSHM        ST0                     ; 保存环境变量
    PSHM        ST1
    RSBX        OVA                     ; 设置工作环境
    RSBX        OVB
    ssbx sxm

    ld          * sp (arg _ n), b       ; b = n
    sub         #1, b                   ; b = n - 1
    frame       # - 2
    stlm        b, ar _ n               ; 长度保存在ar _ n中
nop
    stl         a, * sp (0)
sloop:
    mvdm        ar _ n, brc
    ld          * sp (0), a
    stlm        a, ar _ x
```

```
    stlm        a, ar_i_ptr

    stm         #0ffffh, ar_cnt    ; 序号计数器初始化
    stm         #0, ar_idx         ; 序号寄存器初始化
    ld          *ar_x+, b          ; 输入新数据
    rptbd       eloop-1
    ld          #7fffh, a          ;
    min         a                  ; 比较数据
    mar         *ar_cnt+           ;
    xc          2, C               ;
    mvmm        ar_cnt, at_idx     ;
    mvmm        ar_x, ar_iptr
    ld          *a_x+, b           ; 输入新数据
eloop
    mar         *ar_x-
    mal         *ar_x-
    nop
    ld          *ar_x, b
    mar         *ar_i_ptr-
    mar         *ar_i_ptr-

    stl         a, *ar_x
    stl         b, *ar_i_ptr
    mar         *ar_n-
    ldm         ar_n, a
    bc          sloop, agt

    frame       #2
    POPM        ST1
    POPM        ST0
ret
```

8.5 数字基带信号的 DSP 实现

数字通信系统具有抗噪性、传输质量高、便于保密等诸多优点，其传输方式之一便是基带传输。典型的基带信号传输系统如图 8-14 所示。

该框图是很多实际应用的基带传输系统的概括，它包括脉冲形成器、发

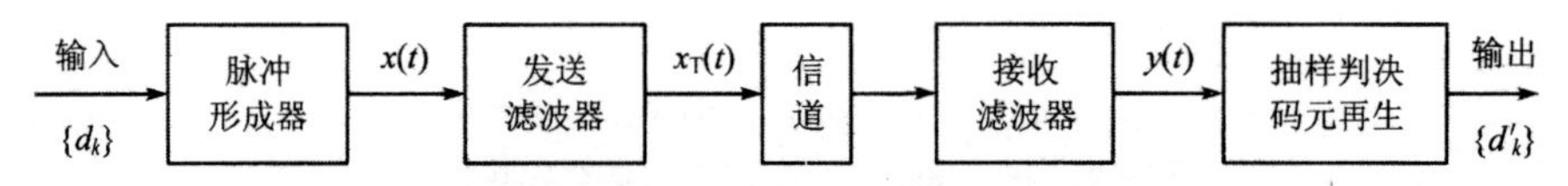

图 8-14　数字基带信号传输系统框图

送滤波器、信道、接收滤波器和抽样判决码元再生。数字基带信号 DSP 实现时，其源程序 bpsk. asm 和链接命令文件 bpsk. cmd 如下。

bpsk. asm 源程序清单：

```
            .title      "bpsk.asm"
            .mmregs
Data_I2b:   .usect      "Data_I2b", 128
Data_I2:    .usect      "Data_I2", 128
Data_I3:    .usect      "Data_I3", 128
fbpsk:      .usect      "fbpsk", 128
noise:      .usect      "noise", 128
            .def        start
SIN18K      .set        10H
TONERL      .set        11H
TEMP        .set        12H
K_SINSTP    .set        32
K_DP        .set        500H/128
            .text
start:      LD          #K_DP, DP
            SSBX        FRCT
            STM         #128, BK
            STM         #Data_2b, AR3
            STM         #Data_12, AR2
            MVDD        *AR2+, *AR3
            STM         #Data_I3, AR5
            STM         #Data_12b+63, AR1
            STM         #fbpsk, AR4
            STM         #noise, AR6
            STM         #fbpsk, AR7
FIR:        RPTZ        A, #63
            MACD        *AR1-, coeff, A
            STH         A, -2, *AR5+%
            STM         #Data_I2b, AR3
```

```
            MVDD      *AR2+, *AR3
            MAR       *AR2+%
            STM       #Data_I2b+63, AR1
BPSK
            STH       A, -2, TEMP
            CALL      Carrier
            LD        #7FFFH, 15, A
            LD        TEMP, 16, A
            RPT       #10
            NOP
            MPYA      TONERL
            RPT       #10
  NOP
            ADD       *AR6+%, 13, B, A
            STH       A, *AR4+%
            B         FIR
Carrler:
            LD        SIN18K, A
            ADD       #KS工NSTP. A
            AND       #7FH, A
            STL       A, SIN18K
            ADD       #SIN_TABLE, A
            READA     TONERL
            LD        TONERL, A
            STL       A, -1, TONERL
            RET
            .data
coeff:
            .word  100, 19, -82, -156, -163, -94, 27, 143
            .word  189, 128, -31, -221, -340, -296, -51, 343
            .word  738, 937, 764, 152, -800, -1808, -2464, -2341
            .word  -1133, 1223, 4484, 8130, 11469, 13813, 14656, 13813
            .word  11469, 8130, 4484, 1223, -1122, -2341, -2464, -1808
            .word  -800, 152, 764, 937, 738, 343, -51, -296
            .word  -340, -221, -31, 128, 189, 143, 27, -94
            .word  -163, -156, -82, 19, 100, 0, 0, 0
SIN_TABLE
            .word     07FFFH, 07FD8H, 07F61H, 07E9CH, 07D89H, 07C29H,
07A7CH, 07884H
```

```
        .word   07641H，073B5H，070E2H，06DC9H，06A6DH，066CFH，062F1H，05ED7H
        .word   05A82H，055F5H，05133H，04C3FH，0471CH，041CEH，03C56H，036BAH
        .word   030FBH，02B1FH，02528H，01F1AH，0118F9H，012C8H，00C8CH，00648H
        .word   00000H，0F988H，0F374H，0ED38H，0E707H，0E0E6H，0DAD8H，0D4E1H
        .word   0CF05H，0C946H，0C3AAH，0BE32H，088E4H，0B3C1H，0AECDH，0AA0BH
        .word   0A57EH，0A129H，09D0FH，09931H，09593H，09237H，08F1EH，08C4BH
        .word   089BFH，0877CH，08584H，083D7H，08277H，08164H，0809FH，08028H
        .word   08001H，08028H，0809FH，08164H，08277H，083D7H，08584H，0877CH
        .word   089BFH，08C4BH，08F1EH，09237H，09593H，09931H，09D0FH，0A129H
        .word   0A57EH，0AA0BH，0AECDH，083C1H，0B8E4H，0BE32H，0C3AAH，0C946H
        .word   0CF05H，0D4E1H，0DAD8H，0E0E6H，0E707H，0ED38H，0F374H，0F988H
        .word   00000H，00648H，00C8CH，012C8H，018F9H，01F1AH，02528H，02B1FH
        .word   030FBH，036BAH，03C56H，041CEH，0471CH，04C3FH，05133H，055F5H
        .word   05A82H，05ED7H，062F1H，066CFH，06A6DH，06DC9H，070E2H，07385H
        .word   07641H，07884H，07A7CH，07C27H，07D89H，07E9CH，07F61H，07FD8H
        .word   07FFFH
        .end
```

链接命令文件 bpsk.cmd 程序清单：

```
/* bpsk.cmd */
MEMORY
{
  PAGE 0:
```

```
    eprom: org = 02000H, len = 1000H
  PAGE 1:
    spram: org = 0100H, len = 0200H
    dpram: org = 0300H, len = 0300H
}
SECTIONS
{
  .data       : >eprom PAGE 0
  .text       : >eprom PAGE 1
  Data_I2b    : >dpram PAGE 1
  Data_I2     : >dpram PAGE 1
  Data_I3     : >dpram PAGE 1
  fbpsk       : >dpram PAGE 1
  noise       : >dpram PAGE 1
}
```

8.6　自适应滤波器的 DSP 实现

前面我们讨论了 IIR 和 FIR 两种具有固定系数的滤波器的 DSP 实现，它们的性能都是已知的，在许多 DSP 应用场合中，信号所处的系统是时变的，信号本身的特性也是时变的，或者无法预先知道信号和噪声的特性，此时使用固定参数的滤波器，无法实现最优的设计效果，因此，设计能够满足系统或环境动态变化的滤波器成为研究热点，而自适应滤波器也就应运而生。

自适应滤波器的系数和输入样值在存储中的存放顺序如图 8-15 所示。

低地址

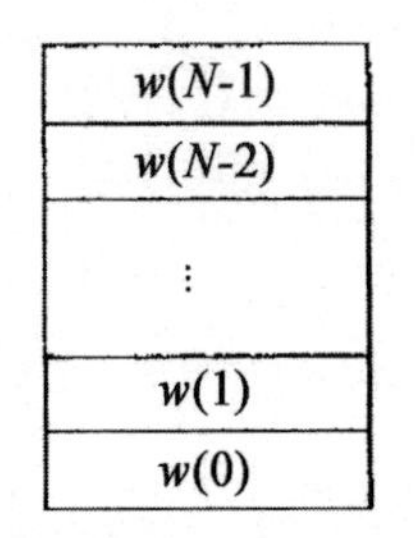

$x(n-N+1)$
$x(n-N+2)$
⋮
$x(n-1)$
$x(n)$

高地址

图 8-15　TMS320C54x 自适应滤波器的存储器组织

下面是函数 C54x 汇编实现。

```
; * * * * * * * * * * * * * * * * * * * * * * * * * * * * * * * * * * * *
; Function:    ndlms
; Description: ndlms fir filter
; * * * * * * * * * * * * * * * * * * * * * * * * * * * * * * * * * * * *
        .mmregs
    ;;;;; 局部变量的定义
    .asg    (0), mu_error       ; 2*mu*error (i) variable
    .asg    (1), inv_abs_power      ; inverse absolute power
    .asg    (2), abs_power      ; absolute power (long-aligned)
    .asg    (4), save_st1
    .asg    (5), save_st0
    .asg    (6), save_ar7
    .asg    (7), save_ar6       ; stack description
    .asg    (8), save_ar1
    .asg    (9), ret_addr
    .asg    (10), arg_h
    .asg    (11), arg_y
    .asg    (12), arg_d
    .asg    (13), arg_des
    .asg    (14), arg_nh
    .asg    (15), arg_n
    .asg    (16), arg_1_tau
    .asg    (17), arg_cutoff
    .asg    (18), arg_gain
    .asg    (19), arg_norm_d

    ;;;;;; 寻址寄存器的定义
    .asg ar1, al_count
    .asg ar2, ar_d
    .asg ar3, ar_n
    .asg ar7, ar_des
    .asg ar4, ar_norm_d
    .asg ar6, ar_y
    .asg ar5, ar_x
    .global _ndlms

_ndlms:
```

```
;;;;   压栈，保护现场，设置环境
        pshm ar1
        pshm ar6
        psnm ar7
    PSHM    ST0
    PSHM    ST1
    RSBX    OVA
    RSBX    OVB
        frame    -4     ；保留 4 个字空间作为局部变量存储单元，
                        ；保存误差更新值、功率的逆及绝对功率
;;;; 初始化
    ssbx    sxm
    st #0， *sp (mu_error)
;;;;; 从调用参数中获得访问地址
    stlm    a, ar_x    ；设置信号 x 的指针
    ld      #0, a
    dst a,  *sp (abs_power)
    mvdk    *sp (arg_h), * (ar_h)    ；设置滤波器系数指针
    mvdk    *sp (arg_y), * (ar_y)    ；设置输出信号指针
    mvdk    *sp (arg_norm_d), * (ar_norm_d)    ；设置归一化缓存器指针
    mvdk    *sp (arg_d), * (ar_d)
    mvdk    *sp (arg_des), * (ar_des)    ；圆周寻址
    mvdk    *sp (arg_n), * (at_count)    ；样点计数器
    mar     *ar_count-    ；设置寻址计数器 = nsamples - 1
    ld      *sp (arg_nh), a
    stlm    a, bk    ；圆周寻址的缓存区大小为 nh
    sub     #02, a
    st1     a, *sp (arg_nh)
;;;;; 循环计算
next_sample:          ；更新功率估计值
    ld      *ar_x, 0, b
    abs     b    ；输入信号的绝对值
    ld      *sp (arg_l_tau), t
    ld      *sp (arg_l_tau), asm
    dld     *sp (abs_power), a
    sub     *sp (abs_power), TS, a    ；a = Power - Power * 2^LTAU
    add     b, ASM, a    ；a = a + abs (x) * 2^LTAU
    add     *sp (arg_cutoff), TS, A    ；a = a + CUTOFF * 2^LTAU
    dst     a, *sp (abs_power)    ；利用衰减因子和下限阈值计算功率更新值
```

```
        ld      #1, 16, b
        rpt     #14
        subc    *sp (abs_power), b
        stl     b, *sp (inv_abs_power)    ; inv_abs_power = 1/abs_power
        ld      #0, ASM    ; 清除 ASM (在指令 stilmpy 中使用)
        ssbx    frct
        stm     #1, AR0    ; 设置信号循环的更新步长
        mvdk    *sp (arg_nh), brc    ; 设置循环次数
        ld      *sp (mu_error), t    ; t = 2 * mu * error (i)
        sub     b, b    ; 累加器 b 清零
        mvdd    *ar_x, *ar_d + 0%
                                ; 更新缓存单元，新样点输入到 dbuffer 中
        ; F 面是循环，在 (nh - 1) 个抽头处循环
        rptbd   nlms_end - 1
        mpy     *ar_norm_d + 0%, a    ; a = mu_error * n_x (i - N)，更新信
                                        号缓存指针
        lms     *ar_h, *ar_d + 0%; LMS 指令，b = b + h (1) *x (i - N + 1)
        ; a = a + h (1)
    nlms_beg
        st a, *ar_h + 0%;     ; 更新滤波器系数，并更改滤波器系数指针
            || mpy *ar_norm + 0%, a
                        ; a = mu_error * n_x (i - N + 1)，更新信号缓存指针
        lms     *ar_h, *ar_d + 0%    ; LMS 指令，b = b + h (2) *x (i - N + 2)
                                ; a = a + h (2)
    nlms_cnd
        sth     a, *ar_h + 0%    ; 更新最后一个滤波器系数
        sth     b, ar_y +    ; 输出滤波结果
        ; 计算新的误差
        sub     *ar_des +, 16, b, a
        neg     a    ; ah = error (i) = des (i) - y (i)
        mpya    *sp (inv_abs_power)    ; (Q0 * Q15) <<1 = Q16
        sfta    b, 15
        sat     b    ; 将 b 设为 Q31 的精度表示
        ld      *sp (arg_gain), t
        norm    b    ; 归一化，b = b<<arg_gain
        sth     b, *sp (mu_error)
        ; 更新归一化的延时缓存
        ld      *ar_x +, 16, a
        mpya    *sp (inv_abs_power)    ; (Q0 * Q15) <<1 = Q16
```

```
    sfta    b, 15
    sat     b    ; 将b设为Q31的精度表示
    sth     b, *ar_norm_d+0%     ; 保存计算结果到归一化延迟缓存中
    rsbx    frct
    banz    next_sample, *ar_count-     ; 循环，直到输入信号计算完毕
    mvdk    *sp(arg_d), *(ar_h)
    mvkd    *(ar_d), *ar_h    ; 更新滤波器变量
    ; 返回溢出标志
    ld      #0, a
    xc      1, AOV
    ld      #1; a
    frame   +4    ; 弹栈
    POPM    ST1
    POPM    ST0
    popm    ar7
    popm    ar6
    popm    ar1
  retd
    nop
.end
```

参考文献

[1]赵红怡. DSP 技术与应用实例[M]. 北京：电子工业出版社，2012.

[2]李力利，刘兴钊. 数字信号处理[M]. 北京：电子工业出版社，2016.

[3]桂志国，等. 数字信号处理[M]. 北京：科学出版社，2009.

[4]张洪涛，万红，杨述斌. 数字信号处理[M]. 武汉：华中科技大学出版社，2007.

[5]姚天任，江太辉. 数字信号处理[M]. 武汉：华中科技大学出版社，2007.

[6]张小虹. 数字信号处理[M]. 北京：机械工业出版社，2008.

[7]阮秋琦. 数字图像处理[M]. 北京：电子工业出版社，2010.

[8]王艳芬，等. 数字信号处理原理及实现[M]. 北京：清华大学出版社，2008.

[9]胡念英. 数字信号处理[M]. 北京：清华大学出版社，2016.

[10]杨毅明. 数字信号处理[M]. 北京：机械工业出版社，2011.

[11]陈帅. 数字信号处理与 DSP 实现技术[M]. 北京：人民邮电出版社，2015.

[12]李丽芬，蔡小庆. 数字信号处理[M]. 武汉：华中科技大学出版社，2014.

[13]杨燕. 数字信号处理[M]. 北京：电子工业出版社，2016.

[14]段艳丽，等. 数字信号处理[M]. 北京：电子工业出版社，2015.

[15]吴镇杨. 数字信号处理[M]. 北京：高等教育出版社，2016.

[16]王世一. 数字信号处理[M]. 北京：北京理工大学出版社，2011.

[17]王金龙，等. 无线通信系统的 DSP 实现[M]. 北京：人民邮电出版社，2002.

[18]郑南宁，程洪. 数字信号处理[M]. 北京：清华大学出版社，2007.

[19]王忠勇. DSP 原理与应用技术[M]. 北京：电子工业出版社，2012.

[20]邹彦. DSP 原理及应用[M]. 北京：电子工业出版社，2012.

[21]陈金鹰. DSP 技术及应用[M]. 北京：机械工业出版社，2014.

[22]汪春梅. DSP 原理及应用[M]. 北京：电子工业出版社，2014.

[23]王洪雁，张红娟，汪祖民. 基于卫星导航定位系统自适应抗干扰控制[J]. 信息技术，2015(05)：166－170.

[24]薛强.高压电机电晕的微光 CCD 观测技术[J].东方电机,2001(02):40-49.

[25]张大明,樊晓香,等.信息与计算科学专业“数字图像处理”课程教学探索与实践[J].合肥师范学院学报,2012(03):22-25.

[26]徐春云.移位离散傅里叶变换的分裂基算法[J].现代雷达,1996(02):6.

[27]张蕾,徐杰,唐甜.一种振动信号处理过程的数据量估计方法[J].科技风,2016(04):15-18.

[28]丁素英.数字信号处理中的量化误差分析[J].潍坊学院学报,2008(06):40-42.

[29] 赵耿,孙琳,段慧达,李杨.话路噪声随机性的计算机辅助分析[J].信息技术,2004(11):56-58+61.

[30]葛建新.数字滤波器的设计与实现方法[J].电脑知识与技术,2009(08):1967-1968+1974.

[31] 伍新和,林良彪,张玺华.地震波形分析技术在川西新场地区沉积微相研究中的应用[J].成都理工大学学报(自然科学版),2013(04):409-416.

[32] 李杏莉,王彦春,刘力辉,刘保国.基于地震资料高阶统计量的含油气储层非均质性研究——鄂尔多斯盆地大牛地气田储层预测实例[J].石油地球物理勘探,2009(03):314-318+386+252.

[33] 蔡希玲,刘学伟,王彦娟.地表一致性统计相关分析法及其应用[J].石油物探,2006(04):390-396+6.

[34] 张晓玲,陈钦,韦顺军.基于 MUSIC 算法的 Pol-InSAR 相位估计方法[J].电子科技大学学报,2011(05):652-657.

[35] 曾小东,曾德国,张文超,祝俊.基于 OMP-SVD 的多分量单频信号频率估计[J].雷达科学与技术,2011(02):188-191+195.

[36] 武艳华,黄纯,邢耀广,等.基于 AR 模型的间谐波检测算法的研究[J].继电器,2006(02):41-45+52.

[37] 赵宇琨,胡继胜,刘晓晶.交流传动实验台频率类信号的处理方法[J].仪器仪表用户,2008(05):118-119.

[38] 曾菊容.高阶 IIR 滤波器的 FPGA 实现[J].电子设计工程,2011(10):173-175+179.

[39] 黄冰,杨召青,吕治国.基于 TMS320C5416 的 G.729 语音编解码算法的优化和实现[J].电子技术应用,2008(07):55-58.

[40] 薛蓉.多采样率转换算法对差动保护的应用研究[J].江苏电机工程,2014(05):62-65.

[41] 李士锋,赵辉.基于人的视觉特性选取图像压缩预处理方式[J].山东大学学报(工学版),2005(04):64—67.
[42]黄仰博.基于FPGA的数字滤波器实现技术研究[D].长沙:国防科学技术大学,2004.
[43]刘荔.全数字B超诊断仪中数字信号处理的FPGA设计与实现[D].杭州:浙江大学,2006.
[44] 陈书凯.转子系统振动故障分析与诊断[D].南京:南京航空航天大学,2005.
[45]朱雷.基于DSP的动态图像处理研究[D].重庆:重庆大学,2003.
[46]吴礼仲.音频均衡器算法研究与实现[D].西安:西安电子科技大学,2010.
[47]姜文涛.基于虚拟仪器的振动分析和现场动平衡测试仪的研究[D].沈阳:沈阳理工大学,2009.
[48]刘凡.基于FPGA的数字滤波器设计与实现——滤波器自动生成系统设计[D].无锡:江南大学,2009.
[49]于万霞.继电器分断时过电压信号采集技术的研究[D].天津:河北工业大学,2002.
[50]陶建.基于DSP技术的便携式频谱分析仪的研究[D].北京:北京化工大学,2002.
[51]夏遵平.结构运行状态下谐波模态的检测和去除技术研究及实现[D].南京:南京航空航天大学,2012.
[52]郭永刚.基于FPGA的短波数字中频系统的软件设计与实现[D].成都:电子科技大学,2010.
[53]杨吉祥.低群延迟误差IIR数字滤波器的minimax设计方法[D].杭州:杭州电子科技大学,2011.
[54]李志华.跌落试验机的计算机辅助测试系统的研究与开发[D].武汉:武汉理工大学,2007.
[55]刁振兴.基于87C196KC的数字化失真测试仪[D].重庆:重庆大学,2002.
[56] 李晨熙.超宽带系统交织/解交织FFT/IFFT处理器及VLSI实现方法研究[D].上海:复旦大学,2011.
[57]高朝耿.高鲁棒性低复杂度数字滤波器结构设计的研究[D].杭州:浙江工业大学,2013.
[58]丁玉栋.动态数据采集及处理系统[D].重庆:重庆大学,2002.
[59]侯军洋.机载用电设备对飞机电网的影响分析与测量研究[D].天津:

中国民航大学,2015.
[60]虞建静.基于DSP的光纤陀螺数据处理系统的研究与实现[D].重庆:重庆大学,2004.
[61]胡定军.步进电机无位置传感器控制[D].南京:南京航空航天大学,2013.
[62]李春丽.自航模水声遥控指令技术研究[D].哈尔滨:哈尔滨工业大学,2008.
[63]周雅琪.便携式心电采集系统及实时分析算法研究[D].杭州:浙江大学,2014.
[64]房阳.宽平稳过程的采样逼近及其截断误差估计[D].天津:天津大学,2007.
[65]车彦宁.音频采样率转换算法研究及应用[D].天津:天津大学,2012.
[66]刘华.音频处理关键模块算法的研究与优化[D].青岛:中国海洋大学,2012.
[67] 刘祥.基于图像处理技术的维氏硬度检测方法的研究[D].长春:长春理工大学,2009.
[68]张海. AVS-M音频编解码算法研究及其在DSP平台上的实现[D].天津:天津大学,2008.
[69]田为民.中短波通信数字化技术的研究[D].大连:大连海事大学,2003.
[70]张玺华.层序地层格架内的储层地震预测——以川西地区上三叠统须家河组为例[D].成都:成都理工大学,2013.
[71]李杏莉.岩性油气藏地震预测技术与地震沉积学分析应用研究[D].北京:中国地质大学,2009.
[72]金哲山.搅拌槽内宏观不稳定行为的研究[D].北京:北京化工大学,2006.
[73]赵静.天然地震与人工爆破波形特征提取与识别算法研究[D].南京:广西师范大学,2011.
[74]卢世军.天然地震与人工爆破波形特征提取与识别算法研究[D].南京:广西师范大学,2009.
[75]殷广冬.大口径望远镜轴系的抖动测量[D].长春:中国科学院研究生院长春光学精密机械与物理研究所,2013.
[76]刘永波.城市供水管网泄漏检测定位系统研究[D].秦皇岛:燕山大学,2010.
[77]孙泉.基于城市供水SCADA系统的管网泄漏检测及其定位研究[D].

长沙:湖南大学,2008.
[78]张明宇.罐底腐蚀声发射信号识别研究[D].沈阳:沈阳工业大学,2013.
[79]刘丙伟.罗兰C接收机抗干扰技术研究[D].成都:电子科技大学,2012.
[80]邹德财.罗兰C数字接收机关键技术研究[D].成都:中国科学院研究生院(国家授时中心),2006.
[81]李士峰.基于视觉特性选取图像压缩预处理方式[D].济南:山东大学,2005.
[82]李文燕.基于数字图像处理的构造物理模拟实验剖面检测系统研究[D].青岛:中国石油大学,2008.
[83]尚小富.无人机AD-HOC网络路由算法研究[D].成都:电子科技大学,2015.
[84]林志伟.基于分簇和跨层协作的无线Ad Hoc网络性能优化[D].厦门:福建师范大学,2005.
[85]于玲.移动数据库关键技术研究[D].哈尔滨:黑龙江大学,2003.
[86]朱凤仙.Ad hoc网络的分簇与协同路由研究[D].大连:大连理工大学,2007.
[87]李宇.基于路面辨识的行车安全距离控制研究[D].西安:长安大学,2006.
[88]彭星.基于自适应模型预测控制的电动汽车恒速下坡控制研究[D].南京:南京农业大学,2015.
[89]王学斌.多天线QAM系统非理想因素校正研究与实现[D].成都:电子科技大学,2012.
[90]蔡丽美.基于FPGA+ADSP的SAR/InSAR实时信号处理研究[D].西安:西安电子科技大学,2015.
[91]王志力.阵列方向图综合技术及自适应波束形成算法研究[D].成都:电子科技大学,2015.
[92]刘宏奏.阵列方向图综合和自适应波束形成研究[D].成都:西南交通大学,2006.
[93]阳凯.阵列方向图综合与自适应波束形成技术研究[D].成都:电子科技大学,2013.
[94]庄晓明.水下目标超声回波信号特征提取技术研究[D].成都:西南交通大学,2008.
[95]钟凌慧.EEG的特征分析及睡眠分期研究[D].济南:山东大学,2005.

[96]唐洁.基于谱分析的 Blazar 天体光变周期研究[D].昆明:云南师范大学,2007.

[97]张维松.基于 FX-LMS 结构的主动噪声控制系统改进研究[D].北京:中国农业大学,2004.

[98]周遥.基于 DSP 的主动噪声控制系统研究与硬件实现[D].杭州:浙江工业大学,2013.

[99]程建辉.基于生物反馈的放松技能训练仪的研制[D].保定:河北大学,2004.

[100]陈钦.多基线层析 SAR 成像方法研究[D].成都:电子科技大学,2011.

[101]赵宇琨.三相异步电动机转子磁通在线观测方法研究[D].大连:大连交通大学,2008.

[102]刘晓晶.三相异步电动机定子磁通在线观测方法研究[D].大连:大连交通大学,2008.

[103]冯明亮.智能内窥镜微创手术器械导航研究与实现[D].成都:电子科技大学,2008.

[104]陈超.DSP 技术在视频会议多点控制单元 MCU 中的应用研究[D].南昌:南昌大学,2013.

[105]刘宁.基于 GSM 信号的无源雷达技术研究[D].成都:电子科技大学,2011.

[106]陈家树.像素差的平方和增强核粒子滤波的非刚体目标跟踪[D].重庆:西南大学,2008.

索　引